원자력
관계법령

머리말

이 책은 방사선사, 공무원 등의 자격시험을 준비하는 수험생들을 위해 만들었습니다. 자격시험은 수험 전략을 어떻게 짜느냐가 등락을 좌우합니다. 짧은 기간 내에 승부를 걸어야 하는 수험생들은 방대한 분량을 자신의 것으로 정리하고 이해해 나가는 과정에서 시간과 노력을 낭비하지 않도록 주의를 기울여야 합니다.

수험생들이 법령을 공부하는 데 조금이나마 시간을 줄이고 좀 더 학습에 집중할 수 있도록 본서는 다음과 같이 구성하였습니다.

첫째, 법률과 그 시행령 및 시행규칙, 그리고 부칙과 별표까지 자세하게 실었습니다.

둘째, 법 조항은 물론 그와 관련된 시행령과 시행규칙을 한눈에 알아볼 수 있도록 체계적으로 정리하였습니다.

셋째, 최근 법령까지 완벽하게 반영하여 별도로 찾거나 보완하는 번거로움을 줄였습니다.

모쪼록 이 책이 수업생 여러분에게 많은 도움이 되기를 바랍니다. 쉽지 않은 여건에서 시간을 쪼개어 책과 씨름하며 자기개발에 분투하는 수험생 여러분의 건승을 기원합니다.

2022년 2월

법(法)의 개념

1. 법 정의

① 국가의 강제력을 수반하는 사회 규범.

② 국가 및 공공 기관이 제정한 법률, 명령, 조례, 규칙 따위이다.

③ 다 같이 자유롭고 올바르게 잘 살 것을 목적으로 하는 규범이며,

④ 서로가 자제하고 존중함으로써 더불어 사는 공동체를 형성해 가는 평화의 질서.

2. 법 시행

① 발안

② 심의

③ 공포

④ 시행

3. 법의 위계구조

① 헌법(최고의 법)

② 법률 : 국회의 의결 후 대통령이 서명 · 공포

③ 명령 : 행정기관에 의하여 제정되는 국가의 법령(대통령령, 총리령, 부령)

④ 조례 : 지방자치단체가 지방자치법에 의거하여 그 의회의 의결로 제정

⑤ 규칙 : 지방자치단체의 장(시장, 군수)이 조례의 범위 안에서 사무에 관하여 제정

4. 법 분류

① 공법 : 공익보호 목적(헌법, 형법)

② 사법 : 개인의 이익보호 목적(민법, 상법)

③ 사회법 : 인간다운 생활보장(근로기준법, 국민건강보험법)

5. 형벌의 종류

① 사형

② 징역 : 교도소에 구치(유기, 무기징역, 노역 부과)

③ 금고 : 명예 존중(노역 비부과)

④ 구류 : 30일 미만 교도소에서 구치(노역 비부과)

⑤ 벌금 : 금액을 강제 부담

⑥ 과태료 : 공법에서, 의무 이행을 태만히 한 사람에게 벌로 물게 하는 돈(경범죄처벌법, 교통범칙금)

⑦ 몰수 : 강제로 국가 소유로 권리를 넘김

⑧ 자격정지 : 명예형(名譽刑), 일정 기간 동안 자격을 정지시킴(유기징역 이하)

⑨ 자격상실 : 명예형(名譽刑), 일정한 자격을 갖지 못하게 하는 일(무기금고이상). 공법상 공무원이 될 자격, 피선거권, 법인 임원 등

차례

제1부

원자력안전법

제1장 총칙

제1조 목적

이 법은 원자력의 연구 · 개발 · 생산 · 이용 등에 따른 안전관리에 관한 사항을 규정하여 방사선에 의한 재해의 방지와 공공의 안전을 도모함을 목적으로 한다. 〈개정 2014. 5. 21.〉

제2조(정의)

이 법에서 사용하는 용어의 뜻은 다음과 같다.

〈개정 2013. 3. 23., 2014. 5. 21., 2015. 1. 20., 2015. 6. 22., 2015. 12. 22., 2020. 12. 22.〉

1. "원자력"이란 원자핵 변화의 과정에 있어서 원자핵으로부터 방출되는 모든 종류의 에너지를 말한다.
2. "핵물질"이란 핵연료물질 및 핵원료물질을 말한다.
3. "핵연료물질"이란 우라늄 · 토륨 등 원자력을 발생할 수 있는 물질로서 대통령령으로 정하는 것을 말한다.
4. "핵원료물질"이란 우라늄광 · 토륨광과 그 밖의 핵연료물질의 원료가 되는 물질로서 대통령령으로 정하는 것을 말한다.
5. "방사성물질"이란 핵연료물질 · 사용후핵연료 · 방사성동위원소 및 원자핵분열생성물(原子核分裂生成物)을 말한다.
6. "방사성동위원소"란 방사선을 방출하는 동위원소와 그 화합물 중 대통령령으로 정하는 것을 말한다.
7. "방사선"이란 전자파 또는 입자선 중 직접 또는 간접으로 공기를 전리(電離)하는 능력을 가진 것으로서 대통령령으로 정하는 것을 말한다.
8. "원자로"란 핵연료물질을 연료로 사용하는 장치를 말한다. 다만, 대통령령으로 정하는 것은 제외한다.
9. "방사선발생장치"란 하전입자(荷電粒子)를 가속시켜 방사선을 발생시키는 장치로서 대통령령으로 정하는 것을 말한다.
10. "관계시설"이란 원자로의 안전에 관계되는 시설로서 대통령령으로 정하는 것을 말한다.
11. "정련"(精鍊)이란 핵원료물질에 포함된 우라늄 또는 토륨의 비율을 높이기 위하여 물리적 · 화학적 방법으로 핵원료물질을 처리하는 것을 말한다.

12. “변환”이란 핵연료물질을 화학적 방법으로 처리하여 가공에 적합한 형태로 만드는 것을 말한다.
13. “가공”이란 핵연료물질을 물리적 · 화학적 방법으로 처리하여 원자로의 연료로서 사용할 수 있는 형태로 만드는 것을 말한다.
14. “사용후핵연료처리”란 원자로의 연료로서 사용된 핵연료물질 또는 그 밖의 방법으로 원자핵분열을 시킨 핵연료물질을 연구 또는 시험을 목적으로 취급하거나, 물리적 · 화학적 방법으로 처리하여 핵연료물질과 그 밖의 물질로 분리하는 것을 말한다.
15. “핵연료주기사업”이란 정련 · 변환 · 가공 또는 사용후핵연료처리 사업을 말한다.
16. “방사선관리구역”이란 외부의 방사선량율(放射線量率), 공기 중의 방사성물질의 농도 또는 방사성물질에 따라 오염된 물질의 표면의 오염도가 원자력안전위원회규칙으로 정하는 값을 초과할 우려가 있는 곳으로서 방사선의 안전관리를 위하여 사람의 출입을 관리하고 출입자에 대하여 방사선의 장해(障害)를 방지하기 위한 조치가 필요한 구역을 말한다.
17. “국제규제물자”란 원자력의 연구 · 개발 및 이용에 관한 조약과 그 밖의 국제약속(이하 “국제약속”이라 한다)에 따라 보장조치의 적용대상이 되는 물자로서 총리령으로 정하는 것을 말한다.
18. “방사성폐기물”이란 방사성물질 또는 그에 따라 오염된 물질(이하 “방사성물질등”이라 한다)로서 폐기의 대상이 되는 물질(제35조제4항에 따라 폐기하기로 결정한 사용후핵연료를 포함한다)을 말한다.
19. “피폭방사선량”(被曝放射線量)이란 사람의 신체의 외부 또는 내부에 피폭하는 방사선량을 말한다. 다만, 진료를 위하여 피폭하는 방사선량과 인위적으로 증가시키지 아니하는 자연방사선량은 제외한다. 이 경우 방사선량의 종류 및 적용기준은 원자력안전위원회가 정하여 고시한다.
20. “원자력이용시설”이란 원자력의 연구 · 개발 · 생산 · 이용(이하 “원자력이용”이라 한다)과 관련된 시설로서 대통령령으로 정하는 것을 말한다.
21. “방사선작업종사자”란 원자력이용시설의 운전 · 이용 또는 보전이나 방사성물질등의 사용 · 취급 · 저장 · 보관 · 처리 · 배출 · 처분 · 운반과 그 밖의 관리 또는 오염제거 등 방사선에 피폭하거나 그 염려가 있는 업무에 종사하는 자를 말한다.
22. “안전관련설비”란 원자로 및 관계시설 중에서 원자력안전위원회규칙으로 정하는 안전에 중요한 구조물 · 계통 및 기기로서 원자력안전위원회규칙으로 정하는 바에 따라 안전등급이 부여된 설비를 말한다.

23. “방사선투과검사”란 「비파괴검사기술의 진흥 및 관리에 관한 법률」 제2조에 따른 비파괴검사 중 방사선을 이용한 비파괴검사를 말한다.

24. “해체”란 제20조제1항에 따라 허가를 받은 자, 제30조의2제1항에 따라 허가를 받은 자, 제35조제1항 및 제2항에 따라 허가 또는 지정을 받은 자, 제63조제1항에 따라 건설 · 운영허가를 받은 자가 이 법에 따라 허가 또는 지정을 받은 시설의 운영을 영구적으로 정지(이하 “영구정지”라 한다)한 후, 해당 시설과 부지를 철거하거나 방사성오염을 제거함으로써 이 법의 적용대상에서 배제하기 위한 모든 활동을 말한다.

24의2. “폐쇄”란 제63조에 따라 방사성폐기물 처분시설 및 그 부속시설의 건설 · 운영 허가를 받은 자가 방사성폐기물을 처분하는 활동을 완결하고 장기 안전성을 확보하기 위하여 실시하는 관리적 · 기술적 조치(방사성폐기물 처분시설 지하 공간의 뒷채움, 덮개 설치 등을 포함한다)를 말한다.

25. “사고관리”란 원자로시설에 사고가 발생하였을 때 사고가 확대되는 것을 방지하고 사고의 영향을 완화하며 안전한 상태로 회복하기 위하여 취하는 제반조치를 말하며, 원자력안전위원회에서 정하는 설계기준을 초과하여 노심의 현저한 손상을 초래하는 사고(이하 “중대사고”라 한다)에 대한 관리를 포함한다.

제2조의2(원자력안전관리의 기본원칙)

원자력의 연구 · 개발 · 생산 · 이용 등에 따른 안전관리(이하 “원자력안전관리”라 한다)는 다음 각 호의 원칙에 따라 추진하여야 한다.

1. 「원자력안전협약」 등 국제규범에 따른 원칙을 준수할 것
2. 방사선장해로부터 국민안전과 환경을 보호하는 데에 기여할 것
3. 과학기술의 발전수준을 반영하여 안전기준을 설정할 것

[본조신설 2015. 12. 22.]

제2장 원자력안전종합계획의 수립 · 시행 등

제3조(원자력안전종합계획의 수립)

① 「원자력안전위원회의 설치 및 운영에 관한 법률」 제3조에 따른 원자력안전위원회(이하 “위원

회"라 한다)는 원자력이용에 따른 안전관리(이하 "원자력안전관리"라 한다)를 위하여 5년마다 원자력안전종합계획(이하 "종합계획"이라 한다)을 수립하여야 한다.

② 종합계획에는 다음 각 호의 사항이 포함되어야 한다.

1. 원자력안전관리에 관한 현황과 전망에 관한 사항
2. 원자력안전관리에 관한 정책목표와 기본방향에 관한 사항
3. 부문별 과제 및 그 추진에 관한 사항
4. 소요재원의 투자계획 및 조달에 관한 사항
5. 그 밖에 원자력안전관리를 위하여 필요한 사항

③ 위원회는 종합계획을 수립하려면 미리 관계 부처의 장과 협의하여야 한다. 수립된 종합계획을 변경하려는 때에도 또한 같다.

④ 종합계획의 수립 및 변경은 위원회의 심의 · 의결을 거쳐 확정한다. 다만, 대통령령으로 정하는 경미한 사항의 변경은 그러하지 아니하다.

⑤ 위원회는 종합계획의 수립을 위하여 필요하다고 인정하면 관계 기관의 장에게 종합계획의 수립에 필요한 자료의 제출을 요구할 수 있다.

제4조(종합계획의 시행)

① 위원회는 제3조제4항에 따라 확정된 종합계획을 관계 부처의 장에게 통보하여야 하며, 위원회와 관계 부처의 장은 종합계획에 따라 소관 사항에 대하여 5년마다 부문별 시행계획을 수립하고, 부문별 시행계획에 따라 연도별 세부사업추진계획을 수립 · 시행하여야 한다.

② 위원회와 관계 부처의 장은 제1항에 따른 부문별 시행계획을 수립하는 때에는 필요하면 다른 관계 부처의 장과 협의를 거쳐 부문별 시행계획을 확정하고, 관계 부처의 장은 확정된 부문별 시행계획을 위원회에 통보하여야 한다.

제5조(원자력안전전문기관)

① 위원회의 감독하에 원자력안전관리에 관한 사항을 전문적으로 수행하기 위하여 원자력안전전문기관을 둘 수 있다.

② 제1항에 따른 원자력안전전문기관의 설치 · 운영에 관한 사항은 따로 법률로 정한다.

제6조(한국원자력통제기술원의 설립)

① 원자력 관련 시설 및 핵물질 등에 관한 안전조치와 수출입통제 등(이하 "원자력통제"라 한다)의 업무를 효율적으로 추진하기 위하여 한국원자력통제기술원(이하 "통제기술원"이라 한다)을 설

립한다.

② 통제기술원은 법인으로 한다.

③ 통제기술원은 그 주된 사무소가 있는 곳에서 설립등기를 함으로써 성립한다.

④ 통제기술원은 그 정관을 변경하고자 할 때에는 위원회의 인가를 받아야 한다.

⑤ 통제기술원에 임원으로서 이사장과 원장 각 1명을 포함한 11명 이내의 이사와 감사 1명을 두며, 임원은 정관으로 정하는 바에 따라 이사회에서 선임하되, 위원회의 승인을 받아야 한다.

⑥ 통제기술원의 중요 사항을 심의 · 의결하기 위하여 통제기술원에 이사회를 둔다.

⑦ 원장은 통제기술원을 대표하고, 통제기술원의 업무를 총괄하며, 소속 직원을 지휘 · 감독한다.

⑧ 정부는 예산의 범위에서 통제기술원의 설립 및 운영에 필요한 경비를 출연할 수 있다.

⑨ 통제기술원에 관하여 이 법에서 정하는 것을 제외하고는 「민법」 중 재단법인에 관한 규정을 준용한다.

제7조(통제기술원의 사업)

통제기술원은 다음 각 호의 사업을 수행한다.

1. 제111조제1항에 따라 위원회로부터 위탁받은 원자력 관련 시설 · 장비 · 기술 · 연구개발 활동 및 핵물질에 관한 안전조치 관련 업무
2. 제111조제1항에 따라 위원회로부터 위탁받은 핵물질 등 국제규제물자에 관한 수출입통제 관련 업무
3. 「원자력시설 등의 방호 및 방사능 방재 대책법」 제45조제1항에 따라 위원회로부터 위탁받은 물리적방호 관련 업무
4. 원자력통제에 관한 연구 및 기술개발
5. 원자력통제에 관한 국제협력 지원
6. 원자력통제에 관한 교육
7. 그 밖에 원자력통제 업무의 수행을 위하여 필요한 사항

제7조의2(한국원자력안전재단의 설립)

① 원자력 및 방사선 안전기반 조성 활동을 효율적으로 지원하기 위하여 한국원자력안전재단(이하 "안전재단"이라 한다)을 설립한다.

② 안전재단은 다음 각 호의 사업을 수행한다.

1. 위원회의 원자력안전 정책수립 지원을 위한 기초자료 조사 · 연구
2. 제8조제1항에 따른 실태조사

3. 제9조제1항에 따른 원자력안전연구개발사업의 기획, 관리 및 평가
4. 제106조에 따른 방사선작업종사자에 대한 교육 및 훈련
5. 제107조의2에 따른 국제협력 지원
6. 이 법 또는 다른 법령에 따라 위탁받은 업무 및 그 밖에 위원회에서 필요하다고 인정하는 사업

③ 안전재단은 법인으로 한다.
④ 안전재단은 그 주된 사무소가 있는 곳에서 설립등기를 함으로써 성립한다.
⑤ 안전재단이 정관을 제정하거나 변경하고자 하는 때에는 위원회의 인가를 받아야 한다.
⑥ 안전재단의 중요 사항을 심의 · 의결하기 위하여 안전재단에 이사회를 둔다.
⑦ 안전재단에 임원으로서 이사장 1명을 포함한 11명 이내의 이사와 감사 1명을 두며 임원은 정관으로 정하는 바에 따라 이사회에서 선임하되, 위원회의 승인을 받아야 한다.
⑧ 위원회는 예산의 범위에서 안전재단의 운영에 필요한 경비를 출연할 수 있다.
⑨ 안전재단에 관하여 이 법에 정하는 것을 제외하고는 「민법」 중 재단법인에 관한 규정을 준용한다.
[본조신설 2015. 12. 22.]

제8조(실태조사)

① 위원회는 원자력안전정책을 효율적으로 추진하기 위하여 원자력안전에 관한 실태조사를 실시하여야 한다. 이 경우 위원회는 대통령령으로 정하는 기관 또는 단체로 하여금 실태조사를 실시하게 할 수 있다.
② 위원회는 제1항에 따른 실태조사를 위하여 필요하다고 인정하면 원자력 관련 기업 · 교육기관 · 연구기관과 그 밖의 원자력 관련 기관에게 자료의 제출이나 의견의 진술 등을 요구할 수 있다.

제9조(원자력안전연구개발사업의 추진 등)

① 위원회는 제4조제1항에 따라 수립된 부문별 시행계획에 따라 원자력안전연구개발사업계획을 수립하고, 이를 효율적으로 추진하기 위하여 매년 연구개발과제를 선정하여 다음 각 호의 기관 또는 단체와 협약을 맺어 연구개발하게 할 수 있다.
1. 제5조에 따라 설립된 기관
2. 통제기술원
3. 「기초연구진흥 및 기술개발지원에 관한 법률」 제14조제1항 각 호의 기관 또는 단체

② 제1항에 따른 원자력안전연구개발사업을 실시하는 데에 드는 비용은 다음 각 호의 재원으로 충

당한다. 〈개정 2015. 6. 22.〉

1. 정부의 출연금
2. 「원자력 진흥법」 제17조제2항에 따른 원자력기금의 원자력안전규제계정
3. 원자력안전연구개발사업의 실시과정에서 발생한 잔액과 그 밖의 수입금

③ 제1항에 따른 원자력안전연구개발사업의 실시와 제2항에 따른 비용의 운용에 필요한 사항은 대통령령으로 정한다.

제3장 원자로 및 관계시설의 건설·운영

제1절 발전용원자로 및 관계시설의 건설

제10조(건설허가)

① 발전용원자로 및 관계시설을 건설하려는 자는 대통령령으로 정하는 바에 따라 위원회의 허가를 받아야 한다. 허가받은 사항을 변경하려는 때에도 또한 같다. 다만, 총리령으로 정하는 경미한 사항을 변경하려는 때에는 이를 신고하여야 한다. 〈개정 2013. 3. 23.〉

② 제1항에 따른 허가를 받으려는 자는 허가신청서에 방사선환경영향평가서, 예비안전성 분석보고서, 건설에 관한 품질보증계획서, 발전용원자로 및 관계시설의 해체계획서와 그 밖에 총리령으로 정하는 서류를 첨부하여 위원회에 제출하여야 한다. 〈개정 2013. 3. 23., 2015. 1. 20.〉

③ 위원회는 발전용원자로 및 관계시설을 건설하려는 자가 건설허가신청 전에 부지에 관한 사전승인을 신청하면 이를 검토한 후에 승인할 수 있다.

④ 제3항에 따라 부지에 관한 승인을 받은 자는 총리령으로 정하는 범위에서 공사를 할 수 있다. 〈개정 2013. 3. 23.〉

⑤ 제3항에 따른 부지승인을 받으려는 자는 승인신청서에 방사선환경영향평가서·부지조사보고서와 그 밖에 총리령으로 정하는 서류를 첨부하여 위원회에 제출하여야 한다. 〈개정 2013. 3. 23.〉

⑥ 발전용원자로 및 관계시설을 건설하려는 자가 제3항에 따라 부지에 관한 승인을 받아 「건축법」 제2조제1항제2호에 따른 건축물을 건축하려는 경우에는 같은 법 제11조제3항에 따른 설계도서를 관계 행정기관의 장에게 제출한 때에 같은 법 제11조에 따른 건축허가를 받은 것으로 본다.

제11조(허가기준)

제10조제1항의 허가기준은 다음과 같다. 〈개정 2013. 3. 23., 2015. 1. 20.〉

1. 총리령으로 정하는 발전용원자로 및 관계시설의 건설에 필요한 기술능력을 확보하고 있을 것
2. 발전용원자로 및 관계시설의 위치 · 구조 및 설비가 원자력안전위원회규칙(이하 "위원회규칙"이라 한다)으로 정하는 기술기준에 적합하여 방사성물질등에 따른 인체 · 물체 및 공공의 재해방지에 지장이 없을 것
3. 발전용원자로 및 관계시설의 건설로 인하여 발생되는 방사성물질등으로부터 국민의 건강 및 환경상의 위해를 방지하기 위하여 대통령령으로 정하는 기준에 적합할 것
4. 제10조제2항에 따른 품질보증계획서의 내용이 위원회규칙으로 정하는 기준에 적합할 것
5. 제10조제2항에 따른 해체계획서의 내용이 위원회규칙으로 정하는 기준에 적합할 것

제12조(표준설계인가)

① 같은 설계의 발전용원자로 및 관계시설을 반복적으로 건설하려는 자는 그 설계(이하 "표준설계"라 한다)에 관하여 대통령령으로 정하는 바에 따라 위원회의 인가를 받을 수 있다. 인가받은 사항을 변경하려는 때에도 또한 같다. 다만, 총리령으로 정하는 경미한 사항을 변경하려는 때에는 이를 신고하여야 한다. 〈개정 2013. 3. 23.〉

② 제1항에 따른 인가를 받으려는 자는 인가신청서에 표준설계기술서와 그 밖에 총리령으로 정하는 서류를 첨부하여 위원회에 제출하여야 한다. 〈개정 2013. 3. 23.〉

③ 제1항에 따른 인가의 유효기간은 10년으로 하되, 위원회는 유효기간 중이라도 설계의 안전성에 중대한 영향이 있다고 인정하면 표준설계인가를 받은 자에게 인가받은 사항에 대한 시정 또는 보완을 명할 수 있다.

④ 제3항에도 불구하고 표준설계인가의 유효기간 안에 있는 표준설계를 적용하여 원자로 및 관계시설의 건설허가를 신청한 경우에는 그 원자로 및 관계시설이 그 운영허가일까지 표준설계인가가 유효한 것으로 본다.

⑤ 제1항에 따른 인가의 기준은 다음과 같다.

1. 발전용원자로 및 관계시설의 위치 · 구조 · 설비 및 성능이 위원회규칙으로 정하는 기술기준에 적합하여 방사성물질등에 따른 인체 · 물체 및 공공의 재해방지에 지장이 없을 것
2. 발전용원자로 및 관계시설의 건설 및 운영으로 인하여 발생되는 방사성물질등으로부터 국민의 건강 및 환경상의 위해를 방지하기 위하여 대통령령으로 정하는 기준에 적합할 것

⑥ 위원회는 새로운 기술의 지속적 반영이 필요한 사항 등 대통령령으로 정하는 사항을 표준설계

에서 제외할 수 있다.

⑦ 제1항에 따른 인가를 받은 때에는 제10조제2항 · 제20조제2항에 따른 허가신청서류에 기재할 사항 중 제1항에 따라 미리 인가를 받은 사항은 기재하지 아니할 수 있다.

⑧ 제1항에 따른 표준설계의 인가 또는 변경인가에 관하여는 제14조의 규정을 준용한다. 이 경우 제14조 각 호 외의 부분 중 "제10조제1항의 허가를"은 "제12조제1항의 인가를"로, 제14조제3호 중 "제17조에 따라 허가가 취소된 후"는 "제13조에 따라 인가가 취소된 후"로 본다.

제13조(표준설계인가의 취소)

위원회는 제12조제1항에 따라 인가를 받은 자가 다음 각 호의 어느 하나에 해당하면 그 인가를 취소할 수 있다. 다만, 제1호 또는 제4호에 해당하는 때에는 그 인가를 취소하여야 한다.

〈개정 2014. 5. 21.〉

1. 거짓이나 그 밖의 부정한 방법으로 인가를 받은 때
2. 제12조제1항 후단에 따라 인가를 받아야 할 사항을 인가받지 아니하고 변경한 때
3. 제12조제3항에 따른 명령을 위반한 때
4. 제12조제8항에 따라 준용되는 제14조제1호 · 제2호 및 제4호 중 어느 하나에 해당하게 된 때. 다만, 법인의 임원이 그 사유에 해당하게 된 경우 3개월 이내에 그 임원을 바꾼 때에는 그러하지 아니하다.

제14조(결격사유)

다음 각 호의 어느 하나에 해당하는 자는 제10조제1항의 허가를 받을 수 없다.

〈개정 2014. 5. 21., 2020. 6. 9.〉

1. 피성년후견인 또는 파산선고를 받고 복권되지 아니한 사람
2. 이 법을 위반하여 금고 이상의 형의 선고를 받고 그 형의 집행이 종료되거나 집행을 받지 아니하기로 확정된 후 2년이 경과되지 아니한 자나 형의 집행유예를 선고받고 그 집행유예기간 중에 있는 자
3. 제17조에 따라 허가가 취소된 후 2년이 경과되지 아니한 자
4. 임원 중에 제1호부터 제3호까지 중 어느 하나에 해당하는 사람이 있는 법인

제15조(계량관리규정)

① 제10조제1항에 따라 허가를 받은 자(이하 "발전용원자로설치자"라 한다)는 대통령령으로 정하는 바에 따라 국제규제물자 중 핵물질(이하 "특정핵물질"이라 한다)의 계량관리규정을 정하여

특정핵물질의 사용개시 전에 위원회의 승인을 받아야 한다. 이를 변경하려는 때에도 또한 같다. 다만, 총리령으로 정하는 경미한 사항을 변경하려는 때에는 이를 신고하여야 한다.

〈개정 2013. 3. 23.〉

② 위원회는 제1항의 계량관리규정이 특정핵물질의 적정한 계량관리에 부족하다고 인정하면 이에 대한 보완을 명할 수 있다.

제15조의2(안전관련설비 계약 신고)

제10조제2항에 따라 허가신청서를 제출한 자 또는 발전용원자로설치자가 안전관련설비에 대하여 다음 각 호의 어느 하나에 해당하는 계약(도급을 받는 자의 하도급거래를 포함한다)을 체결한 때에는 계약을 체결한 날부터 30일 이내에 총리령으로 정하는 바에 따라 위원회에 신고하여야 한다. 신고한 사항을 변경하려는 때에도 또한 같다.

1. 안전관련설비의 설계에 관한 사항(건설과 관련된 설계를 포함한다)
2. 안전관련설비의 제작에 관한 사항
3. 안전관련설비의 성능검증에 관한 사항

[본조신설 2014. 5. 21.]

제15조의3(부적합사항 보고)

다음 각 호의 어느 하나에 해당하는 자는 안전관련설비에서 제11조 및 제21조의 허가기준에 적합하지 아니한 사항을 발견하면 위원회가 정하여 고시하는 바에 따라 위원회에 보고하여야 한다.

1. 제10조제2항에 따라 허가신청서를 제출한 자
2. 발전용원자로설치자
3. 제15조의2에 따른 안전관련설비의 설계자 · 제작자(이하 "공급자"라 한다)
4. 제15조의2에 따른 안전관련설비의 성능검증을 수행하는 자(이하 "성능검증기관"이라 한다)

[본조신설 2014. 5. 21.]

제15조의4(성능검증관리기관 지정 등)

① 위원회는 성능검증기관을 효율적으로 관리하기 위하여 제111조에 따라 그 권한을 위탁할 수 있는 기관 중에서 관리기관(이하 "성능검증관리기관"이라 한다)을 지정할 수 있다.

② 성능검증관리기관은 성능검증기관의 운영현황 등을 조사하여 위원회에 보고하여야 한다.

③ 위원회는 성능검증관리기관의 운영실태를 조사할 수 있으며, 조사 결과 필요하다고 인정되면

시정을 명령할 수 있고, 성능검증관리기관이 다음 각 호의 어느 하나에 해당하는 경우에는 그 지정을 취소할 수 있다. 다만, 제1호에 해당하면 그 지정을 취소하여야 한다.

1. 거짓이나 그 밖의 부정한 방법으로 지정을 받았을 때
2. 대통령령으로 정하는 지정기준에 미달하게 된 경우
3. 시정명령에 따르지 아니한 경우

④ 성능검증관리기관의 지정기준, 업무범위(성능검증기관 인증업무를 포함한다) 등에 관하여 필요한 사항은 대통령령으로 정한다.

⑤ 제1항에 따라 성능검증관리기관으로 지정을 받으려는 자는 총리령으로 정하는 신청서와 그 부속서류를 작성하여 위원회에 제출하여야 한다.

⑥ 위원회는 성능검증관리기관이 그 업무를 수행하는 데 필요한 경비를 출연금 또는 보조금으로 지급할 수 있다.

[본조신설 2014. 5. 21.]

제16조(검사)

① 발전용원자로설치자, 공급자 및 성능검증기관은 발전용원자로 및 관계시설의 건설, 특정핵물질의 계량관리에 관한 사항을 대통령령으로 정하는 바에 따라 위원회의 검사를 받아야 한다. 〈개정 2014. 5. 21.〉

② 위원회는 제1항에 따른 검사결과 다음 각 호의 어느 하나에 해당하면 발전용원자로설치자, 공급자 및 성능검증기관에게 그 시정 또는 보완을 명할 수 있다. 〈개정 2014. 5. 21.〉

1. 제11조에 따른 허가기준에 미달될 때
2. 제10조제2항에 따른 허가신청서의 첨부서류에 기재된 내용과 일치하지 아니하거나 제15조에 따른 계량관리규정에 위반될 때

제17조(건설허가의 취소 등)

① 위원회는 발전용원자로설치자가 다음 각 호의 어느 하나에 해당하면 그 허가를 취소하거나 1년 이내의 기간을 정하여 그 건설공사의 정지를 명할 수 있다. 다만, 제1호 또는 제5호에 해당하는 때에는 그 허가를 취소하여야 한다. 〈개정 2014. 5. 21.〉

1. 거짓이나 그 밖의 부정한 방법으로 허가를 받은 때
2. 정당한 사유 없이 대통령령으로 정하는 기간 안에 그 허가받은 건설공사를 개시하지 아니하거나 1년 이상 계속하여 그 공사를 중단한 때
3. 제10조제1항 후단에 따라 허가받아야 할 사항을 허가받지 아니하고 변경한 때

4. 제11조의 허가기준에 미달하게 된 때
5. 제14조제1호 · 제2호 및 제4호 중 어느 하나에 해당하게 된 때. 다만, 법인의 임원이 그 사유에 해당하게 된 경우 3개월 이내에 그 임원을 바꾼 때에는 그러하지 아니하다.
6. 제16조제2항 또는 제98조제1항 및 제3항에 따른 명령을 위반한 때
7. 제15조제1항 · 제94조 또는 제96조를 위반한 때
8. 제99조의 허가조건을 위반한 때

② 위원회는 제1항에 따라 건설공사의 정지를 명하려는 경우에 그 처분이 해당 사업의 이용자 등에게 심한 불편을 주거나 공익을 해칠 염려가 있을 때에는 그 건설공사의 정지를 갈음하여 50억원 이하의 과징금을 부과할 수 있다. 〈개정 2014. 5. 21.〉

③ 제1항에 따른 건설공사의 정지처분기준과 제2항에 따른 과징금의 부과기준은 대통령령으로 정한다. 〈개정 2014. 5. 21.〉

④ 위원회는 제2항에 따른 과징금을 내야 할 자가 납부기한까지 과징금을 납부하지 아니하면 국세 체납처분의 예에 따라 이를 징수하거나 제2항에 따른 과징금 부과처분을 취소하고 제1항에 따른 건설공사의 정지처분을 하여야 한다. 〈개정 2014. 5. 21.〉

제18조(기록과 비치)

발전용원자로설치자는 발전용원자로 및 관계시설의 건설에 관한 사항을 총리령으로 정하는 바에 따라 기록하여 이를 그 공사장 또는 사업소마다 갖추어 두어야 한다. 〈개정 2013. 3. 23.〉

제19조(승계 및 신고)

① 발전용원자로설치자가 그 사업을 양도하거나 사망한 때 또는 법인이 합병된 때에는 그 사업의 양수인 · 상속인 또는 합병 후 존속하는 법인이나 합병에 의하여 설립된 법인은 그 발전용원자로설치자의 지위를 승계한다. 다만, 승계자(상속인은 제외한다)가 제14조제1호부터 제4호까지의 어느 하나에 해당하는 때에는 그러하지 아니하다. 〈개정 2017. 10. 24.〉

② 제1항에 따라 발전용원자로설치자의 지위를 승계한 상속인이 제14조제1호부터 제3호까지의 어느 하나에 해당하는 때에는 상속 개시일부터 3개월 이내에 다른 사람에게 이를 양도하여야 한다. 〈신설 2017. 10. 24.〉

③ 제1항에 따라 발전용원자로설치자의 지위를 승계한 자는 30일 이내에 총리령으로 정하는 바에 따라 위원회에 신고하여야 한다. 〈신설 2017. 10. 24.〉

[제목개정 2017. 10. 24.]

제2절 발전용원자로 및 관계시설의 운영

제20조(운영허가)

① 발전용원자로 및 관계시설을 운영하려는 자는 대통령령으로 정하는 바에 따라 위원회의 허가를 받아야 한다. 허가받은 사항을 변경하려는 때에도 또한 같다. 다만, 총리령으로 정하는 경미한 사항을 변경하려는 때에는 이를 신고하여야 한다. 〈개정 2013. 3. 23.〉

② 제1항의 허가를 받으려는 자는 허가신청서에 발전용원자로 및 관계시설에 관한 운영기술지침서, 최종안전성분석보고서, 사고관리계획서(중대사고관리계획을 포함한다), 운전에 관한 품질보증계획서, 방사선환경영향평가서(제10조제2항에 따라 제출된 방사선환경영향평가서와 달라진 부분만 해당한다), 발전용원자로 및 관계시설의 해체계획서(제10조제2항에 따라 제출된 해체계획서와 달라진 부분만 해당한다), 액체 및 기체 상태의 방사성물질등의 배출계획서[부지별, 기간별, 핵종군(核種群)별 배출총량을 포함한다] 및 총리령으로 정하는 서류를 첨부하여 위원회에 제출하여야 한다. 〈개정 2013. 3. 23., 2015. 1. 20., 2015. 6. 22., 2015. 12. 1.〉

③ 제1항에 따른 운영허가 및 변경허가에 관하여는 제14조를 준용한다. 이 경우 제14조제3호 중 "제17조"는 "제24조"로 본다.

제21조(허가기준)

①제20조제1항의 허가기준은 다음과 같다. 〈개정 2015. 1. 20., 2015. 6. 22.〉

1. 위원회규칙으로 정하는 발전용원자로 및 관계시설의 운영에 필요한 기술능력을 확보하고 있을 것
2. 발전용원자로 및 관계시설의 성능이 위원회규칙으로 정하는 기술기준에 적합하여 방사성물질등에 따른 인체 · 물체 및 공공의 재해방지에 지장이 없을 것
3. 발전용원자로 및 관계시설의 운영으로 인하여 발생되는 방사성물질등으로부터 국민의 건강 및 환경상의 위해를 방지하기 위하여 대통령령으로 정하는 기준에 적합할 것
4. 제20조제2항에 따른 품질보증계획서의 내용이 위원회규칙으로 정하는 기준에 적합할 것
5. 제20조제2항에 따른 해체계획서의 내용이 위원회규칙으로 정하는 기준에 적합할 것
6. 제20조제2항에 따른 사고관리계획서의 내용이 위원회규칙으로 정하는 기준에 적합할 것

② 발전용원자로 및 관계시설을 영구정지를 하려는 경우에는 제20조제1항에 따라 변경허가를 받아야 한다. 이 경우 다음 각 호의 어느 하나에 해당하는 때에는 제1항 각 호의 허가기준 중 일부를 적용하지 아니할 수 있다. 〈신설 2015. 1. 20.〉

1. 발전용원자로 및 관계시설의 영구정지로 인하여 제1항의 허가기준을 그대로 적용하기 어

려운 경우

2. 영구정지의 목적에 비추어 제1항의 허가기준을 준수하지 아니하여도 안전상 지장이 없는 경우

제22조(검사)

① 제20조제1항에 따라 허가를 받은 자(이하 "발전용원자로운영자"라 한다), 공급자 및 성능검증기관은 발전용원자로 및 관계시설의 운영, 특정핵물질의 계량관리에 관한 사항을 대통령령으로 정하는 바에 따라 위원회의 검사를 받아야 한다. 〈개정 2014. 5. 21.〉

② 위원회는 제1항에 따른 검사결과 다음 각 호의 어느 하나에 해당하면 발전용원자로운영자, 공급자 및 성능검증기관에게 그 시정 또는 보완을 명할 수 있다. 〈개정 2014. 5. 21.〉

1. 제21조에 따른 허가기준에 미달되거나 제26조제1항에 따른 조치가 부족할 때
2. 제20조제2항에 따른 허가신청서의 첨부서류에 기재된 내용과 일치하지 아니하거나 제29조에서 준용하는 제15조에 따른 계량관리규정에 위반될 때

제23조(주기적 안전성평가)

① 발전용원자로운영자는 대통령령으로 정하는 바에 따라 발전용원자로 및 관계시설의 안전성을 주기적으로 평가하고, 그 결과를 위원회에 제출하여야 한다. 다만, 제21조제2항에 따라 변경허가를 받고 영구정지한 발전용원자로 및 관계시설의 주기적 안정성평가에 필요한 사항은 대통령령으로 정한다. 〈개정 2015. 1. 20.〉

② 위원회는 제1항에 따른 주기적 안전성평가결과 또는 그에 따른 안전조치가 부족하다고 인정하면 발전용원자로운영자에게 그 시정 또는 보완을 명할 수 있다.

③ 제1항에 따른 평가방법 및 평가내용 등에 관한 사항은 대통령령으로 정한다.

제24조(운영허가의 취소 등)

① 위원회는 발전용원자로운영자가 다음 각 호의 어느 하나에 해당하면 그 허가를 취소하거나, 1년 이내의 기간을 정하여 그 운영의 정지를 명할 수 있다. 다만, 제1호 또는 제4호에 해당하는 때에는 그 허가를 취소하여야 한다. 〈개정 2014. 5. 21.〉

1. 거짓이나 그 밖의 부정한 방법으로 허가를 받은 때
2. 정당한 사유 없이 대통령령으로 정하는 기간 안에 그 허가받은 운영을 개시하지 아니하거나 1년 이상 계속하여 그 운영을 중단한 때
3. 제20조제1항 후단에 따라 허가받아야 할 사항을 허가받지 아니하고 변경한 때

4. 제20조제3항에 따라 준용되는 제14조제1호 · 제2호 및 제4호 중 어느 하나에 해당하게 된 때. 다만, 법인의 임원이 그 사유에 해당하게 된 경우 3개월 이내에 그 임원을 바꾼 때에는 그러하지 아니하다.
5. 제21조의 허가기준에 미달하게 된 때
6. 제22조제2항 · 제23조제2항 · 제27조 · 제92조제2항 또는 제98조제1항 및 제3항에 따른 명령을 위반한 때
7. 제29조에 따라 준용되는 제15조제1항을 위반한 때
8. 제26조 · 제70조 · 제89조제5항 · 제94조 · 제96조 또는 제106조제1항을 위반한 때
9. 제99조의 허가조건을 위반한 때

② 제1항에 따라 그 운영의 정지를 명하여야 할 경우에는 제17조제2항부터 제4항까지의 규정을 준용한다.

제25조(기록과 비치)

발전용원자로운영자는 발전용원자로 및 관계시설의 운영에 관한 사항을 총리령으로 정하는 바에 따라 기록하여 이를 그 공장 또는 사업소마다 비치하여야 한다. 〈개정 2013. 3. 23.〉

제26조(운영에 관한 안전조치 등)

① 발전용원자로운영자가 발전용원자로 및 관계시설을 운영할 때에는 인체 · 물체 및 공공의 안전을 위하여 다음 각 호의 조치를 위원회규칙으로 정하는 바에 따라 하여야 한다. 다만, 위원회가 원자로의 사용목적이나 설계상의 원리적인 차이로 인하여 그대로 적용하기 어렵거나 기술적인 면에서 적용하지 아니하여도 안전상 지장이 없다고 인정하는 경우에는 그러하지 아니하다. 〈개정 2017. 12. 19.〉

1. 피폭방사선량 등에 관한 조치
2. 원자로의 안전운전에 관한 조치
3. 원자로시설의 자체점검에 관한 조치
4. 원자로시설의 가동 중 점검 및 시험에 관한 조치
5. 그 밖에 발전용원자로 및 관계시설의 안전에 관한 조치로서 대통령령으로 정하는 조치

② 발전용원자로운영자 및 그 종업원은 제20조제2항의 운영기술지침서를 준수하여야 한다.

③ 발전용원자로운영자는 원자로마다 제84조에 따라 원자로조종감독자면허를 받은 사람 및 원자로조종사면허를 받은 사람 각 1명 이상을 늘 원자로의 운전업무에 종사하게 하여야 한다.

④ 발전용원자로운영자는 제84조에 따른 핵연료물질취급감독자면허를 받은 사람 및 방사선취급

감독자면허를 받은 사람 각 1명 이상을 원자로 및 관계시설에서의 핵물질 및 방사선안전관리를 위한 업무에 종사하게 하여야 한다.

⑤ 발전용원자로운영자가 제21조제2항에 따라 영구정지에 관한 변경허가를 받은 경우 위원회가 다음 각 호의 어느 하나에 해당하는 것으로 인정하는 때에는 제1항부터 제4항까지의 일부를 적용하지 아니할 수 있다. 〈신설 2015. 1. 20.〉

1. 발전용원자로 및 관계시설의 영구정지로 인하여 제1항부터 제4항까지의 일부를 그대로 적용하기 어려운 경우
2. 영구정지의 목적에 비추어 제1항부터 제4항까지에 따른 안전조치를 하지 아니하여도 기술적인 면에서 보아 안전상 지장이 없는 경우

제27조(발전용원자로 및 관계시설의 사용정지 등의 조치)

위원회는 발전용원자로 및 관계시설의 성능이 제21조제2호에 따른 기술기준에 적합하지 아니하다고 인정하거나 제26조제1항에 따른 조치가 부족하다고 인정하면 해당 발전용원자로운영자에게 발전용원자로 및 관계시설의 사용정지, 개조, 수리, 이전, 운영방법의 지정 또는 제20조제2항의 운영기술지침서의 변경이나 오염제거와 그 밖의 안전을 위하여 필요한 조치를 명할 수 있다.

제28조(발전용원자로 및 관계시설의 해체)

① 발전용원자로운영자가 발전용원자로 및 관계시설을 해체하려는 때에는 대통령령으로 정하는 바에 따라 위원회의 승인을 받아야 한다. 승인받은 사항을 변경하려는 때에도 또한 같다. 다만, 총리령으로 정하는 경미한 사항을 변경하려는 때에는 이를 위원회에 신고하여야 한다.

② 제1항의 승인을 받으려는 자는 승인신청서에 발전용원자로 및 관계시설의 해체계획서와 총리령으로 정하는 서류를 첨부하여 위원회에 제출하여야 한다.

③ 발전용원자로운영자는 발전용원자로 및 관계시설의 해체상황을 총리령으로 정하는 바에 따라 위원회에 보고하여야 한다. 이 경우 위원회는 발전용원자로 및 관계시설의 해체상황을 확인 · 점검하여야 한다.

④ 발전용원자로운영자가 발전용원자로 및 관계시설의 해체를 완료한 때에는 총리령으로 정하는 바에 따라 위원회에 보고하여야 한다.

⑤ 제4항에 따라 보고하려는 자는 해체완료보고서와 총리령으로 정하는 서류를 첨부하여 위원회에 제출하여야 한다.

⑥ 위원회는 발전용원자로 및 관계시설의 해체가 완료된 때에는 총리령으로 정하는 바에 따라 검사를 하여야 한다.

⑦ 위원회는 제3항에 따른 확인 · 점검 결과 또는 제6항에 따른 검사 결과 발전용원자로운영자가 해체계획서에 따라 이행하지 아니하거나 제5항에 따른 해체완료보고서에 기재된 내용과 일치하지 아니하면 그 시정 또는 보완을 명할 수 있다.

⑧ 위원회는 제6항에 따른 검사를 완료한 때에는 제20조제1항에 따른 발전용원자로 및 관계시설의 운영허가의 종료를 해당 발전용원자로운영자에게 서면으로 통지하여야 한다.

⑨ 위원회는 발전용원자로운영자에게 제8항에 따른 통지를 할 때에는 방사선에 의한 재해의 방지와 공공의 안전을 위하여 필요한 경우 발전용원자로 및 관계시설의 해체 완료 후 부지의 재이용에 관하여 조건을 붙일 수 있다.

[전문개정 2015. 1. 20.]

제29조(준용)

발전용원자로운영자의 사업승인, 안전관련설비 계약 신고, 부적합사항 보고, 승계에 관하여는 제15조 · 제15조의2 · 제15조의3 및 제19조를 준용한다. 이 경우 "발전용원자로설치자"는 "발전용원자로운영자"로 본다. 〈개정 2014. 5. 21.〉

제3절 연구용원자로 등의 건설 · 운영

제30조(연구용원자로 등의 건설허가)

① 연구용 또는 교육용의 원자로 및 관계시설을 건설하려는 자는 그 종류별로 대통령령으로 정하는 바에 따라 위원회의 허가를 받아야 한다. 허가받은 사항을 변경하려는 때에도 또한 같다. 다만, 총리령으로 정하는 경미한 사항을 변경하려는 때에는 이를 신고하여야 한다.

〈개정 2013. 3. 23., 2014. 5. 21.〉

② 제1항에 따라 허가를 받으려는 자는 그 허가의 종류별로 허가신청서에 방사선환경영향평가서, 예비안전성분석보고서, 건설에 관한 품질보증계획서, 연구용 또는 교육용 원자로 및 관계시설의 해체계획서와 그 밖에 총리령으로 정하는 서류를 첨부하여 위원회에 제출하여야 한다.

〈개정 2013. 3. 23., 2014. 5. 21., 2015. 1. 20.〉

③ 제1항에 따른 허가 및 변경허가에 관하여는 제11조 및 제14조를 준용한다. 이 경우 제14조제3호 중 "제17조"는 "제32조"로 본다. 〈개정 2014. 5. 21.〉

[제목개정 2014. 5. 21.]

제30조의2(연구용원자로 등의 운영허가)

① 연구용 또는 교육용 원자로 및 관계시설을 운영하려는 자는 그 종류별로 대통령령으로 정하는 바에 따라 위원회의 허가를 받아야 한다. 허가받은 사항을 변경하려는 때에도 또한 같다. 다만, 총리령으로 정하는 경미한 사항을 변경하려는 때에는 이를 신고하여야 한다.

② 제1항에 따라 허가를 받으려는 자는 그 허가의 종류별로 허가신청서에 운영기술지침서, 최종안전성분석보고서, 운전에 관한 품질보증계획서, 방사선환경영향평가서(제30조제2항에 따라 제출된 방사선환경영향평가서와 달라진 부분만 해당한다), 연구용 또는 교육용 원자로 및 관계시설의 해체계획서(제30조제2항에 따라 제출된 해체계획서와 달라진 부분만 해당한다) 및 그 밖에 총리령으로 정하는 서류를 첨부하여 위원회에 제출하여야 한다. 〈개정 2015. 1. 20.〉

③ 제1항에 따른 허가 및 변경허가에 관하여는 제14조 및 제21조를 준용한다. 이 경우 제14조제3호 중 "제17조"는 "제32조"로 본다.

[본조신설 2014. 5. 21.]

제31조(외국원자력선의 입항 · 출항 신고 등)

① 다음 각 호의 어느 하나에 해당하는 자가 소유하는 선박으로서 원자로를 설치한 선박(군함을 제외하며, 이하 이 조에서 "외국원자력선"이라 한다)을 대한민국의 항구에 입항 또는 출항시키려는 외국원자력선운항자는 대통령령으로 정하는 바에 따라 미리 위원회에 신고하여야 한다.

1. 대한민국의 국적을 가지지 아니한 자
2. 대한민국의 법령에 따라 설립된 법인이나 단체가 아닌 자

② 위원회는 제1항에 따라 신고를 받은 경우에 필요하다고 인정하면 총리령으로 정하는 바에 따라 외국원자력선운항자가 원자로 또는 방사성물질등에 따른 재해를 방지하기 위하여 하여야 할 조치를 해양수산부장관에게 통지하여야 한다. 〈개정 2013. 3. 23.〉

③ 해양수산부장관은 제2항의 통지를 받으면 그 통지된 내용에 따라 외국원자력선운항자에게 원자로 또는 방사성물질등에 따른 재해를 방지하는 데에 필요한 조치를 할 것을 명하고, 지방항만사무소장에게 해당 원자력선의 운항에 필요한 규제를 할 것을 지시하여야 한다.

〈개정 2013. 3. 23.〉

제32조(건설허가 · 운영허가의 취소 등)

① 위원회는 제30조제1항에 따라 허가를 받은 자(이하 "연구용원자로등설치자"라 한다) 및 제30조의2제1항에 따라 허가를 받은 자(이하 "연구용원자로등운영자"라 한다)가 다음 각 호의 어느 하나에 해당하면 그 허가를 취소하거나 1년 이내의 기간을 정하여 사업의 정지를 명할 수 있다.

다만, 제1호 또는 제4호에 해당하는 때에는 그 허가를 취소하여야 한다. 〈개정 2014. 5. 21.〉

1. 거짓이나 그 밖의 부정한 방법으로 허가를 받은 때
2. 정당한 사유 없이 대통령령으로 정하는 기간 안에 그 허가받은 사업을 개시하지 아니하거나 1년 이상 계속하여 그 사업을 중단한 때
3. 제30조제3항 · 제30조의2제3항에 따라 준용되는 제11조 및 제21조의 허가기준에 미달하게 된 때
4. 제30조제3항 · 제30조의2제3항에 따라 준용되는 제14조제1호 · 제2호 및 제4호 중 어느 하나에 해당하게 된 때. 다만, 법인의 임원이 그 사유에 해당하게 된 경우 3개월 이내에 그 임원을 바꾼 때에는 그러하지 아니하다.
5. 제30조제1항 후단 · 제30조의2제1항 후단에 따라 허가받아야 할 사항을 허가받지 아니하고 변경한 때
6. 제34조에 따라 준용되는 제15조제1항 또는 제26조를 위반한 때
7. 제34조에 따라 준용되는 제16조제2항 · 제22조제2항 또는 제27조에 따른 명령을 위반한 때
8. 제31조제3항 · 제92조제2항 또는 제98조제1항 및 제3항에 따른 명령을 위반한 때
9. 제70조 · 제89조제5항 · 제94조 · 제96조 또는 제106조제1항을 위반한 때
10. 제99조의 허가조건을 위반한 때
11. 제34조제1항에 따라 준용되는 제23조제2항에 따른 명령을 위반한 때

② 제1항에 따라 그 사업의 정지를 명하여야 할 경우에는 제17조제2항부터 제4항까지의 규정을 준용한다. 〈신설 2014. 5. 21.〉

[제목개정 2014. 5. 21.]

제33조(사업의 중단 · 폐지 등의 신고)

연구용원자로등설치자 및 연구용원자로등운영자가 그 사업의 전부 또는 일부를 중단 또는 폐지하거나 중단한 사업을 재개한 때에는 그 중단 · 폐지 또는 재개한 날부터 30일 이내에 이를 위원회에 신고하여야 한다. 〈개정 2014. 5. 21.〉

제34조(준용)

① 연구용원자로등설치자 및 연구용원자로등운영자의 각종 의무 등에 관하여는 제15조 · 제15조의2 · 제15조의3 · 제16조 · 제18조 · 제19조 · 제22조 · 제23조 및 제25조부터 제28조까지의 규정을 준용한다. 〈개정 2014. 5. 21.〉

② 제1항의 준용에 있어서 "발전용원자로설치자"는 "연구용원자로등설치자"로 보고 "발전용원자로운영자"는 "연구용원자로등운영자"로 본다. 〈개정 2014. 5. 21.〉

제4장 핵연료주기사업 및 핵물질사용 등

제1절 핵연료주기사업

제35조(핵연료주기사업의 허가 등)

① 핵원료물질 또는 핵연료물질의 정련사업 또는 가공사업(변환사업을 포함한다)을 하려는 자는 대통령령으로 정하는 바에 따라 위원회의 허가를 받아야 한다. 허가받은 사항을 변경하려는 때에도 또한 같다. 다만, 총리령으로 정하는 경미한 사항의 변경은 이를 신고하여야 한다.

〈개정 2013. 3. 23.〉

② 사용후핵연료처리사업을 하려는 자는 대통령령으로 정하는 바에 따라 주무부장관의 지정을 받아야 하며, 주무부장관은 지정 시 위원회와 협의하여야 한다. 지정받은 사항을 변경하려는 때에는 주무부장관의 승인을 받아야 한다. 다만, 총리령으로 정하는 경미한 사항의 변경은 이를 신고하여야 한다. 〈개정 2013. 3. 23.〉

③ 제1항에 따른 허가를 받으려는 자는 위원회에, 제2항에 따른 지정을 받으려는 자는 주무부장관에게 각각 그 허가 또는 지정 신청서에 방사선환경영향평가서, 안전관리규정, 설계 및 공사 방법에 관한 설명서, 사업의 운영에 관한 품질보증계획서 및 해당 시설의 해체계획서와 그 밖에 총리령으로 정하는 서류를 첨부하여 제출하여야 한다. 〈개정 2013. 3. 23., 2015. 1. 20.〉

④ 사용후핵연료의 처리 · 처분에 관하여 필요한 사항은 과학기술정보통신부장관과 산업통상자원부장관이 위원회 및 관계 부처의 장과 협의하여 「원자력 진흥법」 제3조에 따른 원자력진흥위원회의 심의 · 의결을 거쳐 결정한다. 〈개정 2013. 3. 23., 2017. 7. 26.〉

⑤ 제1항 및 제2항에 관하여는 제14조를 준용한다. 이 경우 제14조제3호 중 "제17조"는 "제38조"로 본다.

제36조(허가 등 기준)

① 제35조제1항 및 제2항에 따른 허가 또는 지정 기준은 다음과 같다. 〈개정 2013. 3. 23., 2015. 1. 20.〉

1. 총리령으로 정하는 사업을 수행하는 데에 필요한 기술능력을 확보하고 있을 것
2. 핵연료주기시설의 위치 · 구조 · 설비 및 성능이 위원회규칙으로 정하는 기술기준에 적합하여 방사성물질등에 따른 인체 · 물체 및 공공의 재해방지에 지장이 없을 것
3. 핵연료주기시설의 운영으로 인하여 발생되는 방사성물질등으로부터 국민의 건강 및 환경상의 위해를 방지하기 위하여 대통령령으로 정하는 기준에 적합할 것
4. 제35조제3항에 따른 해체계획서의 내용이 위원회규칙으로 정하는 기준에 적합할 것

② 핵연료주기사업자가 핵연료주기시설을 영구정지하려는 경우에는 제35조제1항에 따라 변경허가를 받아야 한다. 이 경우 다음 각 호의 어느 하나에 해당하는 때에는 제1항 각 호의 허가 또는 지정 기준 중 일부를 적용하지 아니할 수 있다. 〈신설 2015. 1. 20.〉

1. 핵연료주기시설의 영구정지로 인하여 제1항의 허가기준을 그대로 적용하기 어려운 경우
2. 영구정지의 목적에 비추어 제1항의 허가기준을 준수하지 아니하여도 안전상 지장이 없는 경우

제37조(검사)

① 제35조제1항 및 제2항에 따라 허가 또는 지정을 받은 자(이하 "핵연료주기사업자"라 한다)는 핵연료주기시설의 설치 및 운영, 특정핵물질의 계량관리에 관한 사항을 대통령령으로 정하는 바에 따라 위원회의 검사를 받아야 한다.

② 위원회는 제1항에 따른 검사결과 다음 각 호의 어느 하나에 해당하면 핵연료주기사업자에게 그 시정 또는 보완을 명할 수 있다.

1. 제36조에 따른 허가 또는 지정 기준에 미달하거나 제40조제1항에 따른 안전조치가 부족할 때
2. 제35조제3항에 따른 허가 또는 지정 신청서의 첨부서류에 기재된 내용과 일치하지 아니하거나 제44조에서 준용하는 제15조에 따른 계량관리규정에 위반될 때

제38조(허가 등의 취소 등)

① 핵연료주기사업자가 다음 각 호의 어느 하나에 해당하면 위원회는 그 허가를, 주무부장관은 그 지정을 각각 취소하거나 1년 이내의 기간을 정하여 사업의 정지를 명할 수 있다. 다만, 제1호 또는 제4호에 해당하는 때에는 그 허가 또는 지정을 취소하여야 한다. 〈개정 2014. 5. 21.〉

1. 거짓이나 그 밖의 부정한 방법으로 허가 또는 지정을 받은 때
2. 정당한 사유 없이 대통령령으로 정하는 기간 안에 그 허가 또는 지정받은 사업을 개시하지 아니하거나 1년 이상 계속하여 그 사업을 중단한 때

3. 제35조제1항 후단 또는 제2항 후단에 따라 허가 또는 승인받아야 할 사항을 허가 또는 승인받지 아니하고 변경한 때
4. 제35조제5항에 따라 준용되는 제14조제1호 · 제2호 및 제4호 중 어느 하나에 해당하게 된 때. 다만, 법인의 임원이 그 사유에 해당하게 된 경우 3개월 이내에 그 임원을 바꾼 때에는 그러하지 아니하다.
5. 제36조의 허가 또는 지정 기준에 미달하게 된 때
6. 제37조제2항 · 제41조 · 제92조제2항 또는 제98조제1항 및 제3항에 따른 명령을 위반한 때
7. 제40조제1항 · 제2항, 제70조, 제89조제5항, 제94조, 제96조 또는 제106조제1항을 위반한 때
8. 제44조에 따라 준용되는 제15조제1항을 위반한 때
9. 제99조의 허가 또는 지정 조건을 위반한 때

② 제1항에 따라 그 사업의 정지를 명하여야 할 경우에는 제17조제2항부터 제4항까지의 규정을 준용한다.

제39조(기록과 비치)

핵연료주기사업자는 총리령으로 정하는 바에 따라 핵연료주기시설의 건설 및 운영에 관한 사항을 기록하여 이를 공장 또는 사업소마다 비치하여야 한다. 〈개정 2013. 3. 23.〉

제40조(운영에 관한 안전조치 등)

① 핵연료주기사업자가 그 시설을 운영할 때에는 인체 · 물체 및 공공의 안전을 위하여 대통령령으로 정하는 바에 따라 안전조치를 하여야 한다.

② 핵연료주기사업자 및 그 종업원은 제35조제3항에 따른 안전관리규정을 준수하여야 한다.

③ 핵연료주기사업자가 제36조제2항에 따라 영구정지에 관한 변경허가를 받은 경우 위원회가 다음 각 호의 어느 하나에 해당하는 것으로 인정하는 때에는 제1항 및 제2항의 일부를 적용하지 아니할 수 있다. 〈신설 2015. 1. 20.〉

1. 핵연료주기시설의 영구정지로 인하여 제1항 및 제2항을 그대로 적용하기 어려운 경우
2. 영구정지의 목적에 비추어 제1항 및 제2항에 따른 안전조치를 하지 아니하여도 기술적인 면에서 보아 안전상 지장이 없는 경우

제41조(핵연료주기시설의 사용정지 등의 조치)

위원회는 제40조에 따른 안전조치가 부족하다고 인정하면 핵연료주기사업자에게 그 시설의 사용정지 · 개조 · 수리 · 이전이나 이전방법의 지정과 그 밖의 안전을 위하여 필요한 조치를 명할 수

있다.

제42조(핵연료주기시설의 해체)

① 핵연료주기사업자가 핵연료주기시설을 해체하려는 때에는 대통령령으로 정하는 바에 따라 위원회의 승인을 받아야 한다. 승인받은 사항을 변경하려는 때에도 또한 같다. 다만, 총리령으로 정하는 경미한 사항을 변경하려는 때에는 이를 위원회에 신고하여야 한다.

〈개정 2013. 3. 23., 2015. 1. 20.〉

② 제1항의 승인을 받으려는 자는 승인신청서에 핵연료주기시설의 해체계획서와 총리령으로 정하는 서류를 첨부하여 위원회에 제출하여야 한다. 〈개정 2015. 1. 20.〉

③ 삭제 〈2015. 1. 20.〉

④ 삭제 〈2015. 1. 20.〉

제43조(사업개시 등의 신고)

핵연료주기사업자는 그 사업을 개시 · 중단 또는 폐지하거나 중단한 사업을 재개한 때에는 그 사업을 개시 · 중단 · 폐지 또는 재개한 날부터 30일 이내에 이를 위원회에 신고하여야 한다.

제44조(준용)

핵연료주기사업자의 사업 승인, 승계 및 핵연료주기시설의 해체 등에 관하여는 제15조, 제19조 및 제28조제3항부터 제9항까지의 규정을 준용한다. 이 경우 "발전용원자로설치자" 또는 "발전용원자로운영자"는 "핵연료주기사업자"로 본다. 〈개정 2015. 1. 20.〉

제2절 핵물질사용

제45조(핵연료물질의 사용 등 허가)

① 다음 각 호의 어느 하나에 해당하는 경우를 제외하고 핵연료물질을 사용 또는 소지하려는 자는 대통령령으로 정하는 바에 따라 위원회의 허가를 받아야 한다. 허가받은 사항을 변경하려는 때에도 또한 같다. 다만, 총리령으로 정하는 경미한 사항을 변경하려는 때에는 이를 신고하여야 한다. 〈개정 2013. 3. 23., 2014. 5. 21.〉

1. 발전용원자로설치자 · 발전용원자로운영자 또는 연구용원자로등설치자 · 연구용원자로등운영자가 핵연료물질을 그 허가받은 사업에 사용하는 경우

2. 핵연료주기사업자가 핵연료물질을 그 허가 또는 지정받은 사업에 사용하는 경우

3. 대통령령으로 정하는 종류 및 수량의 핵연료물질을 사용하는 경우

② 제1항의 허가를 받으려는 자는 허가신청서에 안전관리규정과 그 밖에 총리령으로 정하는 서류를 첨부하여 위원회에 제출하여야 한다. 〈개정 2013. 3. 23.〉

③ 제1항에 따른 허가에 관하여는 제14조를 준용한다. 이 경우 제14조제3호 중 "제17조"는 "제48조"로 본다.

제46조(허가기준)

제45조제1항의 허가기준은 다음과 같다. 〈개정 2013. 3. 23.〉

1. 총리령으로 정하는 핵연료물질의 사용 또는 소지에 필요한 기술능력을 확보하고 있을 것
2. 사용시설 · 분배시설 · 저장시설 · 보관시설 · 처리시설 및 배출시설(이하 "사용시설등"이라 한다)의 위치 · 구조 및 설비가 위원회규칙으로 정하는 기술기준에 적합하여 방사성물질등에 따른 인체 · 물체 및 공공의 재해방지에 지장이 없을 것
3. 핵연료물질의 사용 또는 소지로 인하여 발생되는 방사성물질등으로부터 국민의 건강 및 환경상의 위해를 방지하기 위하여 대통령령으로 정하는 기준에 적합할 것
4. 대통령령으로 정하는 장비 및 인력을 확보할 것

제47조(검사)

① 제45조제1항에 따라 허가를 받은 자(이하 "핵연료물질사용자"라 한다)는 핵연료물질의 사용 또는 소지, 특정핵물질의 계량관리에 관한 사항을 대통령령으로 정하는 바에 따라 위원회의 검사를 받아야 한다.

② 위원회는 제1항에 따른 검사결과 다음 각 호의 어느 하나에 해당하면 핵연료물질사용자에게 그 시정 또는 보완을 명할 수 있다.

1. 제46조에 따른 허가기준 및 제50조제1항에 따른 기술기준에 미달될 때
2. 제45조제2항에 따른 허가신청서의 첨부서류에 기재된 내용과 일치하지 아니하거나 제51조에서 준용하는 제15조에 따른 계량관리규정에 위반될 때

제48조(사용 또는 소지 허가의 취소 등)

① 위원회는 핵연료물질사용자가 다음 각 호의 어느 하나에 해당하면 그 허가를 취소하거나 1년 이내의 기간을 정하여 업무의 정지를 명할 수 있다. 다만, 제1호 또는 제3호에 해당하는 때에는 그 허가를 취소하여야 한다. 〈개정 2014. 5. 21.〉

1. 거짓이나 그 밖의 부정한 방법으로 허가를 받은 때
2. 제45조제1항 후단에 따라 허가받아야 할 사항을 허가받지 아니하고 변경한 때
3. 제45조제3항에 따라 준용되는 제14조제1호 · 제2호 및 제4호 중 어느 하나에 해당하게 된 때. 다만, 법인의 임원이 그 사유에 해당하게 된 경우 3개월 이내에 그 임원을 바꾼 때에는 그러하지 아니하다.
4. 제46조의 허가기준에 미달하게 된 때
5. 제50조제3항 또는 제51조에 따라 준용되는 제15조제1항을 위반한 때
6. 제47조제2항 · 제50조제2항 · 제92조제2항 또는 제98조제1항 및 제3항에 따른 명령을 위반한 때
7. 제70조 · 제94조 · 제96조 또는 제106조제1항을 위반한 때
8. 제99조의 허가조건을 위반한 때

② 위원회는 제1항에 따라 업무의 정지를 명하여야 할 경우에 그 업무의 정지를 갈음하여 5억원 이하의 과징금을 부과할 수 있다. 〈신설 2014. 5. 21.〉

③ 제1항에 따른 업무의 정지 처분기준과 제2항에 따른 과징금의 부과기준은 대통령령으로 정한다. 〈신설 2014. 5. 21.〉

④ 위원회는 제2항에 따른 과징금을 내야 할 자가 납부기한까지 과징금을 내지 아니하면 국세체납처분의 예에 따라 이를 징수하거나 제2항에 따른 과징금 부과처분을 취소하고 제1항에 따른 업무정지처분을 하여야 한다. 〈신설 2014. 5. 21.〉

제49조(기록과 비치)

핵연료물질사용자는 핵연료물질의 사용 또는 소지에 관한 사항을 총리령으로 정하는 바에 따라 기록하여 이를 그 공장 또는 사업소마다 비치하여야 한다. 〈개정 2013. 3. 23.〉

제50조(기준준수의무 등)

① 핵연료물질사용자는 다음 사항에 관하여 위원회규칙으로 정하는 기술기준을 준수하여야 한다.

1. 핵연료물질 또는 그에 따라 오염된 물질의 사업소 안에서의 사용 · 분배 · 저장 · 운반 · 보관 · 처리 및 배출
2. 핵연료물질 또는 그에 따라 오염된 물질의 사용시설 등

② 위원회는 해당 사업소 안에서의 핵연료물질 또는 그에 따라 오염된 물질의 사용 · 분배 · 저장 · 운반 · 보관 · 처리 또는 배출이 제1항에 따른 기술기준에 적합하지 아니하다고 인정하면 핵연료물질사용자에게 해당 시설의 수리 · 개선 · 이전 또는 사용의 정지, 취급방법의 변경과

그 밖의 안전에 필요한 조치를 명할 수 있다.

③ 핵연료물질사용자 및 그 종업원은 제45조제2항에 따른 안전관리규정을 준수하여야 한다.

제51조(준용)

핵연료물질사용자의 사업 승인 · 승계 및 신고에 관하여는 제15조 · 제19조 및 제43조를 준용한다. 이 경우 "발전용원자로설치자" 또는 "핵연료주기사업자"는 "핵연료물질사용자"로 본다.

제52조(핵원료물질의 사용신고 등)

① 다음 각 호의 어느 하나에 해당하는 경우를 제외하고 핵원료물질을 사용하려는 자는 대통령령으로 정하는 바에 따라 위원회에 신고하여야 한다. 신고한 사항을 변경하려는 때에도 또한 같다. 〈개정 2013. 3. 23., 2014. 5. 21.〉

1. 발전용원자로설치자 · 발전용원자로운영자 · 연구용원자로등설치자 · 연구용원자로등운영자 또는 핵연료주기사업자가 핵원료물질을 그 허가 또는 지정받은 사업에 사용하는 경우
2. 총리령으로 정하는 종류 및 수량의 핵원료물질을 사용하는 경우

② 제1항에 따라 신고한 자(이하 "핵원료물질사용자"라 한다)는 위원회규칙으로 정하는 기술기준에 따라 핵원료물질을 사용하여야 한다.

③ 위원회는 핵원료물질의 사용이 제2항에 따른 기술기준에 적합하지 아니하면 해당 핵원료물질사용자에게 그 기준에 적합하도록 시정 또는 보완을 명할 수 있다.

④ 핵원료물질사용자는 핵원료물질의 사용에 관한 사항을 총리령으로 정하는 바에 따라 기록하여 이를 공장 또는 사업소마다 비치하여야 한다. 〈개정 2013. 3. 23.〉

⑤ 핵원료물질사용자의 결격사유에 관하여는 제14조를 준용한다. 이 경우 제14조 각 호 외의 부분 중 "제10조제1항의 허가를 받을 수 없다"는 "제52조제1항의 신고를 할 수 없다"로, 같은 조 제3호 중 "제17조에 따라 허가가 취소된 후"는 "제52조제6항에 따라 사용금지된 후"로, 같은 조 제4호 중 "임원 중에"는 "대표자가"로 본다. 〈신설 2014. 5. 21.〉

⑥ 위원회는 핵원료물질사용자가 다음 각 호의 어느 하나에 해당하면 1년 이내의 기간을 정하여 사용금지를 명할 수 있다. 〈신설 2014. 5. 21.〉

1. 거짓이나 그 밖의 부정한 방법으로 신고한 때
2. 제1항 후단에 따른 변경신고를 하지 아니하고 신고한 사항을 변경한 때
3. 제5항에서 준용하는 제14조제1호 · 제2호 및 제4호 중 어느 하나에 해당하게 된 때. 다만, 법인의 대표자가 그 사유에 해당하게 된 경우 3개월 이내에 그 대표자를 바꾸어 선임한 때에는 그러하지 아니하다.

4. 제3항, 제92조제2항 또는 제98조제1항 및 제3항에 따른 명령을 위반한 때

5. 제106조제1항을 위반한 때

⑦ 제6항에 따른 사용금지를 명하여야 할 경우에는 제48조제2항부터 제4항까지의 규정을 준용한다. 〈신설 2014. 5. 21.〉

⑧ 제7항의 준용에 있어서 "업무의 정지"는 "사용금지"로 본다. 〈신설 2014. 5. 21.〉

제5장 방사성동위원소 및 방사선발생장치

제53조(방사성동위원소 · 방사선발생장치 사용 등의 허가 등)

① 방사성동위원소 또는 방사선발생장치(이하 "방사성동위원소등"이라 한다)를 생산 · 판매 · 사용(소지 · 취급을 포함한다. 이하 같다) 또는 이동사용하려는 자는 대통령령으로 정하는 바에 따라 위원회의 허가를 받아야 한다. 허가받은 사항을 변경하려는 때에도 또한 같다. 다만, 총리령으로 정하는 일시적인 사용 장소의 변경과 그 밖의 경미한 사항을 변경하려는 때에는 이를 신고하여야 한다. 〈개정 2013. 3. 23.〉

② 제1항에도 불구하고 총리령으로 정하는 용도 또는 수량 이하의 밀봉된 방사성동위원소 또는 총리령으로 정하는 용도 또는 용량 이하의 방사선발생장치를 사용 또는 이동사용하려는 자는 대통령령으로 정하는 바에 따라 위원회에 신고하여야 한다. 신고한 사항을 변경하려는 때에도 또한 같다. 〈개정 2013. 3. 23.〉

③ 제1항에 따른 허가를 받으려는 자는 허가신청서에 안전성분석보고서, 품질보증계획서, 방사선안전보고서 및 안전관리규정과 그 밖에 총리령으로 정하는 서류를 첨부하여 위원회에 제출하여야 하며, 제2항에 따른 신고를 하려는 자는 신고서에 총리령으로 정하는 서류를 첨부하여 위원회에 제출하여야 한다. 다만, 안전성분석보고서 및 품질보증계획서의 제출은 생산허가를 받으려는 자에 한한다. 〈개정 2013. 3. 23.〉

④ 제1항에 따라 허가를 받은 자(이하 "허가사용자"라 한다) 및 제2항에 따라 신고를 한 자(이하 "신고사용자"라 한다)의 결격사유에 관하여는 제14조를 준용한다. 이 경우 제14조 본문 중 "제10조제1항의 허가를 받을 수 없다"는 "제53조제1항 · 제2항의 허가를 받거나 신고를 할 수 없다"로, 같은 조 제3호 중 "제17조에 따라 허가가 취소된 후"는 "제57조에 따라 허가취소 · 사용금지된 후"로, 같은 조 제4호 중 "임원 중에"는 "대표자가"로 본다.

제53조의2(방사선안전관리자)

① 허가사용자 및 신고사용자는 방사선 안전관리에 관한 다음 각 호의 업무를 수행하기 위하여 대통령령으로 정하는 바에 따라 방사선안전관리자를 선임하여 방사성동위원소등의 사용개시 전에 이를 위원회에 신고하여야 한다. 신고한 사항을 변경하려는 때에도 또한 같다.

1. 제53조제3항의 안전관리규정 및 제59조제1항의 기술기준의 준수여부 점검
2. 방사선작업종사자 또는 방사선관리구역에 출입하는 자에 대한 제91조에 따른 방사선장해방지조치
3. 허가사용자 및 신고사용자에 대한 방사선 안전관리에 관한 조치 권고
4. 그 밖에 방사선 안전관리를 위하여 필요한 조치

② 위원회는 방사선안전관리자가 제1항에 따른 업무를 게을리한 때에는 허가사용자 및 신고사용자에게 그 방사선안전관리자의 해임을 요구할 수 있다.

③ 허가사용자 및 신고사용자는 제2항에 따른 해임요구를 받은 때에는 정당한 사유가 없으면 해당 방사선안전관리자를 지체 없이 해임하고 새로운 방사선안전관리자를 선임하되, 해임한 날부터 30일 이내에 위원회에 선임신고 및 해임신고를 하여야 한다.

④ 허가사용자 및 신고사용자는 제3항에 따라 해임된 후 1년이 지나지 아니한 사람을 방사선안전관리자로 선임하여서는 아니 된다.

⑤ 허가사용자, 신고사용자, 방사선작업종사자 및 방사선관리구역출입자는 방사선 안전관리에 관한 방사선안전관리자의 조치와 권고에 따라야 한다.

⑥ 제1항에 따라 방사선안전관리자를 선임한 허가사용자 또는 신고사용자는 다음 각 호의 어느 하나에 해당하는 경우에는 대통령령으로 정하는 바에 따라 대리자를 지정하여 일시적으로 방사선안전관리자의 직무를 대행하게 하여야 한다. 〈신설 2018. 8. 14.〉

1. 방사선안전관리자가 여행 · 질병이나 그 밖의 사유로 일시적으로 그 직무를 수행할 수 없는 경우
2. 방사선안전관리자의 해임 또는 퇴직과 동시에 다른 방사선안전관리자가 선임되지 아니한 경우

⑦ 방사선안전관리자 및 대리자의 자격 요건, 대리자의 직무대행기간 등에 필요한 사항은 대통령령으로 정한다. 〈개정 2018. 8. 14.〉

[본조신설 2014. 5. 21.]

제54조(업무대행자의 등록)

① 허가사용자 및 신고사용자를 대행하여 다음 각 호의 어느 하나의 업무를 하려는 자는 위원회에

등록하여야 한다. 〈개정 2013. 3. 23.〉

1. 방사선오염의 제거
2. 방사성동위원소등 및 방사성폐기물의 수거·처리 및 운반
3. 방사선안전보고서·안전관리규정의 작성
4. 사용시설등의 설치에 대한 감리
5. 방사선안전관리
6. 그 밖에 총리령으로 정하는 방사선의 안전관리 및 장해방지 관련 업무

② 제1항에 따라 등록한 자(이하 "업무대행자"라 한다)가 등록한 사항을 변경하려면 이를 위원회에 신고하여야 한다.

③ 제1항에 따른 등록을 하려는 자는 그 신청서에 업무대행규정과 그 밖에 총리령으로 정하는 서류를 첨부하여 위원회에 제출하여야 한다. 〈개정 2013. 3. 23.〉

④ 제1항에 따른 등록의 결격사유에 관하여는 제14조를 준용한다. 이 경우 제14조 본문 중 "제10조제1항의 허가를 받을 수 없다"는 "제54조제1항의 등록을 할 수 없다"로, 같은 조 제3호 중 "제17조에 따라 허가가 취소된 후"는 "제57조에 따라 등록이 취소된 후"로, 같은 조 제4호 중 "임원 중에"는 "대표자가"로 본다.

제55조(허가기준 등)

① 제53조제1항에 따른 허가기준은 다음과 같다.

1. 생산시설·사용시설등의 위치·구조 및 설비가 위원회규칙으로 정하는 기술기준에 적합할 것
2. 방사성동위원소 또는 그에 따라 오염된 물질 또는 방사선발생장치에 따라 발생한 피폭방사선량이 대통령령으로 정하는 선량한도를 초과하지 아니할 것
3. 생산하려는 방사성동위원소등의 성능 및 품질보증계획서의 내용이 위원회가 정하여 고시하는 기준에 적합할 것
4. 대통령령으로 정하는 장비 및 인력을 확보할 것

② 제54조제1항에 따른 등록기준은 다음 각 호와 같다. 〈개정 2013. 3. 23.〉

1. 총리령으로 정하는 대행업무 수행에 필요한 기술능력을 확보하고 있을 것
2. 대통령령으로 정하는 장비 및 인력을 확보할 것
3. 대행업무의 범위 및 업무대행규정이 총리령으로 정하는 기준에 적합할 것

第56조(검사)

① 허가사용자 및 업무대행자는 방사성동위원소등의 생산 · 판매 · 사용 · 이동사용 또는 대행업무를 대통령령으로 정하는 바에 따라 위원회의 검사를 받아야 한다. 다만, 대통령령으로 정하는 바에 따라 검사가 면제되는 경우에는 그러하지 아니하다.

② 위원회는 제1항에 따른 검사결과 다음 각 호의 어느 하나에 해당하면 허가사용자 또는 업무대행자에게 그 시정 또는 보완을 명할 수 있다.

1. 제55조제1항에 따른 허가기준 또는 제55조제2항에 따른 등록기준에 미달될 때
2. 제53조제3항에 따른 안전관리규정 또는 제54조제3항에 따른 업무대행규정을 위반하였을 때

第57조(생산 · 판매 · 사용 또는 이동사용 허가 등의 취소 등)

① 위원회는 허가사용자 · 신고사용자 또는 업무대행자가 다음 각 호의 어느 하나에 해당하면 그 허가 · 등록의 취소 또는 1년 이내의 기간을 정하여 그 업무를 정지하거나 사용금지(신고사용자만 해당한다)를 명할 수 있다. 다만, 제1호 또는 제4호에 해당하는 때에는 그 허가 또는 등록을 취소하여야 한다. 〈개정 2014. 5. 21.〉

1. 거짓이나 그 밖의 부정한 방법으로 허가를 받았거나 신고 또는 등록한 때
2. 정당한 사유 없이 대통령령으로 정하는 기간 안에 그 허가받은 사용 또는 사업을 개시하지 아니하거나 1년 이상 계속하여 중단한 때
3. 제53조제1항 후단, 제2항 후단 또는 제54조제2항에 따라 변경허가 또는 변경신고를 하지 아니하고 허가받은 사항이나 신고 또는 등록한 사항을 변경한 때
4. 제53조제4항 및 제54조제4항에서 준용하는 제14조제1호 · 제2호 및 제4호 중 어느 하나에 해당하게 된 때. 다만, 법인의 대표자가 그 사유에 해당하게 된 경우 3개월 이내에 그 대표자를 바꾸어 선임한 때에는 그러하지 아니하다.
5. 제55조의 허가 또는 등록 기준에 미달하게 된 때
6. 제56조제2항, 제59조제2항, 제92조제2항 또는 제98조제1항 및 제3항에 따른 명령을 위반한 때
7. 제59조제3항 · 제70조 · 제94조 · 제96조 또는 제106조제1항을 위반한 때
8. 제99조의 허가조건을 위반한 때

② 위원회는 제1항에 따라 업무의 정지 또는 사용금지를 명하여야 할 경우에 그 업무의 정지 또는 사용금지를 갈음하여 5억원 이하의 과징금을 부과할 수 있다. 〈개정 2014. 5. 21.〉

③ 제1항에 따른 업무의 정지 또는 사용금지 처분기준과 제2항에 따른 과징금의 부과기준은 대통령령으로 정한다. 〈개정 2014. 5. 21.〉

④ 위원회는 제2항에 따른 과징금을 내야 할 자가 납부기한까지 과징금을 내지 아니하면 국세체납처분의 예에 따라 이를 징수하거나 제2항에 따른 과징금 부과처분을 취소하고 제1항에 따른 업무정지처분 또는 사용금지처분을 하여야 한다. 〈개정 2014. 5. 21.〉

제58조(기록과 비치)

허가사용자 · 신고사용자 및 업무대행자는 총리령으로 정하는 바에 따라 방사성동위원소등의 생산 · 사용 · 이동사용 · 분배 · 저장 · 운반 · 보관 · 처리 · 배출 · 판매 또는 업무대행 등에 관한 사항을 기록하여 이를 공장 또는 사업소마다 비치하여야 한다. 〈개정 2013. 3. 23.〉

제59조(기준준수의무 등)

① 허가사용자 및 신고사용자는 다음 사항에 관하여 위원회규칙으로 정하는 기술기준을 준수하여야 한다.

1. 방사성동위원소 또는 그에 따라 오염된 물질이나 방사선발생장치의 생산시설 · 사용시설 등의 위치 · 구조 및 설비
2. 방사성동위원소 또는 그에 따라 오염된 물질이나 방사선발생장치의 사업소 안에서의 생산 · 사용 · 분배 · 저장 · 운반 · 보관 · 처리 및 배출
3. 방사성동위원소등의 이동사용 및 판매

② 위원회는 사업소 안에서의 방사성동위원소 또는 그에 따라 오염된 물질이나 방사선발생장치의 생산시설 또는 사용시설등의 위치 · 구조 및 설비, 사업소 안에서의 생산 · 사용 · 분배 · 저장 · 운반 · 처리 및 배출과 방사성동위원소등의 이동사용이나 판매가 제1항에 따른 기술기준에 적합하지 아니하다고 인정하면 허가사용자 및 신고사용자에게 해당 시설의 수리 · 개선 · 이전 또는 생산 · 사용의 정지, 취급방법의 변경과 그 밖의 안전에 필요한 조치를 명할 수 있다.

③ 허가사용자 및 그 종업원은 제53조제3항에 따른 안전관리규정을 준수하여야 하며, 업무대행자와 그 종업원은 제54조제3항에 따른 업무대행규정을 준수하여야 한다.

제59조의2(발주자의 안전조치 의무)

① 방사선투과검사를 위하여 제53조에 따라 방사성동위원소등을 이동사용하는 경우 방사선투과검사를 의뢰한 발주자(이하 "발주자"라 한다)는 발주자의 사업장에서 방사성동위원소등을 이동사용하는 방사선작업종사자가 과도한 방사선에 노출되지 아니하도록 위원회규칙으로 정하는 바에 따라 안전한 작업환경을 제공하여야 한다.

② 위원회는 발주자에게 다음 각 호의 안전설비의 설치 또는 보완을 명할 수 있다.

1. 제91조에 따른 방사선장해방지조치에 적합한 전용작업장

2. 방사선방호를 위한 차폐시설 또는 차폐물

③ 제2항에 따라 위원회가 발주자에게 안전설비의 설치 또는 보완을 명하였음에도 발주자가 이를 이행하지 아니하여 방사선작업종사자의 안전이 위협받을 경우 위원회는 위원회규칙으로 정하는 바에 따라 방사선투과검사 작업의 중지를 명할 수 있다.

④ 제3항에 따라 작업이 중지된 작업장에서는 방사선투과검사를 실시하여서는 아니 된다.

⑤ 제3항에 따라 작업이 중지된 작업장에 대하여 발주자 및 허가사용자 또는 신고사용자가 작업을 재개하기 위한 이행사항 · 절차 · 방법 및 그 밖에 필요한 사항은 대통령령으로 정한다.

⑥ 발주자는 안전한 작업환경 조성을 위하여 방사선작업종사자의 실제 일일작업량을 위원회에 보고하여야 한다. 이 경우 보고 대상 · 방법 및 절차 등에 필요한 사항은 위원회규칙으로 정한다.

⑦ 방사성동위원소등을 이동사용하여 방사선투과검사를 실시할 때 방사선안전관리자가 안전한 방사선투과검사의 수행을 위하여 발주자에게 필요한 조치나 협력을 요청할 경우 발주자는 이에 따라야 한다.

⑧ 제2항에 따른 안전설비의 세부기준 등에 필요한 사항은 위원회규칙으로 정한다.

[본조신설 2014. 5. 21.]

제60조(방사선발생장치 등의 설계승인 등)

① 방사선발생장치 또는 방사성동위원소가 내장된 기기(이하 "방사선기기"라 한다)를 제작하려는 자 또는 외국에서 제작된 방사선기기를 수입하려는 자는 방사선기기의 형식별로 설계에 대하여 총리령으로 정하는 바에 따라 위원회의 승인을 받아야 한다. 이를 변경하려는 때에도 또한 같다. 다만, 총리령으로 정하는 경미한 사항을 변경하려는 때에는 이를 위원회에 신고하여야 한다. 〈개정 2013. 3. 23., 2017. 12. 19.〉

② 제1항에도 불구하고 다음 각 호의 어느 하나에 해당하는 경우에는 위원회의 승인을 받지 아니하고 방사선기기를 제작하거나 수입할 수 있다. 〈신설 2017. 12. 19.〉

1. 제1항에 따라 승인을 받은 방사선기기와 동일한 형식의 방사선기기를 제작하거나 수입하려는 경우

2. 시험용으로 시제품을 개발하거나 비영리 단체의 학술연구를 위한 경우로서 위원회가 정하여 고시하는 기준에 적합한 경우

3. 수출전용으로 방사선기기를 제작하는 경우로서 위원회가 정하여 고시하는 기준에 적합한 경우

4. 그 밖에 대통령령으로 정하는 경우

③ 제1항에 따른 승인을 받으려는 자는 방사선기기의 설계자료, 안전성평가자료, 품질보증계획서(방사선기기를 제작하려는 경우만 해당한다)와 그 밖에 총리령으로 정하는 서류를 첨부하여 위원회에 제출하여야 한다. 〈개정 2013. 3. 23., 2017. 12. 19.〉

④ 제1항에 따른 방사선기기의 형식별 설계승인의 기준은 대통령령으로 정한다. 〈신설 2017. 12. 19.〉

제61조(검사)

① 제60조제1항에 따라 승인을 받은 자는 제작 또는 수입한 방사선기기를 승인받은 방사선기기의 형식별로 총리령으로 정하는 바에 따라 위원회의 검사를 받아야 한다. 다만, 다음 각 호의 어느 하나에 해당하는 경우에는 그러하지 아니하다. 〈개정 2017. 12. 19.〉

1. 검사에 합격한 방사선기기와 동일한 형식의 방사선기기를 제작하거나 수입하는 경우
2. 제작국의 인허가 절차를 완료한 방사선기기를 수입하는 경우로서 위원회가 정하여 고시하는 기준에 적합한 경우

② 제1항에 따른 검사의 기준에 필요한 사항은 위원회가 정하여 고시한다. 〈신설 2017. 12. 19.〉

③ 허가사용자 및 신고사용자는 다음 각 호의 어느 하나에 해당하는 방사선기기를 사용하여야 한다. 〈개정 2017. 12. 19.〉

1. 제1항 본문에 따른 검사에 합격되거나 제1항 단서에 따라 검사가 면제된 방사선기기
2. 제60조제2항에 따라 설계에 대한 승인이 면제된 방사선기기

제62조(준용)

허가사용자 · 신고사용자 및 업무대행자의 사업 승계와 신고에 관하여는 제19조 및 제43조를 준용한다. 이 경우 "발전용원자로설치자" 또는 "핵연료주기사업자"는 "허가사용자 · 신고사용자 및 업무대행자"로 본다.

제6장 폐기 및 운반

제63조(방사성폐기물관리시설등의 건설 · 운영 허가)

① 방사성폐기물의 저장 · 처리 · 처분 시설 및 그 부속시설(이하 "방사성폐기물관리시설등"이라

한다)을 건설ㆍ운영하려는 자는 대통령령으로 정하는 바에 따라 위원회의 허가를 받아야 한다. 허가받은 사항을 변경하려는 때에도 또한 같다. 다만, 총리령으로 정하는 경미한 사항을 변경하려는 때에는 이를 신고하여야 한다. 〈개정 2013. 3. 23., 2015. 1. 20.〉

② 제1항에 따라 허가를 받으려는 자는 허가신청서에 방사선환경영향평가서, 안전성분석보고서, 안전관리규정, 건설 및 운영에 관한 품질보증계획서와 그 밖에 총리령으로 정하는 서류를 첨부하여 위원회에 제출하여야 한다. 〈개정 2013. 3. 23., 2020. 12. 22.〉

③ 제1항에 따른 허가 및 변경허가의 결격사유에 관하여는 제14조를 준용한다. 이 경우 제14조제3호 중 "제17조"는 "제66조"로 본다.

[제목개정 2015. 1. 20.]

제64조(허가기준)

① 제63조제1항에 따른 허가기준은 다음 각 호와 같다.

〈개정 2013. 3. 23., 2015. 1. 20., 2015. 12. 22., 2020. 12. 22.〉

1. 총리령으로 정하는 방사성폐기물관리시설등의 건설ㆍ운영에 필요한 기술능력을 확보하고 있을 것
2. 방사성폐기물관리시설등의 위치ㆍ구조ㆍ설비 및 성능이 위원회규칙으로 정하는 기술기준에 적합하여 방사성물질등에 따른 인체ㆍ물체 및 공공의 재해방지에 지장이 없을 것
3. 방사성폐기물관리시설등의 건설ㆍ운영 과정에서 발생되는 방사성물질등으로부터 국민의 건강 및 환경상의 위해를 방지하기 위하여 대통령령으로 정하는 기준에 적합할 것
4. 대통령령으로 정하는 장비 및 인력을 확보하고 있을 것

4의2. 제63조제2항에 따른 건설 및 운영에 관한 품질보증계획서의 내용이 위원회규칙으로 정하는 기준에 적합할 것

5. 방사성폐기물 처분시설의 전부 또는 일부에 대한 폐쇄 후 관리계획이 300년 이하의 범위에서 대통령령으로 정하는 기간 동안 방사성폐기물 처분시설의 안전성 확보를 위하여 위원회규칙으로 정하는 관리 기준에 적합할 것

② 방사성폐기물의 저장ㆍ처리 시설 및 그 부속시설(이하 "방사성폐기물저장시설등"이라 한다)을 영구정지하거나 방사성폐기물의 처분시설 및 그 부속시설(이하 "방사성폐기물처분시설등"이라 한다)의 일부 또는 전부에 대하여 방사성폐기물을 처분하는 활동(이하 "처분활동"이라 한다)을 완결하려는 경우에는 제63조제1항에 따라 변경허가를 받아야 한다. 이 경우 다음 각 호의 어느 하나에 해당하면 제1항 각 호의 허가기준 중 일부를 적용하지 아니할 수 있다.

〈신설 2020. 12. 22.〉

1. 방사성폐기물저장시설등의 영구정지 또는 방사성폐기물처분시설등에 대한 처분활동의 완결로 인하여 제1항의 허가기준을 그대로 적용하기 어려운 경우
2. 방사성폐기물저장시설등의 영구정지 또는 방사성폐기물처분시설등에 대한 처분활동의 완결 목적에 비추어 제1항의 허가기준을 준수하지 아니하여도 안전에 지장이 없는 경우

제65조(검사)

① 제63조제1항에 따라 방사성폐기물관리시설등의 건설 · 운영 허가를 받은 자(이하 "방사성폐기물관리시설등건설 · 운영자"라 한다)는 방사성폐기물관리시설등의 설치 · 운영, 방사성폐기물의 저장 · 처리 · 처분, 특정핵물질의 계량관리에 관한 사항을 대통령령으로 정하는 바에 따라 위원회의 검사를 받아야 한다. 〈개정 2015. 1. 20.〉

② 위원회는 제1항에 따른 검사결과 다음 각 호의 어느 하나에 해당하면 방사성폐기물관리시설등건설 · 운영자에게 그 시정 또는 보완을 명할 수 있다. 〈개정 2015. 1. 20., 2020. 12. 22.〉

1. 제64조에 따른 허가기준에 미달되거나 제68조제1항에 따른 조치가 부족할 때
2. 제63조제2항에 따른 허가신청서의 첨부서류에 기재된 내용과 일치하지 아니하거나 제69조에 따라 준용되는 제15조에 따른 계량관리규정에 위반될 때

제65조의2(주기적 안전성평가)

① 방사성폐기물관리시설등건설 · 운영자는 대통령령으로 정하는 바에 따라 방사성폐기물관리시설등의 안전성을 주기적으로 평가하고, 그 결과를 위원회에 제출하여야 한다. 다만, 제64조제2항에 따라 변경허가를 받고 영구정지되거나 처분활동이 완결된 방사성폐기물관리시설등의 주기적 안전성평가에 필요한 사항은 대통령령으로 정한다.

② 위원회는 제1항에 따른 주기적 안전성평가 결과 또는 그에 따른 안전조치가 부족하다고 인정하면 방사성폐기물관리시설등건설 · 운영자에게 그 시정 또는 보완을 명할 수 있다.

③ 제1항에 따른 주기적 안전성평가의 방법 · 내용 등에 관한 사항은 대통령령으로 정한다.

[본조신설 2020. 12. 22.]

제66조(방사성폐기물관리시설등의 건설 · 운영 허가의 취소 등)

① 위원회는 방사성폐기물관리시설등건설 · 운영자가 다음 각 호의 어느 하나에 해당하면 그 허가를 취소하거나 1년 이내의 기간을 정하여 그 건설공사 또는 운영의 정지를 명할 수 있다. 다만, 제1호 또는 제4호에 해당하는 때에는 그 허가를 취소하여야 한다.

〈개정 2014. 5. 21., 2015. 1. 20., 2020. 12. 22.〉

1. 거짓이나 그 밖의 부정한 방법으로 허가를 받은 때
2. 정당한 사유 없이 대통령령으로 정하는 기간 안에 그 허가받은 건설공사 또는 운영을 개시하지 아니하거나 1년 이상 계속하여 그 건설공사 또는 운영을 중단한 때
3. 제63조제1항 후단에 따라 허가받아야 할 사항을 허가받지 아니하고 변경한 때
4. 제63조제3항에 따라 준용되는 제14조제1호 · 제2호 및 제4호 중 어느 하나에 해당하게 된 때. 다만, 법인의 임원이 그 사유에 해당하게 된 경우 3개월 이내에 그 임원을 바꾼 때에는 그러하지 아니하다.
5. 제64조의 허가기준에 미달하게 된 때
6. 제69조에 따라 준용되는 제15조제1항을 위반한 때
7. 제65조제2항 · 제65조의2제2항 · 제68조의2 · 제92조제2항 또는 제98조제1항 · 제3항에 따른 명령을 위반한 때
8. 제68조제1항 · 제2항, 제70조, 제89조제5항, 제94조, 제96조 또는 제106조제1항을 위반한 때
9. 제99조의 허가조건을 위반한 때

② 제1항에 따른 건설공사 또는 운영의 정지에 관하여는 제17조제2항부터 제4항까지의 규정을 준용한다. 이 경우 "건설공사"는 "건설공사 또는 운영"으로 본다. 〈개정 2020. 12. 22.〉

[제목개정 2015. 1. 20.]

제67조(기록과 비치)

방사성폐기물관리시설등건설 · 운영자는 총리령으로 정하는 바에 따라 방사성폐기물의 저장 · 처리 또는 처분에 관한 사항 등을 기록하여 이를 방사성폐기물관리시설등에 비치하여야 한다.
〈개정 2013. 3. 23., 2015. 1. 20.〉

제68조(운영에 관한 안전조치 등)

① 방사성폐기물관리시설등건설 · 운영자가 방사성폐기물관리시설등을 운영할 때에는 인체 · 물체 및 공공의 안전을 위하여 위원회규칙으로 정하는 바에 따라 다음 각 호의 조치를 취하여야 한다. 다만, 위원회가 방사성폐기물관리시설등의 사용목적이나 설계상의 원리적인 차이로 인하여 그대로 적용하기 어렵거나 기술적인 면에서 적용하지 아니하여도 안전상 지장이 없다고 인정하는 경우에는 조치를 취하지 아니할 수 있다.
1. 피폭방사선량 등에 관한 조치
2. 방사성폐기물 안전관리에 관한 조치

3. 방사성폐기물관리시설등의 자체점검에 관한 조치
4. 방사성폐기물관리시설등의 안전운전에 관한 조치
5. 그 밖에 방사성폐기물관리시설등의 안전에 관한 조치로서 대통령령으로 정하는 조치

② 방사성폐기물관리시설등건설 · 운영자 및 그 종업원은 제63조제2항에 따른 안전관리규정을 준수하여야 한다.

③ 방사성폐기물관리시설등건설 · 운영자가 제64조제2항에 따라 영구정지 또는 처분활동의 완결에 관한 변경허가를 받은 경우 위원회가 다음 각 호의 어느 하나에 해당하는 것으로 인정하면 제1항 및 제2항의 규정 중 일부를 적용하지 아니할 수 있다.

1. 방사성폐기물관리시설등의 영구정지 또는 처분활동의 완결로 인하여 제1항 및 제2항의 규정 중 일부를 그대로 적용하기 어려운 경우
2. 방사성폐기물관리시설등의 영구정지 또는 처분활동의 완결의 목적에 비추어 제1항 및 제2항에 따른 안전조치를 하지 아니하여도 기술적인 면에서 안전에 지장이 없는 경우

[전문개정 2020. 12. 22.]

제68조의2(방사성폐기물관리시설등의 사용정지 등의 조치)

위원회는 방사성폐기물관리시설등의 성능이 제64조제1항제2호에 따른 기술기준에 적합하지 아니하다고 인정하거나 제68조제1항에 따른 조치가 부족하다고 인정하면 해당 방사성폐기물관리시설등의 사용정지, 개조, 수리, 이전, 오염제거, 운영방법의 지정, 제63조제2항의 안전관리규정의 변경 및 그 밖의 안전을 위하여 필요한 조치를 명할 수 있다.

[본조신설 2020. 12. 22.]

제68조의3(방사성폐기물저장시설등의 해체)

① 방사성폐기물저장시설등의 건설 · 운영 허가를 받은 자(이하 "방사성폐기물저장시설등건설 · 운영자"라 한다)가 방사성폐기물저장시설등에 대하여 제64조제2항에 따른 영구정지에 관한 변경허가를 받은 후 영구정지된 방사성폐기물저장시설등을 해체하려는 경우에는 대통령령으로 정하는 바에 따라 위원회의 승인을 받아야 한다. 승인받은 사항을 변경하려는 경우에도 또한 같다. 다만, 총리령으로 정하는 경미한 사항을 변경하려는 경우에는 이를 신고하여야 한다.

② 제1항에 따른 승인을 받으려는 방사성폐기물저장시설등건설 · 운영자는 승인신청서에 방사성폐기물저장시설등의 해체계획서, 해체에 관한 품질보증계획서 및 그 밖에 총리령으로 정하는 서류를 첨부하여 위원회에 제출하여야 한다.

③ 그 밖에 방사성폐기물저장시설등의 해체의 보고 · 검사 등에 관하여는 제28조제3항부터 제9항까지의 규정을 준용한다. 이 경우 "발전용원자로운영자"는 "방사성폐기물저장시설등건설 · 운영자"로, "발전용원자로 및 관계시설"은 "방사성폐기물저장시설등"으로, "운영허가"는 "건설 · 운영 허가"로 본다.

[본조신설 2020. 12. 22.]

제68조의4(방사성폐기물처분시설등의 폐쇄)

① 방사성폐기물처분시설등의 건설 · 운영 허가를 받은 자(이하 "방사성폐기물처분시설등건설 · 운영자"라 한다)가 방사성폐기물처분시설등에 대하여 제64조제2항에 따른 처분활동의 완결에 관한 변경허가를 받은 후 완결한 처분활동과 관련된 방사성폐기물처분시설등을 폐쇄하려는 경우에는 대통령령으로 정하는 바에 따라 위원회의 승인을 받아야 한다. 승인받은 사항을 변경하려는 경우에도 또한 같다. 다만, 총리령으로 정하는 경미한 사항을 변경하려는 경우에는 이를 신고하여야 한다.

② 제1항에 따른 승인을 받으려는 방사성폐기물처분시설등건설 · 운영자는 승인신청서에 방사성폐기물처분시설등의 폐쇄계획서, 폐쇄에 관한 품질보증계획서, 폐쇄 후 관리계획서 및 그 밖에 총리령으로 정하는 서류를 첨부하여 위원회에 제출하여야 한다.

③ 제1항에 따라 방사성폐기물처분시설등의 폐쇄 승인을 받은 방사성폐기물처분시설등건설 · 운영자는 방사성폐기물처분시설등의 폐쇄에 대하여 대통령령으로 정하는 바에 따라 위원회의 검사를 받아야 한다.

④ 위원회는 제3항에 따른 검사 결과 방사성폐기물처분시설등건설 · 운영자가 제2항에 따른 폐쇄계획서에 따라 이행하지 아니한 경우 방사성폐기물처분시설등건설 · 운영자에게 그 시정 또는 보완을 명할 수 있다.

⑤ 위원회는 제3항에 따른 검사의 합격을 통지받은 방사성폐기물처분시설등건설 · 운영자의 방사성폐기물처분시설등의 폐쇄 후 관리에 대하여 대통령령으로 정하는 바에 따라 점검하고, 그 결과 폐쇄 후 관리의 종료가 적합하다고 확인되면 해당 방사성폐기물처분시설등건설 · 운영자에게 건설 · 운영 허가의 종료를 서면으로 통지하여야 한다.

[본조신설 2020. 12. 22.]

제69조(준용)

방사성폐기물관리시설등건설 · 운영자에게는 제10조제3항부터 제6항까지, 제15조, 제19조 및 제43조를 준용한다. 이 경우 "발전용원자로설치자" 또는 "핵연료주기사업자"는 "방사성폐기물관리시설

등건설 · 운영자"로 본다. 〈개정 2015. 1. 20.〉

제70조(방사성폐기물의 처분제한)

① 누구든지 방사성폐기물을 해양에 투기(投棄)하는 방법으로 처분할 수 없다.

② 방사성폐기물처분시설등건설 · 운영자가 아닌 자는 총리령으로 정하는 종류 및 수량의 방사성폐기물을 땅속에 천층(淺層)처분(동굴처분을 포함한다) 또는 심층(深層)처분 등의 방법으로 처분할 수 없다. 〈개정 2013. 3. 23., 2015. 1. 20., 2020. 12. 22.〉

③ 제2항에 따른 방사성폐기물 외의 방사성폐기물의 처분은 대통령령으로 정하는 방법 및 절차에 적합하게 하여야 한다.

④ 제2항에 따른 방사성폐기물의 처분을 방사성폐기물관리시설등건설 · 운영자에게 위탁하려는 자는 총리령으로 정하는 인도(引渡)기준에 적합하게 하여야 한다. 〈개정 2013. 3. 23., 2015. 1. 20.〉

제71조(운반신고)

① 발전용원자로설치자 · 발전용원자로운영자 · 연구용원자로등설치자 · 연구용원자로등운영자 · 핵연료주기사업자 · 핵연료물질사용자 · 핵원료물질사용자 · 허가사용자 · 신고사용자 · 업무대행자 및 방사성폐기물관리시설등건설 · 운영자(이하 "원자력관계사업자"라 한다)가 총리령으로 정하는 수량의 방사성물질등을 해당 사업소 밖의 장소나 외국으로부터 국내의 해당 사업소로 운반하려는 때에는 대통령령으로 정하는 바에 따라 위원회에 신고하여야 한다.

〈개정 2013. 3. 23., 2014. 5. 21., 2015. 1. 20.〉

② 총리령으로 정하는 수량의 방사성물질등을 실은 선박이나 항공기를 대한민국의 항구 또는 공항에 입항시키거나 대한민국의 영해를 경유하려는 자(선박의 경우만 해당한다)는 대통령령으로 정하는 바에 따라 미리 위원회에 신고하여야 한다. 신고한 사항을 변경하려는 때에도 또한 같다. 〈개정 2013. 3. 23.〉

제72조(포장 및 운반에 관한 기술기준)

방사성물질등을 철도 · 도로 · 선박 또는 항공기 등에 의하여 운반하거나 국내 또는 국제 우편으로 우송하는 경우에는 위원회규칙으로 정하는 포장 및 운반에 관한 기술기준에 적합하도록 하여야 한다.

제73조(피폭관리 등)

원자력관계사업자는 방사성물질등의 운반에 관계하는 작업자에게 방사선피폭의 점검과 안전교육을 실시하여야 한다.

第74條(사고의 조치 등)

① 원자력관계사업자 또는 원자력관계사업자로부터 방사성물질등의 운반을 위탁받은 자는 방사성물질등의 운반 또는 포장 중에 발생할 수 있는 사고에 대비하여 총리령으로 정하는 바에 따라 비상대응계획을 수립 · 시행하여야 한다. 〈개정 2013. 3. 23.〉

② 원자력관계사업자 또는 원자력관계사업자로부터 방사성물질등의 운반을 위탁받은 자는 방사성물질등의 운반 또는 포장 중 방사성물질등의 누설 · 화재와 그 밖의 사고가 발생한 때에는 대통령령으로 정하는 바에 따라 필요한 안전조치를 취하고 지체 없이 이를 위원회에 보고하여야 한다.

第75條(포장 및 운반 검사)

① 원자력관계사업자 및 그로부터 방사성물질등의 포장 또는 운반을 위탁받은 자는 제72조에 따른 기술기준의 준수에 관하여 대통령령으로 정하는 바에 따라 위원회의 검사를 받아야 한다.

② 위원회는 제1항에 따른 검사결과 제72조에 따른 기술기준에 미달되면 그 시정 또는 보완을 명할 수 있다.

第76條(운반용기의 설계승인)

① 원자력관계사업자가 총리령으로 정하는 수량의 방사성물질등의 포장 또는 운반을 위한 용기(이하 "운반용기"라 한다)를 제작하려는 때 또는 외국에서 제작된 운반용기를 수입하려는 때에는 대통령령으로 정하는 설계기준에 따라 위원회의 승인을 받아야 한다. 이를 변경하려는 때에도 또한 같다. 다만, 총리령으로 정하는 경미한 사항을 변경하려는 때에는 이를 위원회에 신고하여야 한다. 〈개정 2013. 3. 23.〉

② 제1항의 승인을 받으려는 자는 승인신청서에 운반용기의 설계자료, 제작에 관한 품질보증계획서, 안전성분석보고서와 그 밖에 총리령으로 정하는 서류를 첨부하여 위원회에 제출하여야 한다. 〈개정 2013. 3. 23.〉

第77條(운반용기의 검사 등)

① 원자력관계사업자는 제76조제1항에 따라 승인을 받아 제작 · 수입된 운반용기 및 사용 중인 운반용기를 대통령령으로 정하는 바에 따라 위원회의 검사를 받아야 한다. 다만, 대통령령으로 정하는 바에 따라 검사가 면제되는 경우에는 그러하지 아니하다.

② 원자력관계사업자는 제1항에 따른 검사에 합격된 운반용기를 사용하여야 한다.

[제목개정 2020. 12. 22.]

제77조의2(사용후핵연료 저장용기 등의 설계승인 등)

① 위원회는 원자력관계사업자가 제10조제1항 · 제20조제1항 · 제30조제1항 · 제30조의2제1항 · 제35조제2항 또는 제63조제1항에 따른 허가 · 지정(변경허가 · 변경지정을 포함한다. 이하 이 조에서 같다)을 받는 시설에 사용할 수 있는 사용후핵연료의 저장용기 또는 저장용기의 집합체(이하 "저장용기등"이라 한다)의 설계 승인을 신청하는 경우 대통령령으로 정하는 설계기준에 따라 승인을 할 수 있다. 이 경우 설계승인을 받은 후 이를 변경하려는 경우에는 대통령령으로 정하는 바에 따라 위원회의 승인을 받아야 한다. 다만, 총리령으로 정하는 경미한 사항을 변경하려는 경우에는 이를 위원회에 신고하여야 한다.

② 제1항의 승인을 받으려는 원자력관계사업자는 승인신청서에 안전성분석보고서, 설계에 관한 품질보증계획서(제작에 관한 사항을 포함한다) 및 그 밖에 총리령으로 정하는 서류를 첨부하여 위원회에 제출하여야 한다.

③ 발전용원자로설치자 · 발전용원자로운영자 · 연구용원자로등설치자 · 연구용원자로등운영자 · 핵연료주기사업자(제35조제2항에 따라 지정을 받은 자로 한정한다) 및 방사성폐기물관리시설등건설 · 운영자(이하 "발전용원자로설치자등"이라 한다)는 제1항에 따라 승인을 받은 저장용기등의 설계를 이용하여 제1항에 따른 허가 · 지정을 받으려는 경우 그 허가 · 지정 신청서류에 기재할 사항 중 해당 저장용기등에 관한 사항을 기재하지 아니할 수 있다.

[본조신설 2020. 12. 22.]

제77조의3(저장용기등의 검사 등)

① 발전용원자로설치자등은 제77조의2제1항에 따라 승인을 받은 저장용기등의 설계를 이용하여 저장용기등을 제작하려는 경우 대통령령으로 정하는 바에 따라 위원회의 검사를 받아야 한다.

② 제1항에 따라 저장용기등의 제작 검사를 받은 발전용원자로설치자등은 저장용기등을 설치하려는 경우 그 제작 검사에 합격한 저장용기등을 사용하여야 한다.

[본조신설 2020. 12. 22.]

제7장 방사선피폭선량의 판독 등

제78조(판독업무자의 등록)

① 신체의 외부에서 피폭하는 방사선량의 판독에 관한 업무를 하려는 자는 위원회에 등록하여야 한다.

② 제1항에 따라 등록한 자(이하 "판독업무자"라 한다)가 등록한 사항을 변경하려는 경우에는 이를 위원회에 신고하여야 한다.

③ 제1항에 따라 등록을 하려는 자는 그 신청서에 판독에 관한 품질보증계획서와 그 밖에 총리령으로 정하는 서류를 첨부하여 위원회에 제출하여야 한다. 〈개정 2013. 3. 23.〉

④ 제1항에 따라 등록을 하려는 자에게는 제14조를 준용한다. 이 경우 제14조제3호 중 "제17조에 따라 허가가 취소된"은 "제81조에 따라 등록이 취소된"으로, 같은 조 제4호 중 "임원 중에"는 "대표자가"로 본다.

제79조(등록기준)

제78조제1항에 따른 등록기준은 다음 각 호와 같다. 〈개정 2013. 3. 23.〉

1. 총리령으로 정하는 판독시설의 설치 · 운영에 필요한 기술적 능력을 가지고 있을 것
2. 제78조제3항에 따른 품질보증계획서의 내용이 총리령으로 정하는 기준에 적합할 것

제80조(검사)

① 판독업무자는 판독업무 등을 대통령령으로 정하는 바에 따라 위원회의 검사를 받아야 한다.

② 위원회는 제1항에 따른 검사결과 판독업무자가 제79조에 따른 등록기준에 미달되면 그 시정 또는 보완을 명할 수 있다.

제81조(판독업무자 등록의 취소 등)

① 위원회는 판독업무자가 다음 각 호의 어느 하나에 해당하면 그 등록을 취소하거나 1년 이내의 기간을 정하여 그 업무의 정지를 명할 수 있다. 다만, 제1호 또는 제5호에 해당하는 때에는 그 등록을 취소하여야 한다. 〈개정 2014. 5. 21.〉

1. 거짓이나 그 밖의 부정한 방법으로 등록을 한 때
2. 정당한 사유 없이 대통령령으로 정하는 기간 안에 그 등록한 업무를 개시하지 아니하거나

1년 이상 계속하여 중단한 때

3. 제78조제2항에 따라 신고를 하지 아니하고 등록한 사항을 변경한 때
4. 제79조에 따른 등록기준에 미달하게 된 때
5. 제78조제4항에서 준용하는 제14조제1호 · 제2호 및 제4호 중 어느 하나에 해당하게 된 때. 다만, 법인의 대표자가 그 사유에 해당하게 된 경우 3개월 이내에 그 대표자를 바꾸어 선임한 때에는 그러하지 아니하다.
6. 제80조제2항 또는 제98조제1항 및 제3항에 따른 명령을 위반한 때

② 제1항에 따른 업무의 정지를 명하여야 하는 경우에는 제57조제2항부터 제4항까지의 규정을 준용한다.

제82조(기록과 비치)

판독업무자는 총리령으로 정하는 바에 따라 판독시설 및 판독업무에 관한 사항 등을 기록하여 이를 공장 또는 사업소마다 비치하여야 한다. 〈개정 2013. 3. 23.〉

제83조(준용)

판독업무자의 사업 승계와 신고에 관하여는 제19조 및 제43조를 준용한다. 이 경우 "발전용원자로설치자" 또는 "핵연료주기사업자"는 "판독업무자"로 본다.

제8장 면허 및 시험

제84조(면허 등)

① 원자로의 운전이나 핵연료물질 · 방사성동위원소등의 취급은 대통령령으로 정하는 바에 따라 위원회의 면허를 받은 사람이나 「국가기술자격법」에 따른 방사선관리기술사가 아니면 이를 할 수 없다. 다만, 제106조제1항에 따른 교육 및 훈련을 받은 사람이 제2항제3호부터 제7호까지의 면허를 받은 사람 또는 「국가기술자격법」에 따른 방사선관리기술사의 지시 · 감독하에 핵연료물질 · 방사성동위원소등을 취급하는 경우에는 그러하지 아니하다. 〈개정 2020. 12. 22.〉

② 제1항의 면허는 다음과 같이 구분한다.

1. 원자로조종감독자면허

2. 원자로조종사면허
3. 핵연료물질취급감독자면허
4. 핵연료물질취급자면허
5. 방사성동위원소취급자일반면허
6. 방사성동위원소취급자특수면허
7. 방사선취급감독자면허

제85조(결격사유)

다음 각 호의 어느 하나에 해당하는 사람은 제84조에 따른 면허를 받을 수 없다.

〈개정 2014. 5. 21., 2015. 12. 22., 2020. 6. 9.〉

1. 18세 미만의 사람
2. 피성년후견인
3. 이 법을 위반하여 금고 이상의 형의 선고를 받고 그 형의 집행이 종료되거나 집행을 받지 아니하기로 확정된 후 2년이 경과되지 아니한 사람이나 형의 집행유예를 선고받고 그 집행유예기간 중에 있는 사람
4. 제86조에 따라 면허가 취소된 후 2년이 경과되지 아니한 사람
5. 원자로 및 관계시설의 건설 및 개수 · 보수에 관한 업무, 원자로 및 관계시설의 재료 · 부품 등의 납품 · 검수에 관한 업무를 수행하는 자가 업무와 관련하여 「형법」 제129조 · 제130조 · 제132조 및 제133조의 죄를 범하여 금고 이상의 형의 선고를 받고 그 형의 집행이 종료되거나 집행을 받지 아니하기로 확정된 후 5년이 경과되지 아니한 사람이나 형의 집행유예를 선고받고 그 집행유예기간 중에 있는 사람

제86조(면허의 취소 등)

① 위원회는 제84조에 따른 면허를 받은 사람이 다음 각 호의 어느 하나에 해당하면 그 면허를 취소하거나 3년 이내의 기간을 정하여 그 면허를 정지할 수 있다. 다만, 제1호 또는 제2호에 해당하는 경우에는 그 면허를 취소하여야 한다. 〈개정 2014. 5. 21.〉

1. 거짓이나 그 밖의 부정한 방법으로 면허를 받은 때
2. 제85조제1호부터 제3호까지 및 제5호 중 어느 하나에 해당하게 된 때
3. 제88조제2항을 위반한 때
4. 제106조제2항을 위반한 때

② 제1항에 따른 면허의 취소 또는 정지의 기준은 총리령으로 정한다. 〈개정 2013. 3. 23.〉

第87조(면허시험)

① 제84조에 따른 면허를 받으려는 사람은 위원회가 시행하는 면허시험에 합격하여야 한다.

② 위원회는 제84조제2항 각 호의 어느 하나에 해당하는 면허를 받은 사람 또는 외국에서 이에 준하는 면허를 받은 사람이 같은 조 제1항에 따른 면허를 받으려는 때에는 대통령령으로 정하는 바에 따라 제1항에 따른 면허시험의 전부 또는 일부를 면제할 수 있다. 〈개정 2014. 5. 21.〉

③ 제1항에 따른 면허시험에 응시한 사람이 그 시험에 관하여 부정한 행위를 한 경우에는 해당 시험을 무효로 하고, 그 시험의 응시 일부터 3년간 그 면허시험의 응시자격을 정지한다.

④ 제1항에 따른 면허시험의 응시자격 · 시험과목 · 시험방법과 그 밖에 필요한 사항은 대통령령으로 정한다.

第88조(면허증)

① 위원회는 제87조에 따른 면허시험에 합격한 사람에게 총리령으로 정하는 바에 따라 면허증을 교부하여야 한다. 〈개정 2013. 3. 23.〉

② 제1항에 따라 면허증을 교부받은 사람은 이를 다른 사람에게 대여하거나 부당하게 행사하여서는 아니 된다.

제9장 규제 · 감독

第89조(제한구역의 설정)

① 국가가 원자로 및 관계시설, 핵연료주기시설 또는 방사성폐기물관리시설등을 설치하는 때에는 방사선에 따른 인체 · 물체 및 공공의 재해를 방어하기 위하여 일정 범위의 제한구역을 설정할 수 있다. 〈개정 2015. 1. 20.〉

② 제1항에 따른 제한구역에서는 일반인의 출입이나 거주의 제한을 명할 수 있다.

③ 제1항에 따른 제한구역의 설정범위와 제2항에 따른 출입이나 거주의 제한에 필요한 사항은 대통령령으로 정한다.

④ 제2항에 따른 제한으로 인하여 발생한 손실은 정당한 보상을 하여야 한다. 이 경우 그 지급에 필요한 사항은 대통령령으로 정한다.

⑤ 국가 외의 원자로 및 관계시설, 핵연료주기시설 또는 방사성폐기물관리시설등을 설치 · 운영하

려는 자는 일정 범위의 부지를 대통령령으로 정하는 바에 따라 확보하여 그 범위에서 제1항에 따른 제한구역을 설정하고 그 제한구역에는 일반인의 출입이나 거주를 제한하여야 한다.

〈개정 2015. 1. 20.〉

제90조(위해시설 설치제한)

① 제10조 · 제20조 · 제35조 또는 제63조에 따른 허가를 받아 원자로 및 관계시설, 핵연료주기시설 또는 방사성폐기물관리시설등이 건설 또는 운영되고 있는 부지로부터 대통령령으로 정하는 범위에 해당 시설의 운영에 위해가 되는 시설의 설치를 허가 · 인가 또는 승인하려는 관계 행정기관의 장은 위원회와 미리 협의하여야 한다. 〈개정 2015. 1. 20.〉

② 제1항에 따라 관계 행정기관의 장이 위원회와 협의하여야 하는 대상시설은 대통령령으로 정한다.

제91조(방사선장해방지조치)

① 원자력관계사업자는 방사선장해를 방지하기 위하여 대통령령으로 정하는 바에 따라 다음 각 호의 조치를 하여야 한다.

1. 방사선량 및 방사성오염의 측정
2. 건강진단
3. 피폭관리
4. 방사성물질의 방출량 및 피폭방사선량을 가능한 한 합리적으로 낮게 유지하기 위하여 필요한 조치

② 원자력관계사업자는 방사선작업종사자 및 대통령령으로 정하는 수시출입자의 피폭방사선량이 대통령령으로 정하는 선량한도를 초과하지 아니하도록 필요한 조치를 하여야 한다.

③ 원자력관계사업자는 방사선장해를 받은 사람 또는 방사선장해를 받은 것으로 보이는 사람에게 원자력이용시설에의 출입제한과 그 밖의 보건상 필요한 조치를 하여야 한다.

제92조(장해방어조치 및 보고)

① 원자력관계사업자는 다음 각 호의 어느 하나에 해당하면 대통령령으로 정하는 바에 따라 안전조치를 하고 그 사실을 지체 없이 위원회에 보고하여야 한다.

1. 지진 · 화재와 그 밖의 재해에 따라 원자력이용시설이나 방사성물질등에 위험이 발생하거나 발생할 염려가 있을 때
2. 원자력이용시설의 고장 등이 발생한 때

3. 방사선장해가 발생한 때

② 위원회는 제1항에 따라 보고를 받은 때에는 해당 원자력관계사업자에게 원자력이용시설의 사용정지, 방사성물질등의 이전 · 오염의 제거와 그 밖의 방사선장해를 방지하기 위하여 필요한 조치를 명할 수 있다.

제92조의2(해체계획서의 주기적 갱신)

발전용원자로운영자, 연구용원자로등운영자 및 핵연료주기시설의 운영자는 해당 원자로 및 관계시설과 핵연료주기시설의 해체계획서를 총리령으로 정하는 바에 따라 주기적으로 갱신하여 위원회에 보고하여야 한다.

[본조신설 2015. 1. 20.]

제93조(핵물질 등의 수용 · 양도)

① 정부는 따로 법률에서 정하는 바에 따라 핵물질 또는 방사성동위원소등의 생산자 · 소지자 또는 관리자로부터 해당 핵물질 또는 방사성동위원소등에 관한 권리를 수용하거나 위원회가 지정하는 자에게 그 권리를 양도하게 할 수 있다.

② 제1항에 따라 권리를 수용하거나 양도하게 한 때에는 정당한 보상을 하여야 한다.

제94조(방사성물질등 또는 방사선발생장치의 소지 및 양도 · 양수 제한)

다음 각 호의 어느 하나에 해당하는 경우 외에는 방사성물질등 또는 방사선발생장치를 소지하거나 양도 · 양수할 수 없다. 다만, 국제약속에 따라 국가가 핵물질을 양도 · 양수하거나 국가로부터 양수하는 경우에는 그러하지 아니하다. 〈개정 2013. 3. 23.〉

1. 원자력관계사업자가 이 법에 따라 허가 또는 지정을 받거나 신고를 한 범위에서 방사성물질등 또는 방사선발생장치를 양수 · 소지하거나 다른 원자력관계사업자에게 양도하는 경우
2. 제17조 · 제24조 · 제32조 · 제38조 · 제48조 · 제57조 및 제66조에 따라 허가 또는 지정이 취소된 원자력관계사업자가 그 허가 또는 지정이 취소되었거나 사용이 금지된 때에 소지하고 있던 방사성물질등 또는 방사선발생장치를 총리령으로 정하는 바에 따라 소지하거나 다른 원자력관계사업자에게 양도하는 경우
3. 해당 사업 또는 업무를 폐지한 원자력관계사업자가 그 사업 또는 업무를 폐지한 때에 소지하고 있던 방사성물질등 또는 방사선발생장치를 총리령으로 정하는 바에 따라 소지하거나 다른 원자력관계사업자에게 양도하는 경우
4. 원자력관계사업자로부터 방사성물질등 또는 방사선발생장치의 운반을 위탁받은 자가 그

위탁받은 방사성물질등 또는 방사선발생장치를 소지하는 경우

5. 원자력관계사업자의 종업원이 그 직무상 방사성물질등 또는 방사선발생장치를 소지하는 경우
6. 원자력관계사업자가 사망하여 그 상속인이 방사성물질등 또는 방사선발생장치를 소지하는 경우. 다만, 해당 상속인이 제14조제1호부터 제3호까지 중 어느 하나에 해당하는 경우는 제외한다.

제95조(허가 등의 취소 또는 사업폐지 등에 따른 조치)

① 이 법에 따라 허가 또는 지정이 취소(사용금지를 포함한다)되거나 사업 또는 사용을 폐지한 원자력관계사업자는 대통령령으로 정하는 바에 따라 방사성물질등 또는 방사선발생장치의 양도 · 보관 · 배출 · 저장 · 처리 · 처분 · 오염제거 · 기록인도와 그 밖의 방사선장해방어를 위하여 필요한 조치를 하고, 그 조치한 날부터 30일 이내에 이를 위원회에 신고하여야 한다.

② 위원회는 원자력관계사업자가 제1항에 따른 조치를 하지 아니하거나 그러한 조치에도 불구하고 방사성물질등 또는 방사선발생장치로부터 지역 주민 또는 주변 환경을 보호하기 위하여 필요하다고 인정하는 경우에는 방사성물질등 또는 방사선발생장치의 수거 및 오염된 시설의 해체 등 필요한 조치를 할 수 있다.

③ 위원회는 제2항에 따른 조치에 소요되는 비용을 해당 원자력관계사업자에게 부담하게 할 수 있다.

제96조(원자력이용시설의 취급제한)

누구든지 18세 미만인 사람으로 하여금 원자력이용시설이나 방사성물질등을 취급하게 하여서는 아니 된다. 다만, 교육훈련 등의 목적으로 위원회가 인정하면 그러하지 아니하다.

제97조(도난 등의 신고)

원자력관계사업자는 그가 소지하는 방사선발생장치 또는 방사성물질등에 관하여 도난 · 분실 · 화재, 그 밖의 사고가 발생된 경우 지체 없이 그 사실을 위원회에 신고하여야 한다.

제98조(보고 · 검사 등)

① 위원회는 이 법의 시행을 위하여 필요하다고 인정하면 원자력관계사업자 · 판독업무자와 원자로 및 관계시설의 건설 또는 운영에 참여하는 사업자와 국제규제물자를 취급하거나 관련 연구를 수행하는 자로서 대통령령으로 정하는 자에게 그 업무에 관한 보고 또는 서류의 제출 및 제

출된 서류의 보완을 명할 수 있다.

② 위원회는 제1항에 따라 보고받은 내용 및 제출된 서류의 현장 확인을 위하여 필요한 경우, 원자력이용시설의 안전을 위하여 특히 필요하다고 인정하는 경우 또는 이 법에 따른 각종 검사를 수행하기 위하여 필요하면 소속 공무원으로 하여금 그 사업소 · 공장 · 선박 · 연구시설 또는 부지 등에 출입하여 장부 · 서류 · 시설과 그 밖의 필요한 물건을 검사하게 하거나 관계인에게 질문하게 할 수 있으며, 시험을 위하여 필요한 최소량의 시료를 수거하게 할 수 있다.

③ 위원회는 제2항에 따라 검사 등을 실시한 결과 이 법과 국제약속을 위반한 사항이 있으면 그 시정 또는 보완을 명할 수 있다.

④ 국제약속에 따라 국제원자력기구가 지정하는 자 또는 국제규제물자공급 당사국 정부가 지정하는 자는 위원회가 지정하는 소속 공무원의 감독하에 국제약속으로 정한 범위에서 국제규제물자를 취급하거나 관련 연구를 수행하는 자의 사업소 · 공장 · 선박 · 연구시설 및 부지 등에 출입하여 장부 · 서류 · 시설과 그 밖의 필요한 물건을 검사하고, 관계인에게 질문하거나 시험을 위하여 필요한 최소량의 시료를 수거할 수 있다.

⑤ 국제원자력기구가 지정하는 자는 위원회가 지정하는 소속 공무원의 감독하에 국제약속으로 정한 범위에서 국제규제물자의 이동을 감시하기 위한 설비를 설치하거나 봉인을 할 수 있다.

⑥ 위원회는 대통령령으로 정하는 바에 따라 국제규제물자의 이동을 확인하거나 정보를 관리하기 위하여 필요한 조치를 할 수 있다.

⑦ 제2항 및 제4항부터 제6항까지의 규정에 따라 검사하거나 국제규제물자의 이동을 감시 · 확인하기 위하여 직무를 수행하는 자는 그 권한을 나타내는 증표를 관계인에게 내보여야 한다.

제10장 보칙

제99조(허가 또는 지정 조건)

① 이 법에 따른 허가 또는 지정에는 안전성확보의 이행을 위하여 필요한 조건을 붙일 수 있다.

② 제1항의 조건은 이 법의 시행을 위하여 필요한 최소한의 것이어야 하며, 허가 또는 지정받은 자에게 부당한 의무를 지우는 것이어서는 아니 된다.

제100조(특정기술주제보고서의 승인)

① 위원회는 원자로 및 관계시설을 설치ㆍ운영하려는 자 또는 원자로 및 관계시설의 건설ㆍ운영에 참여하는 자가 총리령으로 정하는 특정기술주제보고서의 승인을 신청하는 경우에는 이를 승인할 수 있다. 〈개정 2013. 3. 23.〉

② 제10조제2항ㆍ제20조제2항ㆍ제30조제2항ㆍ제30조의2제2항에 따른 허가신청서류에 기재할 사항 중 제1항에 따라 미리 승인을 받은 사항은 기재하지 아니할 수 있다. 〈개정 2014. 5. 21.〉

제101조(청문)

위원회는 다음 각 호의 어느 하나에 해당하는 처분을 하려는 경우에는 청문을 실시하여야 한다.

1. 제17조제1항ㆍ제24조제1항ㆍ제32조ㆍ제48조ㆍ제57조제1항ㆍ제66조제1항 또는 제81조에 따른 허가 또는 등록의 취소
2. 제38조제1항에 따른 허가 또는 지정의 취소
3. 제86조에 따른 면허의 취소

제102조(종업원에 대한 보호)

원자력관계사업자 또는 판독업무자는 그가 사용하는 종업원이 다음 각 호의 어느 하나에 해당하는 행위를 한 것을 이유로 해고하거나 불이익을 주어서는 아니 된다. 〈개정 2014. 5. 21.〉

1. 제20조제2항 또는 제30조의2제2항에 따른 운영기술지침서, 제35조제3항ㆍ제45조제2항ㆍ제53조제3항 또는 제63조제2항에 따른 안전관리규정 및 제78조제3항에 따른 판독에 관한 품질보증계획서를 준수하기 위한 행위
2. 원자력관계사업자 또는 판독업무자가 제1호에 따른 운영기술지침서ㆍ안전관리규정 및 판독에 관한 품질보증계획서를 위반하였거나 위반할 우려가 있는 경우에 이를 위원회 또는 위원회의 권한을 위임받거나 위탁받은 기관의 장에게 알려주는 행위
3. 제16조(제34조에서 준용하는 경우를 포함한다)ㆍ제22조(제34조에서 준용하는 경우를 포함한다)ㆍ제37조ㆍ제47조ㆍ제56조ㆍ제61조ㆍ제65조ㆍ제77조ㆍ제80조ㆍ제98조에 따른 검사 또는 조사에 응하기 위하여 증언을 하거나 증거를 제출하는 행위
4. 제53조의2제1항제1호부터 제4호까지의 방사선안전관리자의 업무행위 또는 방사선안전관리자가 같은 조 제5항에 따라 방사선안전관리에 관하여 조치ㆍ권고하거나 제59조의2제7항에 따라 안전관리에 필요한 조치나 협력을 요청하는 행위

제103조(주민의 의견수렴)

① 다음 각 호의 어느 하나에 해당하는 자(이하 이 조에서 "신청자"라 한다)는 제10조제2항 · 제5항, 제20조제2항 또는 제63조제2항에 따른 방사선환경영향평가서를 작성할 때 제3항에 따른 방사선환경영향평가서 초안을 온라인 정보공개 및 관련 지방자치단체 제공을 통하여 공람하게 하여야 하며, 공청회 등을 개최하여 위원회가 정하는 범위의 주민의 의견을 수렴하고 이를 방사선환경영향평가서의 내용에 포함시켜야 한다. 이 경우 주민의견수렴 대상지역을 관할하는 지방자치단체의 장 또는 대통령령으로 정하는 범위의 주민의 요구가 있으면 공청회 등을 개최하여야 한다. 〈개정 2015. 1. 20., 2020. 12. 22.〉

1. 제10조제1항 또는 제3항에 따라 허가 또는 승인을 받으려는 자
2. 발전용원자로 및 관계시설의 설계수명기간이 만료된 후에 그 시설을 계속하여 운전하기 위하여 제20조제1항 후단에 따른 변경허가를 받으려는 자
3. 제63조제1항에 따라 방사성폐기물 처분시설 또는 사용후핵연료 저장시설의 건설 · 운영허가를 받으려는 자

② 제28조제1항에 따라 승인을 받으려는 자가 제28조제2항에 규정한 해체계획서를 작성할 때 제3항에 따른 해체계획서 초안을 온라인 정보공개 및 관련 지방자치단체 제공을 통하여 공람하게 하여야 하며, 공청회 등을 개최하여 위원회가 정하는 범위의 주민의 의견을 수렴하고 이를 해체계획서의 내용에 포함시켜야 한다. 이 경우 주민의견수렴 대상지역을 관할하는 지방자치단체의 장 또는 대통령령으로 정하는 범위의 주민의 요구가 있으면 공청회 등을 개최하여야 한다. 〈신설 2015. 1. 20., 2020. 12. 22.〉

③ 신청자 또는 제28조제1항에 따라 승인을 받으려는 자는 제1항 또는 제2항에 따라 주민의 의견을 수렴하려면 총리령으로 정하는 바에 따라 미리 방사선환경영향평가서 초안 또는 해체계획서 초안을 작성하여야 한다. 〈개정 2013. 3. 23., 2015. 1. 20.〉

④ 제1항, 제2항 및 제3항에 따른 주민의견수렴의 방법 · 절차와 그 밖에 필요한 사항은 대통령령으로 정한다. 〈개정 2015. 1. 20.〉

⑤ 신청자 또는 제28조제1항에 따라 승인을 받으려는 자는 대통령령으로 정하는 바에 따라 제1항 및 제2항에 따른 주민의 의견수렴에 드는 비용을 부담하여야 한다. 〈개정 2015. 1. 20.〉

제103조의2(정보공개의무)

① 위원회는 공공의 안전을 도모하기 위하여 원자력이용시설에 대한 건설허가 및 운영허가 관련 심사결과와 원자력안전관리에 관한 검사결과 등 대통령령으로 정하는 정보를 적극적으로 공개하여야 한다. 다만, 국가의 중대한 이익을 현저히 해칠 우려가 있는 경우 공개하지 아니

할 수 있다.

② 제1항에 따른 정보공개의 방법, 절차 등에 필요한 사항은 대통령령으로 정한다.

[본조신설 2015. 6. 22.]

제104조(환경보전)

① 다음 각 호의 어느 하나에 해당하는 시설의 설치자 및 운영자는 총리령으로 정하는 바에 따라 방사선환경조사 및 방사선환경영향평가를 실시하여 그 결과를 위원회에 보고하고, 보고일로부터 30일 이내에 공개하여야 한다. 〈개정 2013. 3. 23., 2020. 12. 8.〉

1. 발전용원자로
2. 열 출력 100킬로와트 이상의 연구용원자로
3. 핵연료주기시설
4. 사용후핵연료 중간저장시설
5. 방사성폐기물 처분시설

② 위원회는 제1항에 따른 방사선환경조사 및 방사선환경영향평가의 결과를 확인하기 위하여 연 1회 이상 방사선환경조사를 실시하여야 한다. 〈개정 2020. 12. 8.〉

③ 위원회는 제1항에 따른 보고결과 또는 제2항에 따른 방사선환경조사의 실시결과 그 주변 환경에 나쁜 영향을 미칠 우려가 있다고 인정하면 제1항에 따른 시설의 설치자 및 운영자에게 환경보전에 필요한 조치를 명할 수 있다.

④ 위원회는 제2항에 따른 방사선환경조사의 실시결과를 국회 소관 상임위원회에 제출하여야 한다. 〈신설 2020. 12. 8.〉

제105조(전국 환경방사능 감시)

① 위원회는 국내외 방사능 비상사태를 조기에 탐지하여 방사선으로부터 국민의 건강을 보호하고 환경을 보전하기 위하여 대통령령으로 정하는 바에 따라 국토 전역에 대하여 환경상의 방사선 및 방사능을 감시하고 그 결과를 평가하여야 한다.

② 위원회는 제1항에 따른 업무를 체계적으로 수행하기 위하여 중앙방사능측정소 및 지방방사능측정소를 설치 · 운영할 수 있다.

③ 제2항에 따른 측정소의 설치 · 운영에 필요한 사항은 총리령으로 정한다. 〈개정 2013. 3. 23.〉

제105조의2(방사선 건강영향조사)

① 위원회는 방사선 이용이 방사선작업종사자의 건강에 미치는 영향을 파악하기 위하여 조사를

실시할 수 있다.

② 위원회는 제1항에 따른 방사선 건강영향조사를 위하여 필요한 경우에는 관계 기관에 다음 각 호의 정보 · 자료의 제출이나 의견의 진술 등 협조를 요청할 수 있다. 이 경우 협조를 요청받은 관계 기관은 특별한 사유가 없으면 이에 따라야 한다.

1. 「주민등록법」 제7조에 따른 주민등록표의 주민등록정보
2. 「국민건강보험법」 제14조에 따라 국민건강보험공단에서 관리하는 자격, 진료, 건강검진 등에 관한 자료
3. 「암관리법」 제14조에 따른 암등록통계사업 및 같은 법 제15조에 따른 암정보사업에 관한 자료
4. 「통계법」 제3조제4호에 따른 통계자료 중 직업, 질병 및 사인(死因) 등에 관한 자료
5. 「산업안전보건법」 제129조에 따른 일반건강진단 및 제130조에 따른 특수건강진단에 관한 자료
6. 「산업재해보상보험법」에 따른 업무상의 재해 인정 관련 자료
7. 「출입국관리법」에 따른 출입국자료 중 항공기 이용 관련 자료
8. 그 밖에 위원회가 방사선 건강영향조사를 위하여 필요하다고 인정하는 정보 · 자료

③ 제1항에 따른 방사선 건강영향조사와 관련된 업무에 종사하는 자 또는 종사하였던 자는 직무상 알게 된 개인정보 또는 비밀을 누설하거나 직무상 목적 외의 목적으로 사용하여서는 아니 된다.

[본조신설 2020. 12. 22.]

제106조(교육훈련)

① 원자력관계사업자는 방사선작업종사자와 방사선 관리 구역에 출입하는 사람에게 대통령령으로 정하는 바에 따라 원자력이용에 따르는 안전성 확보 및 방사선장해방지에 필요한 교육 및 훈련을 실시하여야 한다.

② 제84조에 따라 면허를 받은 사람은 대통령령으로 정하는 바에 따라 위원회가 실시하는 보수교육을 받아야 한다.

③ 원자력관계사업자와 원자력관련 연구를 수행하는 기관은 대통령령으로 정하는 사람에게 총리령으로 정하는 바에 따라 위원회가 실시하는 원자력통제에 관한 교육을 받게 하여야 한다.

〈개정 2017. 12. 19.〉

제107조(수출입의 절차)

원자로 및 관계시설, 핵물질, 방사성동위원소등의 수출입절차는 위원회가 산업통상자원부장관과 협의하여 정하는 바에 따른다. 〈개정 2013. 3. 23.〉

제107조의2(국제협력)

① 위원회는 원자력안전 및 핵안보의 증진을 위하여 국제기구, 외국정부 또는 그 밖의 기관과의 국제협력을 촉진하기 위한 시책을 마련하고 추진할 수 있다.

② 정부는 제1항에 따른 국제협력에 관한 시책을 효율적으로 추진하기 위하여 이를 전문적으로 지원할 기관을 지정하고 그 지원업무 수행에 필요한 경비의 전부 또는 일부를 출연하거나 보조할 수 있다.

③ 제2항에 따른 전문기관의 지정과 지원 등 국제협력 촉진에 필요한 사항은 대통령령으로 정한다.

[본조신설 2014. 5. 21.]

제108조(비밀누설금지)

이 법에 따른 직무에 종사하거나 종사하였던 위원회의 위원 및 「원자력안전위원회의 설치 및 운영에 관한 법률」 제15조에 따른 전문위원회의 위원 또는 공무원은 그 직무상 알게 된 원자력에 관한 비밀을 누설하거나 이 법의 시행을 위한 목적 이외에 이를 이용하여서는 아니 된다.

제109조(원자력안전 관계 공무원에 대한 수당)

원자력안전에 종사하는 공무원은 「국가공무원법」에 따른 보수와 그 밖의 수당 외에 대통령령으로 정하는 바에 따라 연구수당 · 위험근무수당 또는 보건수당을 받을 수 있다.

제110조(보상)

원자력이용과 이에 따른 안전관리 중에 방사선에 의하여 신체 또는 재산에 피해를 입은 자는 대통령령으로 정하는 바에 따라 정당한 보상을 받는다.

제110조의2(포상금의 지급)

① 위원회는 이 법의 위반행위를 신고 또는 제보하고 이를 입증할 수 있는 증거자료를 제출함으로써 원자력안전에 기여한 자에 대하여 예산의 범위에서 포상금을 지급할 수 있다.

② 제1항에 따른 포상금 지급의 기준 · 절차 등에 관하여 필요한 사항은 대통령령으로 정한다.

[본조신설 2014. 5. 21.]

제110조의3(책임의 감면 등)

① 이 법의 위반행위를 신고함으로써 그와 관련된 자신의 범죄가 발견된 경우 그 신고자에 대하여 형을 감경 또는 면제할 수 있다.

② 제1항은 공공기관의 징계처분에 관하여 이를 준용한다.

③ 이 법의 위반행위를 신고한 경우에는 다른 법령, 단체협약 또는 취업규칙 등의 관련 규정에도 불구하고 직무상 비밀준수의무를 위반하지 아니한 것으로 본다.

[본조신설 2014. 5. 21.]

제111조(권한의 위탁)

① 이 법에 따른 위원회의 권한 중 다음 각 호의 권한을 대통령령으로 정하는 바에 따라 제5조제2항에 따라 설립된 기관, 통제기술원, 안전재단, 그 밖의 관계 전문기관 또는 다른 행정기관에 위탁할 수 있다. 〈개정 2014. 5. 21., 2015. 1. 20., 2015. 12. 22., 2020. 12. 22.〉

1. 제10조제1항 전단 및 후단, 제12조제1항 전단 및 후단, 제20조제1항 전단 및 후단, 제30조제1항 전단 및 후단, 제35조제1항 전단 및 후단, 같은 조 제2항 전단, 제45조제1항 전단 및 후단, 제53조제1항 전단 및 후단, 제63조제1항 전단 및 후단에 따른 인가 · 허가 및 지정에 관련된 안전성 심사
2. 제10조제3항(제69조에서 준용하는 경우를 포함한다), 제15조제1항 전단 및 후단(제29조 · 제34조 · 제44조 · 제51조 및 제69조에서 준용하는 경우를 포함한다), 제28조제1항 전단 및 후단(제34조에서 준용하는 경우를 포함한다), 제35조제2항 후단, 제42조제1항 전단 및 후단, 제60조제1항 전단 및 후단, 제68조의3제1항 전단 및 후단, 제68조의4제1항 전단 및 후단, 제76조제1항 전단 및 후단, 제77조의2제1항 전단 및 후단, 제100조제1항에 따른 승인에 관련된 안전성 심사
3. 제11조제2호 및 제4호(제30조제3항에서 준용하는 경우를 포함한다), 제21조제2호 및 제4호(제30조2제3항에서 준용하는 경우를 포함한다), 제36조제3호, 제46조제3호, 제50조제1항, 제52조제2항, 제55조제1항제1호 및 제3호, 제59조제1항, 제64조제1항제2호 · 제4호의2 및 제5호, 제68조제1항, 제72조 및 제79조제2호에 따른 기준(기술기준을 포함한다)의 연구 · 개발
4. 제16조제1항(제34조에서 준용하는 경우를 포함한다), 제22조제1항(제34조에서 준용하는 경우를 포함한다), 제28조제3항 후단 · 제6항(제34조 · 제44조 및 제68조의3제3항에서 준

용하는 경우를 포함한다), 제37조제1항, 제47조제1항, 제56조제1항 본문, 제61조제1항 본문, 제65조제1항, 제68조의4제3항 · 제5항, 제75조제1항, 제77조제1항 본문, 제77조의3제1항 및 제80조제1항에 따른 검사 및 확인 · 점검

5. 제87조에 따른 면허시험
6. 제98조제6항에 따른 국제규제물자에 관한 정보의 관리
7. 제82조 및 제98조제1항에 따라 판독업무자가 판독한 방사선작업종사자의 피폭에 관한 기록 및 보고의 관리
8. 제10조제1항 단서, 제15조제1항 단서(제29조 · 제34조 · 제44조 · 제51조 및 제69조에서 준용하는 경우를 포함한다), 제15조의2(제29조 및 제34조에서 준용하는 경우를 포함한다), 제20조제1항 단서, 제28조제1항 단서(제34조에서 준용하는 경우를 포함한다), 제30조제1항 단서, 제30조의2제1항 단서, 제33조, 제35조제1항 단서 및 제2항 단서, 제42조제1항 단서, 제43조(제51조 · 제62조 · 제69조 및 제83조에서 준용하는 경우를 포함한다), 제45조제1항 단서, 제52조제1항, 제53조제1항 단서 및 같은 조 제2항, 제53조의2제1항 및 제3항, 제54조제2항, 제60조제1항 단서, 제63조제1항 단서, 제68조의3제1항 단서, 제68조의4제1항 단서, 제71조, 제76조제1항 단서, 제77조의2제1항 단서, 제78조제2항 및 제95조제1항에 따른 신고의 접수
9. 제106조제2항에 따른 보수교육의 실시 및 같은 조 제3항에 따른 원자력통제에 관한 교육의 실시
10. 제88조제1항에 따른 면허증의 교부, 제93조에 따른 핵물질 등의 수용 · 양도, 제98조제1항 및 제104조제1항에 따른 보고, 제107조에 따른 수출입과 관련된 업무
11. 제1호부터 제8호까지에 따른 위탁업무의 수행에 필요한 범위에서 제98조제1항에 따른 서류의 제출 · 보완 요구
12. 제54조제1항 및 제78조제1항에 따른 등록에 관련된 안전성 심사
13. 제104조제2항에 따른 방사선환경조사 및 제105조제1항에 따른 환경상의 방사선 및 방사능 감시 · 평가
14. 제23조제1항(제34조제1항에서 준용하는 경우를 포함한다) 및 제65조의2제1항에 따른 주기적 안전성평가에 관련된 안전성 심사
15. 제105조의2에 따른 방사선 건강영향조사
16. 그 밖에 대통령령으로 정하는 업무

② 위원회는 필요하다고 인정하면 제1항에 따라 권한을 위탁받은 기관에 보조금을 지급할 수 있다.

③ 삭제 〈2015. 6. 22.〉

④ 삭제 〈2015. 6. 22.〉

⑤ 제1항에 따라 권한을 위탁받은 기관의 장은 대통령령으로 정하는 바에 따라 위탁받은 권한의 효율적인 수행을 위한 수탁업무처리규정을 정하여 위원회의 승인을 받아야 한다. 이를 변경하려는 때에도 또한 같다.

⑥ 삭제 〈2015. 6. 22.〉

제111조의2(원자력안전관리부담금 등)

① 위원회는 제111조제1항 각 호의 업무를 원활하게 수행하기 위하여 이 법에 따른 허가 · 지정 · 승인 · 등록 또는 교육훈련을 신청한 자, 해당 원자력관계사업자 또는 판독업무자(이하 "원자력관계사업자등"이라 한다)에게 원자력안전관리부담금(이하 "부담금"이라 한다)을 부과 · 징수할 수 있다.

② 부담금의 규모, 산정기준은 원자력관계사업자등이 발생시키는 원자력안전관리 수요, 관련시설의 방호 및 방사능 방재 수요를 고려하여 대통령령으로 정한다.

③ 그 밖에 부담금의 납부방법 및 납부시기 등에 관한 사항은 대통령령으로 정한다.

④ 위원회는 부담금 규모, 산정기준, 납부방법 및 납부시기 등에 관하여 필요한 사항을 변경하고자 할 때에는 관계 중앙행정기관의 장과 협의하여야 한다.

[본조신설 2015. 6. 22.]

제111조의3(강제징수)

① 위원회는 원자력관계사업자등이 부담금을 납부기한 내에 납부하지 아니한 경우에는 납부기한 경과 후 7일 이내에 부담금의 납부를 독촉하여야 한다.

② 부담금 및 체납된 부담금을 납부기한 내에 납부하지 아니한 경우에는 「국세기본법」 제47조의4를 준용하여 가산금을 징수한다. 〈개정 2019. 8. 27.〉

③ 제1항에 따라 독촉장을 발부한 때에는 10일 이상 60일 이내의 납부기한을 주어야 한다.

④ 제1항에 따라 독촉장을 받은 자가 그 기한 내에 부담금 및 제2항에 따른 가산금을 납부하지 아니한 때에는 위원회는 국세체납처분의 예에 따라 이를 징수할 수 있다.

[본조신설 2015. 6. 22.]

제111조의4(원자력기금 내 원자력안전규제계정의 재원 및 용도)

① 「원자력 진흥법」 제17조제2항에 따른 원자력안전규제계정의 재원은 다음 각 호와 같다.

1. 제111조의2제1항에 따른 부담금 및 제111조의3제2항에 따른 가산금
2. 「원자력시설 등의 방호 및 방사능 방재 대책법」 제45조제2항에 따라 징수하는 비용
3. 이 법 및 「원자력시설 등의 방호 및 방사능 방재 대책법」에 따라 징수하는 과징금 및 과태료
4. 「원자력손해배상 보상계약에 관한 법률」 제7조에 따른 보상료
5. 정부의 출연금
6. 정부가 아닌 자의 출연금 및 기부금
7. 일반회계로부터의 전입금
8. 원자력안전규제계정의 운용으로 생기는 수익금
9. 「공공자금관리기금법」에 따른 공공자금관리기금으로부터의 예수금(豫受金)
10. 「원자력 진흥법」 제17조제3항에 따른 차입금
11. 그 밖에 대통령령으로 정하는 수익금

② 원자력안전규제계정은 다음 각 호의 어느 하나에 해당하는 용도에 사용한다.

1. 원자력이용시설에 대한 안전관리
2. 방사선 및 방사성 물질로부터의 위해를 예방하기 위한 안전관리
3. 원자력통제
4. 원자력이용시설의 방호 및 방사능 방재
5. 제1호부터 제4호까지에 필요한 시설, 기자재, 장비 및 정보시스템의 구축 · 운영
6. 제1호부터 제4호까지에 필요한 기준, 절차, 지침 등을 마련하기 위한 원자력안전연구개발
7. 제1호부터 제4호까지와 관련한 인력의 양성 및 교육 훈련
8. 제1호부터 제4호까지와 관련한 국제협력
9. 「원자력 손해배상법」 제9조에 따른 보상
10. 제5조에 따른 원자력안전전문기관 및 제6조에 따른 통제기술원의 기관운영에 필요한 기본경비
11. 「공공자금관리기금법」에 따른 공공자금관리기금으로부터의 예수금 및 「원자력 진흥법」 제17조제3항에 따른 차입금에 대한 원리금 상환
12. 그 밖에 대통령령으로 정하는 원자력이용시설에 대한 안전관리, 방사선 및 방사성 물질로부터의 위해를 예방하기 위한 안전관리, 원자력통제 및 원자력시설 등의 방호 및 방사능 방재 관련 업무

③ 위원회는 제2항 각 호의 어느 하나의 사업을 수행하는 기관 또는 단체에 그 소요비용을 출연 또는 보조할 수 있다.

[본조신설 2015. 6. 22.]

제112조(수수료)

이 법에 따라 허가 · 지정 · 승인 · 면허 · 등록 · 검사를 신청하는 자는 총리령으로 정하는 바에 따라 수수료를 납부하여야 한다. 다만, 위원회는 국가, 지방자치단체, 「초 · 중등교육법」 및 「고등교육법」에 따른 학교, 그 밖에 다른 법령에 따라 설립된 학교와 이 법 또는 다른 법률에 따라 정부가 출연금을 지급하는 기관으로서 대통령령으로 정하는 기관에는 수수료의 납부를 면제할 수 있다.

〈개정 2013. 3. 23.〉

제11장 벌칙

제113조(벌칙)

① 원자로를 파괴하여 사람의 생명 · 신체 또는 재산을 해치거나 그 밖에 공공의 안전을 문란하게 한 사람은 사형 · 무기 또는 3년 이상의 유기징역에 처한다.

② 전쟁 · 천재지변 또는 이에 준하는 비상사태에서 제1항의 죄를 범한 사람은 사형 또는 무기징역에 처한다.

③ 제1항 및 제2항의 미수범은 처벌한다.

④ 제1항 또는 제2항의 죄를 범할 목적으로 예비 · 음모 또는 선동한 자는 3년 이상의 유기징역에 처한다.

제114조(벌칙)

① 방사성물질등과 원자로 및 관계시설, 핵연료주기시설, 방사선발생장치를 부당하게 조작하여 사람의 생명 또는 신체에 위험을 가한 사람은 1년 이상 10년 이하의 징역에 처한다.

〈개정 2014. 5. 21.〉

② 제1항의 죄를 범하여 사람을 사망하게 한 사람은 3년 이상의 유기징역에 처한다.

제115조(벌칙)

제108조를 위반한 사람은 10년 이하의 징역에 처한다. 〈개정 2014. 5. 21.〉

제116조(벌칙)

다음 각 호의 어느 하나에 해당하는 자는 3년 이하의 징역 또는 3천만원 이하의 벌금에 처하거나 이를 병과(竝科)할 수 있다. 〈개정 2014. 5. 21., 2020. 12. 22.〉

1. 제10조제1항 전단 · 제20조제1항 전단 · 제30조제1항 전단 · 제30조의2제1항 전단 · 제35조제1항 전단 및 제2항 전단 · 제45조제1항 전단 · 제53조제1항 전단 · 제54조제1항 · 제63조제1항 전단 또는 제78조제1항을 위반하여 허가 · 등록 또는 지정을 받지 아니하고 사용 · 소지 · 사업 등 각 해당 조에 규정된 행위를 한 자
2. 제27조(제34조에서 준용하는 경우를 포함한다) · 제41조 · 제50조제2항 · 제68조의2 또는 제92조제2항에 따른 명령을 위반한 자
3. 제17조제1항 · 제24조제1항 · 제32조 · 제38조제1항 · 제48조 · 제57조제1항 · 제59조의2제3항 · 제66조제1항 또는 제81조제1항에 따른 사업 또는 업무의 정지명령을 위반하여 사업 또는 업무를 계속한 자
4. 제105조의2제3항을 위반하여 직무상 알게 된 개인정보 또는 비밀을 타인에게 누설하거나 직무상 목적 외의 목적으로 사용한 자

제117조(벌칙)

다음 각 호의 어느 하나에 해당하는 자는 1년 이하의 징역 또는 1천만원 이하의 벌금에 처하거나 이를 병과할 수 있다. 〈개정 2014. 5. 21., 2015. 1. 20., 2020. 12. 22.〉

1. 제10조제1항 후단 · 제20조제1항 후단 · 제30조제1항 후단 · 제30조의2제1항 후단 · 제35조제1항 후단 및 제2항 후단 · 제45조제1항 후단 · 제53조제1항 후단 또는 제63조제1항 후단을 위반하여 변경허가를 받지 아니하고 허가받은 사항을 변경하거나 승인을 받지 아니하고 지정받은 사항을 변경한 자
2. 제10조제4항(제69조에서 준용하는 경우를 포함한다) · 제15조제1항 전단(제29조 · 제34조 · 제44조 · 제51조 및 제69조에서 준용하는 경우를 포함한다) · 제28조제1항 전단(제34조에서 준용하는 경우를 포함한다) · 제42조제1항 전단 · 제60조제1항 전단 · 제68조의3제1항 전단 · 제68조의4제1항 전단 · 제76조제1항 전단 또는 제111조제5항 전단을 위반하여 승인을 받지 아니한 자
3. 제16조제1항(제34조에서 준용하는 경우를 포함한다) · 제22조제1항(제34조에서 준용하는 경우를 포함한다) · 제37조제1항 · 제47조제1항 · 제56조제1항 · 제65조제1항 · 제75조제1항 · 제77조제1항 · 제77조의3제1항 또는 제80조제1항을 위반하여 검사받아야 할 사항을 검사받지 아니하거나 제98조제2항 및 제4항에 따른 검사를 거부 · 방해 또는 기피하거나

거짓의 진술을 한 자

4. 제89조제2항에 따른 제한명령을 위반하여 출입하거나 거주한 자 또는 같은 조 제5항을 위반한 자
5. 제31조제3항 · 제52조제3항 · 제59조제2항 · 제59조의2제2항 또는 제98조제1항 및 제3항에 따른 명령을 위반한 자
6. 제70조제1항 및 제2항 · 제77조제2항 · 제77조의3제2항 · 제84조제1항 본문 · 제94조 · 제96조 또는 제97조를 위반한 자
7. 제15조의3(제29조 및 제34조에서 준용하는 경우를 포함한다) · 제15조의4제2항 · 제74조제2항 · 제92조제1항 · 제92조의2 · 제98조제1항 또는 제104조제1항을 위반하여 보고를 하지 아니하거나 거짓의 보고를 한 자

제118조(벌칙)

다음 각 호의 어느 하나에 해당하는 자는 300만원 이하의 벌금에 처한다.

〈개정 2014. 5. 21., 2015. 1. 20., 2020. 12. 22.〉

1. 제15조의4제3항 · 제16조제2항(제34조에서 준용하는 경우를 포함한다) · 제22조제2항(제34조에서 준용하는 경우를 포함한다) · 제23조제2항(제34조제1항에서 준용하는 경우를 포함한다) · 제28조제7항(제34조 · 제44조 및 제68조의3제3항에서 준용하는 경우를 포함한다) · 제37조제2항 · 제47조제2항 · 제56조제2항 · 제65조제2항 · 제65조의2제2항 · 제68조의4제4항 · 제75조제2항 또는 제104조제3항에 따른 명령을 위반한 자
2. 제23조제1항(제34조제1항에서 준용하는 경우를 포함한다) · 제26조(제34조에서 준용하는 경우를 포함한다) · 제40조제1항 · 제65조의2제1항 · 제68조제1항 · 제88조제2항 또는 제102조를 위반한 자
3. 제15조제1항 후단(제29조 · 제34조 · 제44조 · 제51조 및 제69조에서 준용하는 경우를 포함한다) · 제28조제1항 후단(제34조에서 준용하는 경우를 포함한다) · 제68조의3제1항 후단 또는 제68조의4제1항 후단을 위반하여 변경승인을 받지 아니하고 승인받은 사항을 변경한 자
4. 제99조제1항의 허가 또는 지정 조건을 위반한 자
5. 제59조의2제6항을 위반하여 보고를 하지 아니하거나 거짓으로 보고한 자

제119조(과태료)

① 다음 각 호의 어느 하나에 해당하는 자에게는 3천만원 이하의 과태료를 부과한다.

〈개정 2014. 5. 21., 2017. 10. 24., 2017. 12. 19., 2018. 8. 14., 2020. 12. 22.〉

1. 제10조제1항 단서 · 제15조제1항 단서(제29조 · 제34조 · 제44조 · 제51조 및 제69조에서 준용하는 경우를 포함한다) · 제15조의2(제29조 및 제34조에서 준용하는 경우를 포함한다) · 제19조제3항(제29조 · 제34조 · 제44조 · 제51조 · 제62조 · 제69조 및 제83조에서 준용하는 경우를 포함한다) · 제20조제1항 단서 · 제28조제1항 단서(제34조에서 준용하는 경우를 포함한다) · 제30조제1항 단서 · 제30조의2제1항 단서 · 제31조제1항 · 제33조 · 제35조제1항 단서 및 제2항 단서 · 제42조제1항 단서 · 제43조(제51조 · 제62조 · 제69조 및 제83조에서 준용하는 경우를 포함한다) · 제45조제1항 단서 · 제52조제1항 · 제53조제1항 단서 및 제2항 · 제53조의2제1항 및 제3항 · 제54조제2항 · 제60조제1항 단서 · 제63조제1항 단서 · 제68조의3제1항 단서 · 제68조의4제1항 단서 · 제71조 · 제76조제1항 단서 · 제77조의2제1항 단서 · 제78조제2항 또는 제95조제1항을 위반하여 신고를 하지 아니하거나 거짓의 신고를 한 자
2. 제40조제2항 · 제50조제1항 및 제3항 · 제52조제2항 · 제53조의2제4항 및 제5항 · 제59조제1항 및 제3항 · 제59조의2제7항 · 제61조 · 제68조제2항 · 제70조제3항 및 제4항 · 제72조 · 제73조 · 제74조제1항 · 제91조 또는 제106조제1항을 위반한 자
3. 제18조(제34조에서 준용하는 경우를 포함한다) · 제25조(제34조에서 준용하는 경우를 포함한다) · 제39조 · 제49조 · 제52조제4항 · 제58조 · 제67조 또는 제82조를 위반하여 기록하지 아니하거나 거짓으로 기록한 자
4. 제80조제2항에 따른 명령을 위반한 자
5. 제28조제1항 후단(제34조에서 준용하는 경우를 포함한다) · 제42조제1항 후단 · 제60조제1항 후단 · 제76조제1항 후단 · 제77조의2제1항 후단 또는 제111조제5항 후단을 위반하여 변경승인을 받지 아니하고 승인받은 사항을 변경한 자
6. 제15조의2에 따른 성능검증과 관련된 서류를 위조 · 조작한 자
7. 제53조의2제6항을 위반하여 대리자를 지정하지 아니한 자
8. 제106조제3항을 위반하여 교육을 받게 하지 아니한 자

② 제1항에 따른 과태료는 대통령령으로 정하는 바에 따라 위원회가 부과 · 징수한다.

〈개정 2014. 5. 21.〉

③ 삭제 〈2014. 5. 21.〉

제120조(양벌규정)

① 법인의 대표자나 법인 또는 개인의 대리인, 사용인, 그 밖의 종업원이 그 법인 또는 개인의 업무

에 관하여 제113조부터 제115조까지의 어느 하나에 해당하는 위반행위를 하면 그 행위자를 벌하는 외에 그 법인 또는 개인을 1억원 이하의 벌금에 처한다. 다만, 법인 또는 개인이 그 위반행위를 방지하기 위하여 해당 업무에 관하여 상당한 주의와 감독을 게을리하지 아니한 경우에는 그러하지 아니하다.

② 법인의 대표자나 법인 또는 개인의 대리인, 사용인, 그 밖의 종업원이 그 법인 또는 개인의 업무에 관하여 제116조부터 제118조까지의 어느 하나에 해당하는 위반행위를 하면 그 행위자를 벌하는 외에 그 법인 또는 개인에게도 해당 조문의 벌금형을 과(科)한다. 다만, 법인 또는 개인이 그 위반행위를 방지하기 위하여 해당 업무에 관하여 상당한 주의와 감독을 게을리하지 아니한 경우에는 그러하지 아니하다.

제121조(벌칙적용에서의 공무원 의제)

다음 각 호의 어느 하나에 해당하는 자는 「형법」 과 그 밖의 법률에 따른 벌칙의 적용에 있어서는 이를 공무원으로 본다. 〈개정 2014. 5. 21.〉

1. 성능검증기관에서 성능검증업무를 하는 자
2. 성능검증관리기관에서 성능검증관리업무에 종사하는 자
3. 제111조에 따라 위탁한 업무에 종사하는 기관 또는 관계 전문기관의 임원 및 직원

부칙〈제17755호, 2020. 12. 22.〉

제1조(시행일)

이 법은 공포 후 6개월이 경과한 날부터 시행한다.

제2조(기술기준 위반행위에 관한 경과조치)

이 법 시행 전에 종전의 제68조제1항을 위반한 경우에 대해서는 종전의 제119조제1항제2호에 따른다.

원자력안전법 시행령

[시행 2021. 2. 2]

[대통령령 제31431호, 2021. 2. 2, 일부개정]

제1장 총칙

제1조 목적

이 영은 「원자력안전법」 에서 위임된 사항 및 그 시행에 필요한 사항과 「원자력 진흥법」 제17조제2항에 따른 원자력안전규제계정의 관리 · 운용에 필요한 사항을 규정함을 목적으로 한다.

〈개정 2015. 12. 22.〉

제2조(정의)

이 영에서 사용하는 용어의 뜻은 다음과 같다. 〈개정 2014. 9. 11., 2016. 4. 12.〉

1. "고준위방사성폐기물"이란 방사성폐기물 중 그 방사능 농도 및 열발생률이 「원자력안전위원회의 설치 및 운영에 관한 법률」 제3조에 따른 원자력안전위원회(이하 "위원회"라 한다)가 정하는 값 이상인 방사성폐기물을 말하고, "중 · 저준위방사성폐기물"이란 고준위방사성폐기물 외의 방사성폐기물을 말한다. 이 경우 중 · 저준위방사성폐기물은 위원회가 방사능 농도를 고려하여 정하는 바에 따라 구분한다.
2. "핵연료집합체"란 원자로의 연료로 사용할 수 있는 형태를 갖춘 한 다발의 핵연료물질을 말한다.
3. "밀봉된 방사성동위원소"란 기계적인 강도가 충분하여 파손될 우려가 없고, 부식되기 어려운 재료로 된 용기에 넣은 방사성동위원소로서 사용할 때에 방사선은 용기 외부로 방출하지만 방사성동위원소는 누출하지 못하도록 되어 있는 것을 말한다.
4. "선량한도"(線量限度)란 외부에 피폭하는 방사선량과 내부에 피폭하는 방사선량을 합한 피폭방사선량(被曝放射線量)의 상한값으로서 그 값은 별표 1과 같다.
5. "허용표면오염도"란 물체 또는 인체 표면의 방사성오염도로서 위원회가 정하는 허용오염도를 말한다.
6. "보전구역"이란 원자력이용시설의 보전을 위하여 특별한 관리가 필요한 장소를 말한다.
7. "제한구역"이란 방사선관리구역 및 보전구역의 주변 구역으로서 그 구역 경계에서의 피폭방사선량이 위원회가 정하는 값을 초과할 우려가 있는 장소를 말한다.
8. "수시출입자"란 방사선관리구역에 청소, 시설관리 등의 업무상 출입하는 사람(방문, 견학 등을 위하여 일시적으로 출입하는 사람은 제외한다)으로서 방사선작업종사자 외의 사람을 말한다.
9. "영구처분"이란 방사성폐기물을 회수할 의도 없이 인간의 생활권으로부터 영구히 격리하는 것을 말한다.

10. "사용후핵연료 중간저장"이란 원자로의 연료로 사용된 핵연료물질이나 그 밖의 방법으로 핵분열시킨 핵연료물질을 발생자로부터 인수하여 처리 또는 영구처분하기 전까지 일정 기간 안전하게 저장하는 것을 말한다.
11. "특수형방사성물질"이란 견고한 고체형 방사성물질 또는 캡슐에 넣고 봉한 방사성물질로서 위원회가 정하는 운반기준에 맞는 것을 말한다.
12. "배출"이란 방사성물질 또는 그로 인하여 오염된 물질(이하 "방사성물질등"이라 한다)로서 원자력이용시설에서 정상운전 중에 발생한 액체 또는 기체 상태의 방사성물질등을 위원회가 정하는 제한값 이내에서 배수시설 또는 배기시설을 통하여 계획적이고 통제된 상태에서 외부로 내보내는 것을 말한다.
13. "연간섭취한도"란 방사선작업종사자가 1년 동안 섭취할 경우 피폭방사선량이 선량한도에 이를 것으로 보이는 방사능의 양으로서 위원회가 정하는 값을 말한다.
14. "유도공기 중 농도"란 방사선작업종사자가 1년 동안 흡입할 경우 방사능 섭취량이 연간섭취한도에 이를 것으로 보이는 공기 중의 농도로서 위원회가 정하는 값을 말한다.15. "판독특이자"란 다음 각 목의 어느 하나에 해당하는 사람을 말한다.
 가. 선량한도를 초과하여 방사선에 피폭된 사람
 나. 선량계의 훼손 · 분실 등으로 인하여 선량판독이 불가능하게 된 사람
 다. 위원회가 정하는 선량계 교체주기를 2개월 이상 지난 후 선량계를 제출한 사람

제3조(핵연료물질)

「원자력안전법」(이하 "법"이라 한다) 제2조제3호에서 "대통령령으로 정하는 것"이란 다음 각 호의 것을 말한다.

1. 우라늄 238에 대한 우라늄 235의 비율이 천연혼합률과 같은 우라늄 및 그 화합물
2. 우라늄 238에 대한 우라늄 235의 비율이 천연혼합률에 미달하는 우라늄 및 그 화합물
3. 토륨 및 그 화합물
4. 제1호부터 제3호까지의 규정에 해당하는 물질이 하나 이상 함유된 물질로서 원자로의 연료로 사용할 수 있는 물질
5. 우라늄 238에 대한 우라늄 235의 비율이 천연혼합률을 초과하는 우라늄 및 그 화합물
6. 플루토늄 및 그 화합물
7. 우라늄 233 및 그 화합물
8. 제5호부터 제7호까지의 규정에 해당하는 물질이 하나 이상 함유된 물질

제4조(핵원료물질)

법 제2조제4호에서 "대통령령으로 정하는 것"이란 우라늄 및 그 화합물 또는 토륨 및 그 화합물을 함유한 물질로서 핵연료물질 외의 물질을 말한다.

제5조(방사성동위원소)

법 제2조제6호에서 "대통령령으로 정하는 것"이란 동위원소의 수량과 농도가 위원회가 정하는 수량과 농도를 초과하는 물질로서 다음 각 호의 물질을 제외한 것을 말한다.

1. 법 제2조제3호에 따른 핵연료물질
2. 법 제2조제4호에 따른 핵원료물질
3. 방사성물질 또는 이를 내장한 장치 중 방사선장해의 우려가 없는 것으로서 위원회가 정하여 고시하는 것

제6조(방사선)

법 제2조제7호에서 "대통령령으로 정하는 것"이란 다음 각 호의 것을 말한다.

1. 알파선 · 중양자선 · 양자선 · 베타선 및 그 밖의 중하전입자선
2. 중성자선
3. 감마선 및 엑스선
4. 5만 전자볼트 이상의 에너지를 가진 전자선

제7조(적용 제외 원자로)

법 제2조제8호 단서에서 "대통령령으로 정하는 것"이란 원자핵분열의 연쇄반응을 제어할 수 있고 그 반응의 평형상태를 중성자원을 쓰지 아니하고도 지속할 가능성이 있는 장치 외의 것을 말한다.

제8조(방사선발생장치)

법 제2조제9호에서 "대통령령으로 정하는 것"이란 다음 각 호의 것을 말한다. 다만, 위원회가 정하는 용도의 것과 위원회가 정하는 용량 이하의 것은 제외한다.

1. 엑스선발생장치
2. 사이클로트론(cyclotron)
3. 신크로트론(synchrotron)
4. 신크로사이클로트론(synchro-cyclotron)

5. 선형가속장치
6. 베타트론(betatron)
7. 반 · 데 그라프형 가속장치
8. 콕크로프트 · 왈톤형 가속장치
9. 변압기형 가속장치
10. 마이크로트론(microtron)
11. 방사광가속기
12. 가속이온주입기
13. 그 밖에 위원회가 정하여 고시하는 것

제9조(관계시설)

법 제2조제10호에서 "대통령령으로 정하는 것"이란 다음 각 호의 시설을 말한다.

1. 원자로냉각계통 시설
2. 계측제어계통 시설
3. 핵연료물질의 취급시설 및 저장시설
4. 원자력발전소 안에 위치한 방사성폐기물의 처리시설 · 배출시설 및 저장시설
5. 방사선관리시설
6. 원자로격납시설
7. 원자로안전계통 시설
8. 그 밖에 원자로의 안전에 관계되는 시설로서 위원회가 정하는 것

제10조(원자력이용시설)

법 제2조제20호에서 "대통령령으로 정하는 것"이란 다음 각 호의 시설을 말한다.

1. 원자로 및 관계시설
2. 핵연료주기시설
3. 핵물질의 사용시설
4. 방사성동위원소의 생산시설 · 사용시설 · 분배시설 · 저장시설 · 보관시설 · 처리시설 및 배출시설
5. 방사선발생장치 및 그 부대시설
6. 사용후핵연료 중간저장시설
7. 방사성폐기물의 영구처분시설

8. 방사성폐기물의 처리시설 및 저장시설

제2장 원자력안전종합계획의 수립 · 시행 등

제11조(원자력안전종합계획 중 경미한 사항)

법 제3조제4항 단서에서 "대통령령으로 정하는 경미한 사항"이란 다음 각 호의 사항을 말한다.

1. 부문별 과제의 세부 추진에 관한 사항
2. 원자력안전종합계획의 내용에 중대한 영향을 주지 아니하는 사항으로서 위원회가 정한 기준에 맞는 사항

제12조(실태조사의 위탁실시)

① 법 제8조제1항 후단에서 "대통령령으로 정하는 기관 또는 단체"란 법 제7조의2에 따른 한국원자력안전재단(이하 "안전재단"이라 한다)을 말한다. 〈개정 2016. 6. 21.〉

② 위원회는 안전재단에 실태조사에 필요한 경비를 출연금 또는 보조금으로 지급할 수 있다. 〈개정 2016. 6. 21.〉

제13조(연구협약의 체결)

① 법 제9조제1항에 따라 원자력안전연구개발사업의 연구개발과제에 관한 협약(이하 "연구협약"이라 한다)을 맺고 연구를 주관하여 수행하는 기관 또는 단체(이하 "주관연구기관"이라 한다)의 장은 원자력안전연구개발사업에 필요한 비용 중 일부를 정부 외의 자의 출연금 또는 기술개발비(현물을 포함한다) 등으로 충당하려는 경우에는 그 비용을 지급하려는 자와 미리 출자계약 또는 연구계약을 체결하여야 한다.

② 연구협약에는 다음 각 호의 사항이 포함되어야 한다.

1. 연구의 과제명 · 범위 · 수행방법 및 그 책임자
2. 연구개발비의 부담 및 그 지급방법
3. 연구개발결과 보고
4. 연구개발결과의 귀속 및 활용
5. 연구개발결과의 평가에 따른 조치
6. 연구개발비의 사용 및 관리
7. 연구협약의 변경 및 해약
8. 연구협약 위반에 관한 조치

9. 그 밖에 연구개발에 수반되는 사항

③ 주관연구기관의 장은 위원회가 정하는 바에 따라 연구개발과제의 일부를 「기초연구진흥 및 기술개발지원에 관한 법률」 제14조제1항 각 호의 어느 하나에 해당하는 기관 또는 단체나 해당 분야의 전문가와 협동 또는 공동으로 연구하거나 위탁하여 연구하게 할 수 있다.

제14조(출연금의 지급 및 관리)

① 위원회는 법 제9조제1항에 따라 원자력안전연구개발사업을 수행하는 기관 또는 단체(이하 "사업수행기관"이라 한다)에 법 제9조제2항 각 호의 재원으로 출연금을 지급할 수 있다.

② 출연금은 분할하여 지급한다. 다만, 위원회는 연구개발과제의 규모 및 착수시기 등을 고려하여 출연금을 일시에 지급할 수 있다.

③ 출연금을 지급받은 사업수행기관의 장은 다른 용도의 자금과 분리된 별도의 계정(計定)을 설치하고, 자금의 수입 · 지출 명세를 증명할 수 있도록 계정을 관리하여야 한다.

제15조(출연금의 사용 및 실적 보고)

① 사업수행기관의 장은 출연금을 위원회가 정하는 바에 따라 해당 사업에 드는 경비로만 사용하여야 한다.

② 사업수행기관의 장은 매년 출연금의 사용 실적에 다음 각 호의 서류를 첨부하여 다음 해 3월 31일까지 위원회에 제출하여야 한다.

1. 연구개발사업계획과 그 집행실적의 대비표
2. 공인회계사의 회계감사보고서(연간 출연금이 5억원 이상인 경우에만 제출한다). 다만, 국공립연구기관의 경우에는 감독관청의 의견서로, 「고등교육법」에 따른 대학 · 산업대학 · 전문대학 및 기술대학의 경우에는 총장 또는 학장의 의견서로 이를 갈음할 수 있다.

제16조(세부 규정)

원자력안전연구개발사업의 시행에 관하여 이 영에서 규정한 사항 외에 필요한 사항은 위원회가 정한다.

제3장 원자로 및 관계시설의 건설 · 운영

제1절 발전용원자로 및 관계시설의 건설

제17조(건설허가 신청)

법 제10조제1항 본문의 전단에 따라 발전용원자로 및 관계시설(이하 "원자로시설"이라 한다)의 건설허가를 받으려는 자는 원자로시설마다 총리령으로 정하는 바에 따라 건설허가신청서를 작성하여 위원회에 제출하여야 한다. 다만, 동일 부지 안에 동일한 종류 · 열출력 및 구조의 원자로를 둘 이상 건설하려는 경우에는 하나의 건설허가신청서로 함께 신청할 수 있다. 〈개정 2013. 3. 23.〉

제18조(심사계획의 통보)

위원회는 제17조에 따른 건설허가신청서를 받았을 때에는 신청서류의 적합성 및 심사계획을 건설허가신청서 제출일부터 60일 이내에 허가신청자에게 통보하여야 한다.

제19조(허가의 처리기간)

① 위원회는 제17조에 따른 원자로시설의 건설허가신청을 받은 경우에는 24개월 이내에 처리하여야 한다. 다만, 다음 각 호의 어느 하나에 해당하는 경우에는 15개월 이내에 처리하여야 한다.

1. 이미 건설을 허가한 원자로시설의 발전용원자로와 용량 · 원자로형 및 위원회가 정하는 주요 설비의 설계제원이 동일한 경우
2. 법 제12조제1항 본문의 전단에 따라 인가받은 표준설계와 동일한 원자로시설

② 다음 각 호의 어느 하나에 해당하는 기간은 제1항에 따른 허가 처리기간에 산입(算入)하지 아니한다.

1. 신청서류의 보완 또는 수정에 드는 기간
2. 그 밖에 안전성을 확인하기 위한 실험 등 부득이한 사유로 인하여 추가로 필요한 기간

제20조(위원회의 심의)

위원회는 법 제10조제1항 본문에 따라 원자로시설의 건설허가를 하려면 그 허가 전에 제153조에 따른 수탁기관의 심사보고서를 첨부하여 심의하여야 한다.

제21조(변경허가 신청)

법 제10조제1항 본문의 전단에 따른 원자로시설의 건설에 관한 허가를 받은 자(이하 "발전용원자로설치자"라 한다)는 같은 항 본문의 후단에 따라 그 허가사항의 변경허가를 받으려면 총리령으로 정하는 바에 따라 그 변경허가신청서를 작성하여 위원회에 제출하여야 한다. 〈개정 2013. 3. 23.〉

제22조(표준설계인가 신청)

① 법 제12조제1항 본문의 전단에 따른 표준설계의 인가를 받으려는 자는 총리령으로 정하는 바에 따라 인가신청서를 작성하여 위원회에 제출하여야 한다. 〈개정 2013. 3. 23.〉

② 제1항에 따른 인가신청에 대한 심사계획의 통보에 관하여는 제18조를 준용하고, 그 인가신청에 대한 위원회의 심의에 관하여는 제20조를 준용한다.

제23조(표준설계 변경인가 신청)

법 제12조제1항 본문의 전단에 따른 표준설계의 인가를 받은 자가 같은 항 본문의 후단에 따라 인가받은 사항을 변경하려는 경우에는 총리령으로 정하는 바에 따라 변경인가신청서를 작성하여 위원회에 제출하여야 한다. 〈개정 2013. 3. 23.〉

제24조(표준설계인가 제외 대상)

법 제12조제6항에 따라 표준설계에서 제외할 수 있는 사항은 다음 각 호와 같다.

1. 안전성 증진을 위하여 새로운 기술의 지속적인 반영이 필요한 사항
2. 구매 · 설치 및 준공이 완료되기 전에는 안전성 확인이 불가능한 사항

제25조(계량관리규정)

법 제15조제1항에 따라 발전용원자로설치자는 사업소마다 위원회의 승인을 받아 계량관리규정을 정하여야 한다. 이를 변경하려는 경우에도 또한 같다.

제25조의2(성능검증관리기관의 보고)

법 제15조의4제1항에 따른 성능검증관리기관(이하 "성능검증관리기관"이라 한다)은 다음 각 호의 사항을 매년 1월 31일까지 위원회에 보고하여야 한다. 다만, 법 제15조의3제4호에 따른 성능검증기관(이하 "성능검증기관"이라 한다)에 대한 시정조치, 인증변경, 인증갱신에 관한 사항은 위원회에 즉시 보고하여야 한다.

1. 성능검증기관에 대한 인증업무 현황

2. 성능검증기관에 대한 관리 · 감독 현황

3. 전년도 업무실적 및 해당 연도 주요업무 계획

[본조신설 2014. 11. 19.]

제25조의3(성능검증관리기관의 지정기준 등)

① 법 제15조의4제4항에 따른 성능검증관리기관의 지정기준은 다음 각 호와 같다.

1. 성능검증기관을 효율적으로 관리하는데 필요한 상설 전담조직을 갖출 것

2. 성능검증기관을 관리할 수 있는 다음 각 목의 전문 인력을 모두 확보할 것

가. 다음의 어느 하나에 해당하는 사람 중 1명 이상

1) 「국가기술자격법」에 따른 방사선관리기술사 또는 원자력발전기술사 자격을 취득한 후 3년 이상 원자력 분야에 종사한 경력이 있는 사람

2) 이공계 분야의 박사학위를 취득한 후 3년 이상 원자력 분야에 종사한 경력이 있는 사람

3) 이공계 분야의 석사학위를 취득한 후 5년 이상 원자력 분야에 종사한 경력이 있는 사람

4) 이공계 분야의 학사학위를 취득한 후 7년 이상 원자력 분야에 종사한 경력이 있는 사람

나. 다음의 어느 하나에 해당하는 사람 중 2명 이상

1) 이공계 분야의 학사학위를 취득한 후 3년 이상 원자력 분야에 종사한 경력이 있는 사람

2) 이공계 분야의 전문학사학위를 취득한 후 5년 이상 원자력 분야에 종사한 경력이 있는 사람

3) 「초 · 중등교육법」 제2조제3호에 따른 고등학교 · 고등기술학교를 졸업한 후 7년 이상 원자력 분야에 종사한 경력이 있는 사람

3. 성능검증관리기관의 업무를 수행하는데 필요한 업무규정을 갖출 것

② 성능검증관리기관의 업무범위는 다음 각 호와 같다.

1. 성능검증기관의 인증에 관한 사항

2. 성능검증기관의 점검, 시정조치 등 사후관리에 관한 사항

3. 성능검증기관의 운영현황 등에 대한 실태조사

4. 성능검증업무의 향상을 위한 성능검증기관 지원

[본조신설 2014. 11. 19.]

제26조(특정핵물질의 계량관리에 관한 검사)

① 발전용원자로설치자는 법 제16조제1항에 따라 특정핵물질을 보유한 시설에 대하여 계량관리에 관한 검사를 받아야 한다.

② 위원회는 제1항의 검사를 하려는 경우에는 검사자 명단, 검사일정, 검사내용 등이 포함된 검사계획을 검사 개시 최소 2시간 전까지 발전용원자로설치자에게 통보하여야 한다.

③ 계량관리검사에 관한 검사주기, 검사방법 등에 관한 세부 사항은 위원회가 정한다.

④ 위원회는 발전용원자로설치자가 계량관리검사에 관하여 「대한민국 정부와 국제원자력기구 간의 핵무기의 비확산에 관한 조약에 관련된 안전조치의 적용을 위한 협정」에 따른 국제원자력기구의 검사를 받은 경우로서 위원회가 인정하는 경우에는 제1항의 검사를 생략할 수 있다.

⑤ 제1항의 검사 결과 계량관리규정에 맞는 경우에는 합격으로 한다.

제27조(사용 전 검사)

① 발전용원자로설치자는 법 제16조제1항에 따라 원자로시설의 공사 및 성능에 대하여 제29조에 따른 각 공정별로 위원회의 검사를 받아 이에 합격한 후가 아니면 해당 시설을 사용하여서는 아니 된다.

② 제1항의 검사를 하여 원자로시설의 공사 및 성능이 법 제11조제2호 및 법 제21조제1항제2호에 따른 기술기준에 맞는 경우에는 합격으로 한다. 〈개정 2015. 7. 20.〉

제28조(사용 전 검사 신청)

제27조에 따른 사용 전 검사를 받으려는 자는 총리령으로 정하는 바에 따라 검사신청서를 위원회에 제출하여야 한다. 〈개정 2013. 3. 23.〉

제29조(사용 전 검사의 시기 등)

① 제27조에 따른 사용 전 검사를 받는 공정 및 시기는 다음 각 호와 같다.

1. 원자로시설의 주요 구조물에 대한 공사를 착공하였을 때 및 주요공정별 강도시험이 가능할 때
2. 원자로시설의 공사가 완료되어 계통별 기능시험이 가능할 때
3. 상온수압시험 및 고온기능시험이 가능할 때
4. 핵연료장전 및 시운전시험이 가능할 때

② 위원회는 원자로시설의 주요 기기 · 부품 · 설비 및 계통의 강도 · 내압 및 성능에 관한 검사

를 위하여 필요한 경우에는 위원회가 정하여 고시하는 바에 따라 원자로시설의 공사가 완료되기 전에 이에 관한 검사를 할 수 있다.

第30조(잠정합격)

위원회는 제27조에 따른 사용 전 검사를 할 경우 부득이한 사정이 있다고 인정하는 경우에는 기간과 사용방법을 정하여 그 원자로시설을 잠정적으로 합격으로 할 수 있다.

第31조(품질보증검사)

위원회는 발전용원자로설치자가 법 제10조제2항에 따라 제출한 품질보증계획서에 따라 그 품질보증에 관한 업무를 수행하는지를 법 제16조제1항에 따라 검사할 수 있다.

第31조의2(공급자 등 검사)

① 위원회는 법 제16조제1항에 따라 법 제15조의3제3호에 따른 공급자(이하 "공급자"라 한다) 및 성능검증기관에 대하여 다음 각 호의 사항을 검사할 수 있다. 〈개정 2016. 6. 21.〉

1. 안전관련설비의 설계 · 제작 · 성능검증 관련 사항이 법 제11조에 따른 허가기준에 적합한지 여부에 관한 사항
2. 법 제15조의2에 따른 안전관련설비 계약 신고 내용과 관련된 사항
3. 법 제15조의3에 따른 부적합사항 보고에 관한 사항
4. 그 밖에 위원회가 필요하다고 인정하는 사항

② 제1항에 따른 검사방법, 절차 등에 관하여 필요한 사항은 위원회가 정하여 고시한다.

[본조신설 2014. 11. 19.]

第32조(공사개시기간)

법 제17조제1항제2호에서 "대통령령으로 정하는 기간"이란 그 허가를 받은 날부터 2년을 말한다.

제2절 발전용원자로 및 관계시설의 운영

第33조(운영허가 신청)

① 법 제20조제1항 본문의 전단에 따라 원자로시설의 운영허가를 받으려는 자는 원자로시설마다 총리령으로 정하는 바에 따라 그 운영허가신청서를 작성하여 위원회에 제출하여야 한다.

다만, 동일 부지 안에 동일한 종류 · 열출력 및 구조의 원자로를 둘 이상 운영하려는 경우에는 하나의 운영허가신청서로 함께 신청할 수 있다. 〈개정 2013. 3. 23.〉

② 제1항에 따른 허가신청의 처리기간에 관하여 제19조제1항을 준용하되, 다음 각 호의 어느 하나에 해당하는 기간은 허가 처리기간에 산입하지 아니한다.

1. 신청서류의 보완 또는 수정에 필요한 기간
2. 원자로시설이 설치되지 아니하여 사용 전 검사가 불가능한 기간
3. 그 밖에 안전성을 확인하기 위한 실험 등 부득이한 사유로 인하여 추가로 필요한 기간

③ 제1항에 따른 허가신청에 관한 위원회의 심의에 관하여는 제20조를 준용한다.

제34조(변경허가 신청)

법 제20조제1항 본문의 전단에 따른 허가를 받은 자(이하 "발전용원자로운영자"라 한다)는 같은 항 본문의 후단에 따라 그 허가받은 사항에 대한 변경허가를 받으려면 총리령으로 정하는 바에 따라 그 변경허가신청서를 작성하여 위원회에 제출하여야 한다. 〈개정 2013. 3. 23.〉

제35조(정기검사)

① 법 제22조제1항에 따라 발전용원자로운영자는 원자로시설의 운영 및 성능에 관하여 총리령으로 정하는 검사대상 및 검사방법에 따라 정기적으로 검사를 받아야 한다.
〈개정 2013. 3. 23., 2016. 6. 21.〉

② 제1항에 따라 검사를 할 경우 원자로시설의 운영 및 성능이 다음 각 호의 기준에 맞는 경우에는 합격으로 한다. 〈개정 2015. 7. 20., 2016. 6. 21.〉

1. 법 제21조제1항제1호부터 제3호까지 및 제6호에 따른 기술기준에 맞게 운영되고 있을 것
2. 원자로시설의 내압, 내방사선 및 그 밖의 성능이 제27조에 따른 검사에 합격한 상태로 유지되고 있을 것

제36조(주기적 안전성평가의 시기 등)

① 발전용원자로운영자는 법 제23조제1항에 따라 해당 원자로시설의 운영허가를 받은 날(건설허가와 운영허가를 동시에 받은 경우에는 원자로가 최초로 임계(臨界)에 도달한 날을 운영허가를 받은 날로 본다. 이하 이 조에서 같다)부터 10년마다 안전성을 종합적으로 평가하고, 평가보고서를 작성하여 위원회에 제출하여야 한다.

② 제1항의 평가보고서는 원자로시설마다 별도로 작성하되, 해당 원자로시설의 운영허가를 받은 날부터 매 10년이 되는 날을 평가기준일로 하여 평가기준일부터 1년 6개월 이내에 평가보

고서를 제출하여야 한다.

③ 법 제20조제2항에 따른 최종안전성분석보고서를 공유하는 원자로시설에 대해서는 먼저 설치된 원자로시설의 평가일정에 따라 평가를 동시에 수행하여 하나의 주기적 안전성평가보고서로 제출할 수 있다. 다만, 원자로시설의 운전기간에 따른 설비노후의 정도 및 운전조건의 차이 등을 평가에서 별도로 고려하여야 한다.

④ 발전용원자로운영자가 원자로시설의 설계수명기간이 만료된 후에 그 시설을 계속하여 운전(이하 "계속운전"이라 한다)하려는 경우에는 제2항에도 불구하고 설계수명기간 만료일(그 후 10년마다 10년이 되는 날을 포함한다)을 평가기준일로 하여 평가기준일이 되기 5년 전부터 2년 전까지의 기간 내에 평가보고서를 제출하여야 한다.

⑤ 발전용원자로운영자는 제1항 및 제2항에도 불구하고 법 제23조제1항 단서에 따라 법 제21조제2항에 따른 변경허가를 받고 영구정지한 원자로시설의 전부 또는 일부가 다음 각 호의 요건을 모두 충족하는 경우에는 사용하지 아니하는 부분에 대하여 주기적 안전성평가를 실시하지 아니할 수 있다. 〈개정 2015. 7. 20.〉

1. 원자로시설의 전부 또는 일부를 사용하지 아니할 것
2. 제1호에 따라 사용하지 아니하는 시설의 부분에 대하여 주기적 안전성평가를 실시하지 아니하여도 안전상 지장이 없을 것
3. 제1호에 따라 사용하지 아니하는 시설의 부분에 대하여 이 조부터 제39조까지의 규정에 따른 주기적 안전성평가의 시기, 내용 및 방법 등을 그대로 적용하기 어려울 것

제37조(주기적 안전성평가의 내용)

① 법 제23조제3항에 따른 주기적 안전성평가의 내용에는 다음 각 호의 사항을 포함하여야 한다. 〈개정 2014. 11. 19.〉

1. 원자로시설의 설계에 관한 사항
2. 안전에 중요한 구조물 · 계통 및 기기의 실제 상태에 관한 사항
3. 결정론적 안전성분석에 관한 사항
4. 확률론적 안전성평가에 관한 사항
5. 위해도 분석에 관한 사항
6. 기기검증에 관한 사항
7. 경년열화(經年劣化: 시간경과 또는 사용에 따라 원자력발전소의 계통 · 구조물 · 기기의 손상을 가져올 물리적 또는 화학적 과정을 말한다)에 관한 사항
8. 안전성능에 관한 사항

9. 원자력발전소 운전경험 및 연구결과의 활용에 관한 사항
10. 운영 및 보수(補修) 등의 절차서에 관한 사항
11. 조직, 관리체계 및 안전문화에 관한 사항
12. 인적 요소(원자로의 운전에 필요한 구성인원 등의 상태에 관한 사항을 포함한다)에 관한 사항
13. 「원자력시설 등의 방호 및 방사능 방재 대책법」 제20조에 따른 방사선비상계획에 관한 사항
14. 방사선환경영향에 관한 사항

② 제36조제4항에 따라 계속운전을 하려는 경우에는 제1항 각 호의 사항에 다음 각 호의 사항을 추가로 포함하여야 한다.

1. 계속운전기간을 고려한 주요 기기에 대한 수명평가
2. 운영허가 이후 변화된 방사선환경영향평가

③ 제1항 각 호 및 제2항 각 호의 사항에 관한 세부적인 내용은 총리령으로 정한다.

〈개정 2013. 3. 23.〉

제38조(주기적 안전성평가의 방법 및 기준)

① 법 제23조제3항에 따른 주기적 안전성평가의 방법 및 기준은 다음과 같다.

1. 제37조제1항 각 호 및 같은 조 제2항 각 호의 사항에 대한 개별적인 평가 및 상호 연관성이 있는 사항에 대한 복합적인 평가를 수행할 것
2. 제37조제1항 각 호 및 같은 조 제2항 각 호의 사항에 대한 평가에 품질보증 및 방사선 방호에 관한 사항을 포함(해당 사항이 있는 경우에 한정한다)하여 수행할 것
3. 원자로시설의 종합적인 안전성은 제37조제1항 각 호 및 같은 조 제2항 각 호의 사항에 대한 평가와 그 평가에 따른 안전조치 결과를 고려하여 평가할 것
4. 안전성평가 당시 해당 원자로시설에 유효한 기술기준을 활용하여 평가할 것

② 제36조제4항에 따라 계속운전을 하려는 원자로시설에 대해서는 제1항제4호에도 불구하고 다음 각 호의 규정을 적용한다.

1. 계통 · 구조물 · 기기에 대하여 최신 운전경험 및 연구결과 등을 반영한 기술기준을 활용하여 평가할 것
2. 방사선환경영향에 대하여 최신 기술기준을 활용하여 평가할 것

제39조(주기적 안전성평가보고서의 심사처리기간)

① 위원회는 제36조제2항에 따른 평가보고서를 제출받은 경우에는 12개월 이내에, 같은 조 제4항에 따른 평가보고서를 제출받은 경우에는 18개월 이내에 심사하고 그 결과를 신청인에게 통보하여야 한다.

② 다음 각 호의 어느 하나에 해당하는 기간은 제1항에 따른 심사처리기간에 산입하지 아니한다.

1. 평가보고서의 보완 또는 수정에 필요한 기간
2. 그 밖에 안전성 확인을 위한 실험 등 부득이한 사유로 인하여 추가로 필요한 기간

제40조(사업개시기간)

법 제24조제1항제2호에서 "대통령령으로 정하는 기간"이란 그 허가를 받은 날부터 5년을 말한다.

제41조(발전용원자로 운영에 관한 안전조치)

법 제26조제1항제5호에서 "대통령령으로 정하는 조치"란 다음 각 호의 조치를 말한다.

1. 방사선관리구역 등에 대한 조치
2. 원자로시설의 순시 및 점검에 관한 조치
3. 원자로용기의 감시에 관한 조치
4. 사업소 안에서의 안전운반에 관한 조치
5. 사업소 안에서의 방사성물질등의 저장에 관한 조치
6. 사업소 안에서의 방사성폐기물 처리 · 배출 및 저장에 관한 조치

[전문개정 2018. 6. 19.]

제41조의2(원자로시설의 해체 승인 신청 등)

① 법 제28조제1항 전단에 따라 원자로시설의 해체 승인을 받으려는 발전용원자로운영자는 법 제21조제2항에 따라 영구정지에 관한 변경허가를 받고 원자로시설을 영구정지한 날부터 5년 이내에 총리령으로 정하는 바에 따라 해체승인신청서를 작성하여 위원회에 제출하여야 한다.

② 제1항에 따라 해체 승인 신청을 받은 위원회는 다음 각 호의 기준에 따라 승인 여부를 결정하여야 한다. 〈개정 2018. 6. 19.〉

1. 원자력안전위원회규칙(이하 "위원회규칙"이라 한다)으로 정하는 원자로시설의 해체에 필

요한 기술능력을 확보하고 있을 것
2. 원자로시설의 해체계획 등이 위원회규칙으로 정하는 기준에 적합할 것
3. 원자로시설의 해체 과정에서 발생하는 피폭방사선량이 제2조제4호 및 별표 1에 따른 선량한도를 초과하지 아니할 것으로 예상될 것

③ 법 제28조제1항 후단에 따라 원자로시설의 해체 승인을 받은 자가 승인 사항을 변경하려는 경우에는 총리령으로 정하는 바에 따라 변경승인신청서를 작성하여 위원회에 제출하여야 한다.

[본조신설 2015. 7. 20.]

제42조(준용규정)

발전용원자로운영자에 관하여는 제18조, 제25조, 제26조, 제31조 및 제31조의2를 준용한다. 이 경우 "발전용원자로설치자"는 "발전용원자로운영자"로 보고, 제18조 중 "제17조"는 "제33조"로, "건설허가신청서"는 "운영허가신청서"로 보며, 제31조 중 "법 제10조제2항"은 "법 제20조제2항"으로, "법 제16조제1항"은 "법 제22조제1항"으로 보며, 제31조의2 중 "법 제11조"는 "법 제21조"로, "법 제16조제1항"은 "법 제22조제1항"으로 본다. 〈개정 2014. 11. 19.〉

제3절 연구용 원자로 등의 건설 · 운영

제43조(건설허가 및 운영허가 신청)

① 법 제30조제1항 본문의 전단에 따라 연구용 또는 교육용 원자로 및 관계시설(이하 "연구용등 원자로시설"이라 한다)의 건설허가를 받으려는 자 및 법 제30조의2제1항 본문의 전단에 따라 연구용등 원자로시설의 운영허가를 받으려는 자는 연구용등 원자로시설마다 총리령으로 정하는 바에 따라 허가신청서를 작성하여 위원회에 제출하여야 한다. 다만, 동일 부지 안에 동일한 종류 · 열출력 및 구조의 원자로를 둘 이상 건설 · 운영하려는 경우에는 하나의 허가신청서로 함께 신청할 수 있다. 〈개정 2013. 3. 23., 2014. 11. 19.〉

② 제1항에 따른 허가신청에 관한 안전위원회의 심의에 관하여는 제20조를 준용한다.

[제목개정 2014. 11. 19.]

제44조(변경허가 신청)

법 제30조에 따른 연구용등 원자로시설의 건설허가를 받은 자(이하 "연구용원자로등설치자"라 한다) 및 법 제30조의2에 따른 연구용등 원자로시설의 운영허가를 받은 자(이하 "연구용원자로등

운영자"라 한다)가 허가받은 사항을 변경하려는 경우에는 총리령으로 정하는 바에 따라 그 변경허가신청서를 위원회에 제출하여야 한다. 〈개정 2013. 3. 23., 2014. 11. 19.〉

제45조(외국원자력선의 입항 · 출항 신고)

① 법 제31조에 따라 외국원자력선을 대한민국의 항구에 입항시키거나 항구에서 출항시키려는 자는 입항 또는 출항시키려는 날부터 20일 전까지 총리령으로 정하는 바에 따라 그 입항 또는 출항 신고서를 위원회에 제출하여야 한다. 〈개정 2013. 3. 23.〉

② 제1항에 따라 신고서를 제출한 자가 그 신고서의 기재사항을 변경하려는 경우에는 그 변경하려는 사항을 위원회에 신고하여야 한다.

제46조(사업개시기간)

법 제32조제2호에서 "대통령령으로 정하는 기간"이란 그 허가를 받은 날부터 3년을 말한다.

제47조(준용규정)

연구용등 원자로시설에 관하여는 제19조, 제25조부터 제31조까지, 제31조의2, 제33조, 제35조(같은 조 제2항제1호의 기술기준 중 법 제21조제1항제6호의 기술기준은 제외한다)부터 제39조까지, 제41조 및 제41조의2를 준용한다. 이 경우에 "발전용원자로설치자"는 "연구용원자로등설치자"로 보고, "발전용원자로운영자"는 "연구용원자로등운영자"로 본다. 〈개정 2015. 7. 20., 2016. 6. 21.〉

[전문개정 2014. 11. 19.]

제4장 핵연료주기사업 및 핵물질사용 등

제1절 핵연료주기사업

제1관 정련사업

제48조(허가신청)

법 제35조제1항 본문의 전단에 따라 정련사업의 허가를 받으려는 자는 사업소(공장을 포함한다. 이하 같다)마다 총리령으로 정하는 바에 따라 허가신청서를 작성하여 위원회에 제출하여야 한다. 〈개정 2013. 3. 23.〉

제49조(변경허가 신청)

법 제35조제1항 본문의 전단에 따라 정련사업의 허가를 받은 자(이하 "정련사업자"라 한다)가 같은 항 본문의 후단에 따라 그 허가사항의 변경허가를 받으려는 경우에는 총리령으로 정하는 바에 따라 변경허가신청서를 위원회에 제출하여야 한다. 〈개정 2013. 3. 23.〉

제50조(정기검사)

정련사업자는 법 제37조제1항에 따라 총리령으로 정하는 바에 따라 정기적으로 위원회의 검사를 받아야 한다. 〈개정 2013. 3. 23.〉

제51조(사업개시기간)

법 제38조제1항제2호에서 "대통령령으로 정하는 기간"이란 그 허가를 받은 날부터 2년을 말한다.

제52조(준용규정)

정련사업자에 관하여는 제25조와 제26조를 준용한다. 이 경우 "발전용원자로설치자"는 "정련사업자"로 본다.

제2관 변환 및 가공사업

제53조(허가신청)

① 법 제35조제1항 본문의 전단에 따라 가공사업(변환사업을 포함한다. 이하 같다)의 허가를 받으려는 자는 사업소마다 총리령으로 정하는 바에 따라 허가신청서를 작성하여 위원회에 제출하여야 한다. 〈개정 2013. 3. 23.〉

② 위원회는 법 제35조제1항 본문의 전단에 따른 허가를 하려는 경우에는 제153조에 따른 수탁기관의 심사보고서를 첨부하여 심의를 하여야 한다.

제54조(변경허가 신청)

법 제35조제1항 본문의 전단에 따라 가공사업의 허가를 받은 자(이하 "가공사업자"라 한다)가 같은 항 본문의 후단에 따라 그 허가사항의 변경허가를 받으려는 경우에는 총리령으로 정하는 바에 따라 변경허가신청서를 작성하여 위원회에 제출하여야 한다. 〈개정 2013. 3. 23.〉

제55조(시설검사)

① 법 제37조제1항에 따라 가공사업자는 가공시설(변환시설을 포함한다. 이하 같다)의 공사 및 성능에 관하여 위원회의 검사를 받아야 한다.

② 가공사업자는 제1항에 따른 검사를 받으려면 총리령으로 정하는 바에 따라 검사신청서를 위원회에 제출하여야 한다. 〈개정 2013. 3. 23.〉

③ 가공사업자는 제1항의 신청서에 적은 사항을 변경하려는 경우에는 미리 위원회에 신고하여야 한다.

④ 제1항에 따른 검사 결과 가공시설이 다음 각 호에 모두 해당하는 경우에는 합격으로 한다. 〈개정 2015. 7. 20.〉

1. 그 공사가 법 제35조제3항에 따라 제출한 서류에 따라 이루어진 경우
2. 그 시설이 법 제36조제1항제2호에 따른 기술기준에 맞는 것으로 인정되는 경우

제56조(시설검사 실시)

제55조제1항에 따른 시설검사를 실시하는 경우 검사대상별 검사 시기는 다음 각 호와 같다. 〈개정 2021. 1. 5.〉

1. 토목 · 건축구조물에 대해서는 해당 시설의 공사를 착공하였을 때 및 공사 공정별로 구조 및 강도를 확인할 수 있거나 누설시험이 가능할 때
2. 핵연료물질이 임계에 도달하는 것을 방지하기 위하여 그 관리가 필요한 설비에 대해서는 설비부분 상호 간의 간격 측정이 가능할 때
3. 기밀(기체가 통하지 않게 밀봉하는 것을 말한다. 이하 같다) 또는 수밀(액체가 통하지 않게 밀봉하는 것을 말한다. 이하 같다)이 요구되는 설비에 대해서는 비파괴검사시험이나 기밀시험 또는 수밀시험을 할 수 있을 때
4. 방사성폐기물의 폐기설비에 대해서는 주요 부분의 간격 측정이 가능할 때

제57조(품질보증검사)

위원회는 법 제37조제1항에 따라 가공사업자가 법 제35조제3항에 따라 제출한 품질보증계획서에 따라 그 품질보증에 관한 업무를 수행하는지를 검사할 수 있다.

제58조(정기검사)

① 법 제37조제1항에 따라 가공사업자는 가공시설의 성능에 관하여 총리령으로 정하는 바에 따라 정기적으로 위원회의 검사를 받아야 한다. 다만, 다른 법령에 따라 전문검사기관으로 지

정을 받은 기관이 실시한 검사의 내용과 중복되는 경우에는 검사를 생략할 수 있다.
〈개정 2013. 3. 23.〉

② 제1항에 따른 검사 결과 가공시설의 성능이 제55조에 따른 시설검사에 합격한 상태로 유지되고 있는 경우에는 합격으로 한다.

제59조(사업개시기간)

법 제38조제1항제2호에서 "대통령령으로 정하는 기간"이란 그 허가를 받은 날부터 2년을 말한다.

제60조(준용규정)

가공사업자에 관하여는 제25조와 제26조를 준용한다. 이 경우 "발전용원자로설치자"는 "가공사업자"로 본다.

제3관 사용후핵연료처리사업

제61조(지정신청)

① 사용후핵연료처리사업을 하려는 자는 법 제35조제2항 본문의 전단에 따라 지정을 받으려면 사업소마다 총리령으로 정하는 바에 따라 지정신청서를 작성하여 주무부장관에게 제출하여야 한다. 〈개정 2013. 3. 23.〉

② 제1항에 따른 지정신청에 관한 위원회의 심의에 관하여는 제53조제2항을 준용한다.

제62조(변경승인 신청)

법 제35조제2항 본문의 전단에 따라 지정을 받은 자(이하 "사용후핵연료처리사업자"라 한다)가 같은 항 본문의 후단에 따라 그 지정사항의 변경승인을 받으려면 총리령으로 정하는 바에 따라 변경승인신청서를 주무부장관에게 제출하여야 한다. 〈개정 2013. 3. 23.〉

제63조(사용 전 검사)

① 사용후핵연료처리사업자는 법 제37조제1항에 따라 사용후핵연료처리시설의 공사 및 성능에 관하여 위원회의 검사를 받아야 한다.

② 사용후핵연료처리사업자는 제1항에 따라 검사를 받으려면 총리령으로 정하는 바에 따라 검사신청서를 위원회에 제출하여야 한다. 〈개정 2013. 3. 23.〉

③ 사용후핵연료처리사업자는 제1항의 신청서에 적은 사항을 변경하려는 경우에는 미리 위원

회에 신고하여야 한다.

④ 제1항에 따른 검사 결과 사용후핵연료처리시설이 다음 각 호에 모두 해당하는 경우에는 합격으로 한다. 〈개정 2015. 7. 20.〉

1. 그 공사가 법 제35조제3항에 따라 제출한 서류에 따라 이루어진 경우
2. 그 성능이 법 제36조제1항제2호에 따른 기술기준에 맞는 경우

제64조(사용 전 검사의 실시)

제63조에 따라 사용 전 검사를 받아야 할 공정의 시기는 다음 각 호와 같다.

1. 방사선차폐체(放射線遮蔽體), 그 밖에 기밀 또는 수밀이나 내부식(耐腐蝕)이 요구되는 재료 또는 부품에 대해서는 기밀시험 또는 수밀시험, 강도시험, 비파괴검사시험 또는 화학분석시험을 할 때
2. 사용후핵연료의 반입시설 또는 저장시설, 사용후핵연료처리설비 본체, 제품저장시설 또는 방사성폐기물의 폐기시설의 조립에 대해서는 각 시설의 주요 부분의 치수 측정이 가능할 때나 강도시험, 비파괴검사시험, 기밀시험 또는 수밀시험을 할 때
3. 건물, 계측제어계통 시설, 방사선관리시설, 그 밖의 사용후핵연료처리시설의 조립에 대해서는 각 시설이 완성되었을 때
4. 사용후핵연료처리시설의 성능에 대해서는 사용후핵연료처리시설의 최대사용후핵연료처리능력으로서 시험운전을 할 때
5. 그 밖에 위원회가 필요하다고 인정할 때

제65조(정기검사)

① 법 제37조제1항에 따라 사용후핵연료처리사업자는 사용후핵연료처리시설의 성능에 관하여 총리령으로 정하는 바에 따라 정기적으로 검사를 받아야 한다. 〈개정 2013. 3. 23.〉

② 제1항에 따라 검사를 할 경우 그 사용후핵연료처리시설의 성능이 다음의 각 호의 기준에 맞는 경우에는 합격으로 한다. 〈개정 2015. 7. 20.〉

1. 법 제36조제1항제1호부터 제3호까지의 규정에 따른 기술기준에 맞게 운영되고 있을 경우
2. 사용후핵연료처리시설에서 화재 및 폭발을 방지하는 능력과 그 밖의 성능이 제63조에 따른 검사에 합격한 상태로 유지되고 있는 경우

제66조(사업개시기간)

법 제38조제1항제2호에서 "대통령령으로 정하는 기간"이란 그 지정을 받은 날부터 10년을 말한다.

제67조(준용규정)

사용후핵연료처리사업자에 관하여는 제25조, 제26조 및 제57조를 준용한다. 이 경우 "발전용원자로설치자" 또는 "가공사업자"는 "사용후핵연료처리사업자"로 본다.

제4관 운영에 관한 안전조치

제68조(핵연료주기시설 운영에 관한 안전조치)

① 법 제35조제1항 또는 제2항에 따른 허가 또는 지정을 받은 자(이하 "핵연료주기사업자"라 한다)는 법 제40조제1항에 따라 위원회규칙에 따른 다음 각 호의 안전조치를 하여야 한다.

1. 방사선관리구역 등에 대한 조치
2. 피폭방사선량 등에 관한 조치
3. 핵연료주기시설의 순시 및 점검에 관한 조치
4. 핵연료주기시설의 안전운전에 관한 조치
5. 핵연료주기시설의 자체점검에 관한 조치
6. 사업소 안에서의 안전운반에 관한 조치
7. 사업소 안에서의 방사성물질등의 저장에 관한 조치
8. 사업소 안에서의 방사성폐기물의 처리 · 배출 및 저장에 관한 조치

② 제1항에도 불구하고 위원회가 다음 각 호의 어느 하나에 해당하는 것으로 인정하는 경우에는 제1항을 적용하지 아니한다.

1. 핵연료주기시설의 사용목적이 연구용 또는 실험용인 경우
2. 시설의 특징 및 기술적인 차이로 인하여 제1항을 그대로 적용하기 어려운 경우
3. 제1항에 따른 안전조치를 하지 아니하여도 기술적인 면에서 보아 안전상 지장이 없는 경우

제5관 핵연료주기시설의 해체 〈신설 2015. 7. 20.〉

제68조의2(핵연료주기시설의 해체 승인 신청 등)

① 법 제42조제1항 전단에 따라 핵연료주기시설의 해체 승인을 받으려는 핵연료주기사업자는 법 제36조제2항에 따라 영구정지에 관한 변경허가를 받고 핵연료주기시설을 영구정지한 날부터 2년 이내에 총리령으로 정하는 바에 따라 해체승인신청서를 작성하여 위원회에 제출하여야 한다.

② 제1항에 따라 해체 승인 신청을 받은 위원회는 다음 각 호의 기준에 따라 승인 여부를 결정하여야 한다.

1. 위원회규칙으로 정하는 핵연료주기시설의 해체에 필요한 기술능력을 확보하고 있을 것
2. 핵연료주기시설의 해체계획 등이 위원회규칙으로 정하는 기준에 적합할 것
3. 핵연료주기시설의 해체 과정에서 발생하는 피폭방사선량이 제2조제4호 및 별표 1에 따른 선량한도를 초과하지 아니할 것으로 예상될 것

③ 법 제42조제1항 후단에 따라 핵연료주기시설의 해체 승인을 받은 핵연료주기사업자가 승인사항을 변경하려는 경우에는 총리령으로 정하는 바에 따라 변경승인신청서를 작성하여 위원회에 제출하여야 한다.

[본조신설 2015. 7. 20.]

제2절 핵물질의 사용 등

1관 핵연료물질의 사용

제69조(사용허가 신청)

법 제45조제1항 각 호 외의 부분 본문의 전단에 따라 핵연료물질의 사용 또는 소지 허가를 받으려는 자는 사업소마다 총리령으로 정하는 바에 따라 허가신청서를 위원회에 제출하여야 한다.

〈개정 2013. 3. 23.〉

제70조(변경허가의 신청)

법 제45조제1항 각 호 외의 부분 본문의 전단에 따른 허가를 받은 자(이하 "핵연료물질사용자"라 한다)는 같은 항 각 호 외의 부분 본문의 후단에 따라 그 허가사항의 변경허가를 받으려면 총리령으로 정하는 바에 따라 변경허가신청서를 위원회에 제출하여야 한다. 〈개정 2013. 3. 23.〉

제71조(사용허가가 필요하지 아니한 핵연료물질)

법 제45조제1항제3호에서 "대통령령으로 정하는 종류 및 수량의 핵연료물질"이란 다음 각 호의 어느 하나에 해당하는 핵연료물질을 말한다.

1. 우라늄 238에 대한 우라늄 235의 비율이 천연혼합률과 같은 우라늄 및 그 화합물의 경우에는 우라늄의 양이 300그램 이하인 것
2. 우라늄 238에 대한 우라늄 235의 비율이 천연혼합률에 미달하는 우라늄 및 그 화합물의 경우에는 우라늄의 양이 300그램 이하인 것
3. 제1호 또는 제2호의 물질이 하나 이상 함유된 물질로서 원자로의 연료로 사용되는 물질의 경우에는 우라늄의 양이 300그램 이하인 것

4. 토륨 및 그 화합물의 경우에는 토륨의 양이 900그램 이하인 것
5. 제4호의 물질이 하나 이상 함유된 물질로서 원자로의 연료로 사용되는 물질의 경우에는 토륨의 양이 900그램 이하인 것
6. 그 밖에 방사선장해 발생의 우려가 없다고 위원회가 정하여 고시하는 것

제72조(허가기준)

법 제46조제4호에서 "대통령령으로 정하는 장비 및 인력"이란 다음 각 호의 장비 및 인력을 말한다.

1. 장비
   가. 밀봉된 핵연료물질을 사용 또는 소지하는 경우에는 방사선측정기 1대 이상
   나. 밀봉되지 아니한 핵연료물질을 사용 또는 소지하는 경우에는 사용시설마다 방사선측정기 및 방사능측정기 각 1대 이상
2. 인력
   가. 제73조제1항 각 호에 따른 핵연료물질을 사용 또는 소지하는 경우에는 법 제84조제2항제3호나 제7호에 따른 핵연료물질취급감독자면허나 방사선취급감독자면허 소지자 또는 「국가기술자격법」에 따른 방사선관리기술사(이하 "방사선관리기술사"라 한다) 중 1명 이상
   나. 가목 외의 경우에는 법 제84조제2항제4호 또는 제5호에 따른 핵연료물질취급자면허 또는 방사성동위원소취급자일반면허 소지자 1명 이상

제73조(시설검사)

① 핵연료물질사용자는 법 제47조제1항에 따라 다음 각 호의 핵연료물질 사용시설 등에 대하여 위원회의 검사를 받아야 한다. 그 사용시설 등을 변경하는 경우에 해당 사용시설 등에 대해서도 또한 같다.
1. 플루토늄, 그 화합물 및 이들 물질이 하나 이상 함유된 것으로서 플루토늄의 양이 1그램 이상인 것(밀봉된 것은 제외한다)
2. 100큐리 이상인 사용후핵연료
3. 6불화우라늄으로서 우라늄의 양이 1톤 이상인 것
4. 우라늄, 그 화합물 및 이들 물질이 하나 이상 함유된 것으로서 우라늄의 양이 3톤 이상인 것(액체 상태인 것에 한정한다)

② 제1항에 따라 사용시설 등의 공사에 관하여 검사를 받아야 하는 자는 총리령으로 정하는 바

에 따라 검사신청서를 위원회에 제출하여야 한다. 〈개정 2013. 3. 23.〉

③ 제1항에 따라 사용시설 등의 공사에 관한 검사를 받아야 하는 자는 같은 항 각 호 외의 부분 후단에 따라 해당 사용시설 등을 변경하려면 총리령으로 정하는 바에 따라 변경검사신청서를 위원회에 제출하여야 한다. 〈개정 2013. 3. 23.〉

④ 제1항과 제3항에 따른 검사 결과 사용시설 등의 공사가 법 제46조제2호에 따른 기술기준에 맞는 경우에는 합격으로 한다.

제74조(시설검사의 실시)

제73조제1항에 따라 시설검사를 받아야 할 공정의 시기는 다음 각 호와 같다.

1. 사용후핵연료처리의 연구용에 쓰이는 설비에 있어서 기밀 또는 수밀이 요구되는 것에 대해서는 비파괴검사시험이나 기밀시험 또는 수밀시험을 할 때
2. 차폐벽이나 그 밖의 차폐물에 대해서는 그 두께 측정이 가능할 때
3. 핵연료물질이 임계에 도달하는 것을 방지하기 위하여 치수 또는 배치를 관리할 필요가 있는 설비에 대해서는 그 부분의 치수 또는 부분 상호 간의 간격 측정이 가능할 때
4. 제1호부터 제3호까지에서 규정한 시기 외에 사용시설이 완성되었을 때

제75조(정기검사)

핵연료물질사용자는 법 제47조제1항에 따라 총리령에 따른 위원회의 검사를 정기적으로 받아야 한다. 〈개정 2013. 3. 23.〉

제76조(준용규정)

핵연료물질사용자에 관하여는 제25조와 제26조를 준용한다. 이 경우 "발전용원자로설치자"는 "핵연료물질사용자"로 본다.

제2관 핵원료물질의 사용

제77조(사용신고)

법 제52조제1항 각 호 외의 부분 전단에 따라 핵원료물질을 사용하려는 자는 사업소마다 총리령으로 정하는 바에 따라 신고서를 작성하여 위원회에 제출하여야 한다. 〈개정 2013. 3. 23.〉

제78조(변경신고)

법 제52조제1항 각 호 외의 부분 전단에 따라 신고를 한 자가 같은 항 각 호 외의 부분 후단에 따

라 그 신고사항의 변경신고를 하려는 경우에는 총리령으로 정하는 바에 따라 변경신고서를 사업소마다 위원회에 제출하여야 한다. 〈개정 2013. 3. 23.〉

제5장 방사성동위원소등 · 방사성폐기물 및 방사성물질의 관리

제79조(사용허가등의 신청)

① 법 제53조제1항 본문의 전단에 따른 방사성동위원소 또는 방사선발생장치(이하 "방사성동위원소등"이라 한다)를 생산 · 판매 · 사용(소지 · 취급을 포함한다. 이하 같다) 또는 이동사용하기 위하여 허가를 받으려는 자는 사업소별로 총리령으로 정하는 바에 따라 허가신청서를 위원회에 제출하여야 한다. 〈개정 2013. 3. 23.〉

② 제1항에 따라 방사성동위원소의 생산허가를 받으려는 자는 사업소마다 핵종별 · 수량별로 총리령으로 정하는 바에 따라 허가신청서를 위원회에 제출해야 한다. 〈개정 2013. 3. 23., 2019. 12. 3.〉

③ 제1항에 따라 방사선발생장치의 생산허가를 받으려는 자는 사업소마다 용량별로 총리령으로 정하는 바에 따라 허가신청서를 위원회에 제출해야 한다. 다만, 제8조제1호에 따른 엑스선발생장치의 생산허가를 받으려는 자는 사업소마다 생산하려는 엑스선발생장치의 용량 중 최대 용량을 기준으로 총리령으로 정하는 바에 따라 허가신청서를 위원회에 제출할 수 있다. 〈신설 2019. 12. 3.〉

제80조(변경허가 신청)

법 제53조제1항 본문의 전단에 따라 허가를 받은 자(이하 "허가사용자"라 한다)는 같은 항 본문의 후단에 따라 그 허가사항의 변경허가를 받으려면 총리령으로 정하는 바에 따라 변경허가신청서를 위원회에 제출하여야 한다. 〈개정 2013. 3. 23.〉

제81조(사용신고)

법 제53조제2항 전단에 따라 밀봉된 방사성동위원소 또는 방사선발생장치의 사용 또는 이동사용 신고를 하려는 자는 총리령으로 정하는 바에 따라 사업소마다 사용 또는 이동사용 신고서를 작성하여 위원회에 제출하여야 한다. 〈개정 2013. 3. 23.〉

제82조(변경신고)

법 제53조제2항 전단에 따라 신고를 한 자(이하 "신고사용자"라 한다)는 같은 항 후단에 따라 그 신고한 사항을 변경하려면 총리령으로 정하는 바에 따라 변경신고서를 위원회에 제출하여야 한다. 〈개정 2013. 3. 23.〉

제82조의2(방사선안전관리자의 선임 등)

① 허가사용자 및 신고사용자는 법 제53조의2제1항에 따라 사업소마다 방사선안전관리자를 선임하여야 하며, 선임한 방사선안전관리자를 변경하거나 해임한 때에는 지체 없이 새로운 방사선안전관리자를 선임하여야 한다.

② 제1항에도 불구하고 법 제53조제1항 단서에 따라 방사성동위원소등을 사업소 외에서 방사선투과검사를 목적으로 이동사용하기 위한 작업장(이하 "작업장"이라 한다) 개설 또는 변경신고를 한 자는 작업장마다 각각 제1항에 따른 방사선안전관리자를 선임하여야 한다. 다만, 작업장이 다음 각 호의 어느 하나에 해당하는 경우에는 작업장마다 방사선안전관리자를 선임하지 아니하고 해당 각 호의 구분에 따라 방사선안전관리자를 선임할 수 있다.

1. 작업장이 같은 시 · 군 · 구(자치구를 말한다. 이하 같다)에 위치하거나 그 시 · 군 · 구 경계에서 15킬로미터 이내에 위치하는 경우: 2개 이하(전용 방사선 사용시설에서만 방사선원을 사용하는 경우에는 3개 이하)의 작업장마다 1명의 방사선안전관리자
2. 작업장이 방사선원을 1개만 사용하고, 방사선 작업기간이 1개월 미만이며, 방사선안전관리자가 방사선 작업에 항상 참여하는 경우: 5개 이하의 작업장마다 1명의 방사선안전관리자

③ 법 제53조의2제1항 및 제3항에 따라 방사선안전관리자를 선임하거나, 선임한 방사선안전관리자를 변경 또는 해임 후 선임하는 때에는 다음 각 호의 기한까지 총리령으로 정하는 바에 따라 위원회에 신고하여야 한다.

1. 법 제53조의2제1항 전단에 따라 방사선안전관리자를 선임하는 경우: 방사성동위원소등의 사용개시 전
2. 법 제53조의2제1항 후단에 따라 방사선안전관리자를 변경하려는 경우: 변경 전
3. 법 제53조의2제3항에 따라 방사선안전관리자를 해임 후 선임하는 경우: 해임한 날부터 30일 이내

[본조신설 2014. 11. 19.]

제82조의3(방사선안전관리자의 자격요건)

① 법 제53조의2제7항에 따른 방사선안전관리자의 자격요건은 다음 각 호와 같다.

〈개정 2019. 2. 8.〉

1. 허가사용자가 선임하는 경우에는 해당 사업소 종업원 중에서 법 제84조제2항제5호부터 제7호까지 중 어느 하나에 해당하는 면허를 소지한 사람 또는 방사선관리기술사 자격을 소지한 사람
2. 신고사용자가 선임하는 경우에는 해당 사업소 종업원 중에서 방사성동위원소등의 취급업무에 종사한 경력이 있는 사람

② 제1항에도 불구하고 법 제54조제1항제5호에 따라 방사선안전관리를 업무대행자에게 대행시키는 자는 별표 4 제3호에 따른 인력을 방사선안전관리자로 선임할 수 있다.

③ 제1항에 따른 방사선안전관리자의 자격요건에 관한 세부적인 사항은 총리령으로 정한다.

[본조신설 2014. 11. 19.]

제82조의4(방사선안전관리자의 대리자 지정 및 자격요건 등)

① 법 제53조의2제1항에 따라 방사선안전관리자를 선임한 허가사용자 또는 신고사용자는 같은 조 제6항 각 호의 어느 하나에 해당하는 사유 발생 즉시 방사선안전관리자의 대리자를 지정하고 총리령으로 정하는 바에 따라 지정서를 작성해 둬야 한다.

② 제1항에 따른 대리자의 직무대행기간은 다음 각 호의 구분에 따른다.

1. 법 제53조의2제6항제1호의 경우: 연간 30일 이내. 다만, 출산휴가로 인한 경우 연간 90일 이내로 한다.
2. 법 제53조의2제6항제2호의 경우: 해임 또는 퇴직한 날부터 30일 이내

③ 법 제53조의2제7항에 따른 대리자의 자격요건은 다음 각 호의 구분에 따른다.

1. 허가사용자가 선임하는 경우: 다음 각 목의 어느 하나에 해당하는 해당 사업소 종업원
   가. 법 제84조제2항제5호부터 제7호까지의 규정 중 어느 하나에 해당하는 면허를 소지한 사람
   나. 방사선관리기술사 자격을 소지한 사람
   다. 방사성동위원소등의 취급업무에 종사한 경력이 있는 사람
2. 신고사용자가 선임하는 경우: 해당 사업소 종업원 중에서 방사성동위원소등의 취급업무에 종사한 경력이 있는 사람

④ 제3항에 따른 대리자의 자격요건에 관한 세부사항은 총리령으로 정한다.

[본조신설 2019. 2. 8.]

제83조(허가기준)

① 법 제55조제1항제2호에서 "대통령령으로 정하는 선량한도"란 제2조제4호에 따른 선량한도를 말한다.

② 법 제55조제1항제4호에서 "대통령령으로 정하는 장비 및 인력"이란 별표 2에 따른 장비 및 별표 3에 따른 인력을 말한다. 〈개정 2013. 8. 16.〉

③ 방사성동위원소등을 사용 또는 판매하려는 자가 법 제54조제2항에 따른 업무대행자(이하 "업무대행자"라 한다)에게 법 제54조제1항제5호에 따른 방사선안전관리업무를 대행시키는 경우에는 총리령으로 정하는 바에 따라 업무대행자의 인력으로 제2항에 따른 인력을 갈음할 수 있다. 〈개정 2013. 3. 23., 2014. 11. 19.〉

제84조(등록기준)

법 제55조제2항제2호에서 "대통령령으로 정하는 장비 및 인력"이란 다음 각 호의 장비 및 인력을 말한다.

1. 장비: 등록업무를 전담하기 위한 다음 각 목의 장비
   가. 방사선측정기 5대 이상
   나. 방사능측정기 2대 이상
   다. 전담인력마다 방사선경보기 또는 직독식 개인선량계 1대 이상
   라. 방사성물질등을 운반할 수 있는 전용차량 1대 이상(법 제54조제1항제2호의 업무를 대행하려는 경우에 한정한다)
2. 인력: 등록업무를 전담하기 위한 별표 4에 따른 인력

제85조(시설검사)

① 법 제56조제1항 본문에 따라 허가사용자는 방사성동위원소등의 생산시설 · 사용시설 · 분배시설 · 저장시설 · 보관시설 · 처리시설 및 배출시설(이하 "사용시설등"이라 한다)을 설치 또는 변경한 경우에는 해당 시설에 대하여 위원회의 검사를 받아야 한다.

② 허가사용자가 다음 각 호의 어느 하나에 해당하는 사용시설등에 대하여 총리령으로 정하는 바에 따라 자체점검을 하고, 그 자체점검결과에 대하여 위원회의 서면심사를 받아 합격한 경우에는 해당 자체점검으로 제1항에 따른 시설검사를 갈음한다. 다만, 해당 사용시설등을 최초로 검사하는 경우에는 그러하지 아니하다. 〈개정 2013. 3. 23.〉

1. 법 제60조제1항 본문에 따라 승인을 받은 방사선기기(별도의 방사선차폐체를 설치하지 아니하고 취급할 수 있는 것만 해당한다)를 설치한 사용시설등

2. 법 제60조제1항 본문에 따라 승인을 받은 방사선발생장치로서 총리령으로 정하는 장치를 설치한 사용시설등
3. 370기가베크렐 미만의 밀봉된 방사성동위원소의 사용시설등

③ 업무대행자가 제2항 각 호의 어느 하나에 해당하는 사용시설등에 대하여 총리령으로 정하는 바에 따라 감리(監理)를 실시하고, 그 감리 결과에 대하여 위원회의 서면심사를 받아 합격한 경우에는 그 감리로 제1항에 따른 시설검사를 갈음한다. 다만, 해당 사용시설등을 최초로 검사하는 경우에는 그러하지 아니하다. 〈개정 2013. 3. 23.〉

④ 제1항에 따른 검사, 제2항에 따른 자체점검 또는 제3항에 따른 감리 결과에 대한 서면심사 결과 그 사용시설등의 설치 또는 변경이 법 제53조제1항에 따른 허가 내용(법 제99조에 따른 조건을 포함한다)과 일치하는 경우에는 합격으로 한다.

⑤ 위원회는 제2항 또는 제3항에 따라 제출된 자체점검 결과 또는 감리 결과에 대한 서면심사 결과 불합격한 사용시설등에 대해서는 제1항에 따른 검사를 하여야 한다.

제86조(시설검사의 면제)

법 제56조제1항 단서에 따라 시설검사가 면제되는 경우는 다음 각 호와 같다.

〈개정 2013. 8. 16., 2018. 6. 19., 2021. 1. 5.〉

1. 밀봉된 방사성동위원소 외의 방사성동위원소(이하 "밀봉되지 아니한 방사성동위원소"라 한다)의 저장시설을 변경하는 경우
2. 방사성폐기물[폐기선원(사용이 종료된 방사성동위원소를 말한다)은 제외한다]의 저장시설을 변경하는 경우
3. 일시적인 사용장소에 사용시설등을 설치하는 경우
4. 법 제53조제2항에 따라 신고대상인 방사성동위원소등을 사용하기 위하여 사용시설등을 추가로 설치하거나 변경하는 경우
5. 법 제61조제1항 각 호 외의 부분 본문에 따른 제작검사에 합격한 방사선기기를 기존 시설의 변경 없이 설치하는 경우
6. 방사광가속기에 방사광빔라인을 추가로 설치하거나 구조를 변경하는 경우로서 위원회가 시설검사가 필요 없다고 인정하는 경우
7. 방사선발생장치의 보관시설을 설치하거나 변경하는 경우

제87조(시설검사 신청)

제85조제1항에 따라 사용시설등에 관하여 검사를 받아야 하는 자는 검사신청서에 총리령으로

정하는 서류를 첨부하여 위원회에 제출하여야 한다. 〈개정 2013. 3. 23.〉

제88조(정기검사)

① 허가사용자는 법 제56조제1항에 따라 사용시설등의 시설 및 그 운영에 관하여 총리령으로 정하는 바에 따라 정기적으로 위원회의 검사를 받아야 한다. 〈개정 2013. 3. 23.〉

② 업무대행자는 법 제56조제1항 본문에 따라 대행업무의 운영 및 내용에 관하여 총리령으로 정하는 바에 따라 정기적으로 위원회의 검사를 받아야 한다. 〈개정 2013. 3. 23.〉

③ 다음 각 호의 요건을 모두 갖춘 허가사용자가 사용시설등의 시설 및 그 운영에 관하여 총리령으로 정하는 바에 따라 자체점검을 하고, 그 자체점검 결과를 위원회에 제출하여 서면심사에 의한 검사(이하 이 조에서 "서면검사"라 한다)를 받아 합격한 경우에는 그 서면검사로 제1항에 따른 정기검사를 갈음한다. 다만, 처음으로 정기검사를 받아야 하는 경우와 서면검사를 받은 직후에 정기검사를 받아야 하는 경우는 예외로 한다. 〈개정 2013. 3. 23., 2021. 2. 2.〉

1. 총리령으로 정하는 정기검사주기가 3년 또는 5년인 사용시설등을 설치 · 운영하는 자일 것
2. 직전 정기검사에서 시정 또는 보완 명령을 받지 아니하였을 것
3. 정기검사 해당 연도의 1월 1일부터 기산하여 최근 3년간 법 제98조제1항에 따른 보고(해당 사용시설등의 시설 및 그 운영에 관한 보고에 한정한다)가 누락되지 아니하였을 것
4. 정기검사 해당 연도의 1월 1일부터 기산하여 최근 3년간 판독특이자가 발생하지 아니하였을 것
5. 정기검사 해당 연도의 1월 1일부터 기산하여 최근 5년간 법 제97조에 따른 방사선발생장치 또는 방사성물질등에 관한 도난 · 분실 · 화재, 그 밖의 사고가 발생하지 아니하였을 것

④ 제1항과 제2항에 따른 검사 결과 또는 서면검사 결과 법 제55조 및 제59조제1항에 따른 기준에 맞게 유지된 경우에는 합격으로 한다. 〈개정 2021. 2. 2.〉

⑤ 위원회는 서면검사 결과 불합격한 사용시설등의 시설 및 그 운영에 대해서는 제1항에 따른 검사를 해야 한다. 〈개정 2021. 2. 2.〉

제89조(정기검사의 면제)

① 법 제56조제1항 단서에 따라 제88조 및 법 제98조제2항에 따른 검사 결과나 허가사용자 및 업무대행자의 자체 안전관리 수준이 우수하다고 위원회가 인정하는 허가사용자 및 업무대행자에 대해서는 정기검사를 면제한다.

② 제1항에 따른 검사면제의 기준 등 검사면제에 필요한 사항은 위원회가 정하여 고시한다.

제90조(정기검사 신청)

제88조제1항 및 제2항에 따라 검사를 받아야 하는 자는 검사신청서를 위원회에 제출하여야 한다. 다만, 위원회가 해당 연도 정기검사 대상기관에 대하여 그 검사계획을 수립하여 허가사용자 및 업무대행자에게 통보한 경우에는 그러하지 아니하다.

제91조(생산검사)

① 방사성동위원소의 생산허가를 받은 자는 법 제56조제1항에 따라 다음 각 호의 방사성동위원소 생산에 대하여 핵종별 및 수량별로 위원회가 정하는 바에 따라 검사를 받아야 한다.

1. 밀봉된 방사성동위원소
2. 밀봉되지 아니한 방사성동위원소
3. 특수형방사성물질

② 제1항에 따른 검사 결과 방사성동위원소의 성능 및 품질보증계획서의 내용이 법 제55조제1항제3호에 따른 허가기준에 맞는 경우에는 합격으로 한다.

제92조(사업개시기간)

법 제57조제1항제2호에서 "대통령령으로 정하는 기간"이란 그 허가를 받은 날부터 1년을 말한다.

제92조의2(발주자 등의 작업의 재개)

① 법 제59조의2제1항에 따른 발주자(이하 "발주자"라 한다) 및 허가사용자 또는 신고사용자가 법 제59조의2제5항에 따라 작업을 재개하기 위해서는 안전설비의 설치 등으로 작업이 중단된 사유가 해소되었음을 입증할 수 있는 서류를 위원회에 제출하여야 한다.

② 위원회는 제1항에 따른 증명서류를 검토한 후 법 제59조의2제2항에 따른 안전설비의 설치 또는 보완 명령이 적정하게 이행되었다고 판단되는 경우에는 발주자 및 허가사용자 또는 신고사용자에게 중지된 작업을 재개할 수 있음을 지체 없이 통지하여야 한다.

[본조신설 2014. 11. 19.]

제93조(방사선기기의 설계승인)

① 법 제60조제1항에 따른 방사선발생장치 또는 방사성동위원소가 내장된 기기(이하 "방사선기기"라 한다)의 형식별 설계승인의 기준은 다음 각 호와 같다.

1. 방사선기기의 파손 · 마모 등에 의하여 방사선원이 쉽게 이탈되거나 방사선장해가 발생할

우려가 없을 것

2. 방사선기기의 설계 및 구조가 위원회가 정하여 고시하는 기준에 맞을 것

② 법 제60조제2항제4호에서 "대통령령으로 정하는 경우"란 다음 각 호의 어느 하나에 해당하는 경우를 말한다. 〈개정 2020. 4. 28.〉

1. 「의료기기법」 제6조제2항제2호 및 「체외진단의료기기법」 제5조제3항제2호에 따라 품목별 제조허가 또는 제조인증을 받거나 제조신고를 한 경우
2. 「의료기기법」 제15조제2항제2호 및 「체외진단의료기기법」 제11조제2항제2호에 따라 품목별 수입허가 또는 수입인증을 받거나 수입신고를 한 경우

[전문개정 2018. 6. 19.]

제94조 삭제

제95조 삭제 〈2018. 6. 19.〉

제6장 폐기 및 운반 등

제96조(방사성폐기물관리시설등의 건설 · 운영 허가 신청)

법 제63조제1항 전단에 따라 방사성폐기물의 저장 · 처리 · 처분 시설 및 그 부속시설(이하 "방사성폐기물관리시설등"이라 한다)의 건설 · 운영 허가를 받으려는 자는 방사성폐기물관리시설등별로 총리령으로 정하는 바에 따라 허가신청서를 작성하여 위원회에 제출하여야 한다. 이 경우 방사성폐기물 처분시설의 건설 · 운영 허가를 받으려는 자는 다음 각 호의 사항을 고려하여 처분의 안전성을 평가한 후 제99조제2항 각 호의 범위에서 법 제64조제5호에 따른 방사성폐기물 처분시설의 폐쇄 후 관리기간을 설정하여 위원회에 제출하여야 한다.

〈개정 2013. 3. 23., 2015. 7. 20., 2016. 12. 22.〉

1. 처분방식
2. 처분 깊이
3. 처분시설 설계특징
4. 처분폐기물의 종류 및 수량
5. 부지 특성
6. 주변의 사회적 특성
7. 처분시설의 폐쇄 후 관리활동

[제목개정 2015. 7. 20.]

제97조(부속시설)

법 제63조제1항 본문의 전단에 따른 부속시설은 방사선안전에 관계되는 시설로서 방사성폐기물의 인수시설 및 검사시설로 한다.

제98조(변경허가 신청)

법 제63조제1항 전단에 따라 방사성폐기물관리시설등의 건설 · 운영 허가를 받은 자(이하 "방사성폐기물관리시설등건설 · 운영자"라 한다)는 같은 항 본문의 후단에 따라 그 허가받은 사항의 변경허가를 받으려면 총리령으로 정하는 바에 따라 변경허가신청서를 위원회에 제출하여야 한다.

〈개정 2013. 3. 23., 2015. 7. 20.〉

제99조(허가기준)

① 법 제64조제4호에서 "대통령령으로 정하는 장비 및 인력"이란 다음 각 호의 장비 및 인력을 말한다. 〈개정 2016. 12. 22.〉

1. 장비
   가. 방사선측정기 3대 이상
   나. 방사능측정기 3대 이상
   다. 방사성폐기물 취급 및 운반 장비 1대 이상
2. 인력
   법 제84조제2항제7호에 따른 방사선취급감독자면허 소지자 또는 방사선관리기술사 1명 이상

② 법 제64조제5호에서 "대통령령으로 정하는 기간"이란 다음 각 호에 따른 방사성폐기물 처분시설의 폐쇄 후 관리기간을 말한다. 이 경우 동일 부지 안에 2개 이상의 방사성폐기물 처분시설을 운영하려는 경우에는 그 중 가장 긴 기간이 적용되는 방사성폐기물 처분시설의 폐쇄 후 관리기간을 그 부지의 모든 방사성폐기물 처분시설에 적용한다. 〈신설 2016. 12. 22.〉

1. 동굴처분을 하는 방사성폐기물 처분시설: 200년 이하
2. 동굴처분 외의 천층처분을 하는 방사성폐기물 처분시설: 300년 이하

제100조(심사계획의 통보)

위원회는 제96조에 따른 허가신청서를 제출받은 경우에는 신청서류의 적합성 및 심사계획을

허가신청서 제출일부터 45일 이내에 허가신청자에게 통보하여야 한다.

제101조(사용 전 검사)

① 방사성폐기물관리시설등건설 · 운영자는 법 제65조제1항에 따라 방사성폐기물관리시설등의 공사 및 성능에 관하여 위원회의 검사를 받아야 한다. 〈개정 2015. 7. 20.〉

② 제1항에 따른 검사 결과 방사성폐기물관리시설등이 다음 각 호의 기준에 맞는 경우에는 합격으로 한다. 〈개정 2015. 7. 20.〉

1. 해당 공사가 법 제63조에 따른 허가 내용에 따라 이루어진 경우
2. 방사성폐기물관리시설등의 구조 · 설비 및 성능이 위원회규칙으로 정하는 기술기준에 맞는 경우

③ 제1항에 따라 검사를 받으려는 자는 총리령으로 정하는 바에 따라 검사신청서를 위원회에 제출하여야 한다. 〈개정 2013. 3. 23.〉

제102조(사용 전 검사의 시기)

제101조제1항에 따라 사용 전 검사를 하는 경우 검사대상별 검사시기는 다음 각 호와 같다.

1. 토목 또는 건축구조물에 대해서는 공사를 착공하였을 때 및 공정별로 강도를 확인할 수 있거나 누설에 관계되는 시험이 가능하게 되었을 때
2. 방사선차폐 · 기밀 · 수밀 또는 내부식이 요구되는 재료 · 부품에 대해서는 기밀시험 · 수밀시험 · 강도시험 · 화학시험 또는 비파괴검사가 가능하게 되었을 때
3. 방사선관리설비 · 환기설비 · 폐기물처리설비 또는 계측제어설비에 대해서는 그 성능시험이 가능하게 되었을 때
4. 공사계획에 따른 모든 공사가 끝났을 때

제103조(정기검사)

① 방사성폐기물관리시설등건설 · 운영자는 법 제65조제1항에 따라 방사성폐기물관리시설등의 설치 · 운영 및 방사성폐기물의 저장 · 처리 · 처분에 관하여 총리령으로 정하는 바에 따라 정기적으로 위원회의 검사를 받아야 한다. 〈개정 2013. 3. 23., 2015. 7. 20.〉

② 제1항에 따른 정기검사를 받으려는 자는 그 신청서에 총리령으로 정하는 서류를 첨부하여 위원회에 제출하여야 한다. 〈개정 2013. 3. 23.〉

③ 제1항에 따른 검사 결과 방사성폐기물관리시설등이 다음 각 호의 기준에 맞는 경우에는 합격으로 한다. 〈개정 2015. 7. 20.〉

1. 구조 · 설비 및 성능이 법 제64조제2호 및 법 제68조제1항제1호에 따른 기술기준에 맞는 경우
2. 방사성폐기물의 저장 · 처리 및 처분이 법 제68조제1항제2호에 따른 기술기준에 맞는 경우

제104조(처분검사)

① 법 제65조에 따라 방사성폐기물관리시설등건설 · 운영자는 방사성폐기물을 처분하려면 위원회가 정하는 바에 따라 처분검사를 받아야 한다. 〈개정 2015. 7. 20.〉

② 제1항에 따라 처분검사를 받으려는 자는 그 신청서에 총리령으로 정하는 서류를 첨부하여 위원회에 제출하여야 한다. 〈개정 2013. 3. 23.〉

③ 제1항에 따른 검사 결과 방사성폐기물의 처분이 법 제68조제1항제2호의 기술기준에 맞는 경우에는 합격으로 한다.

제105조(사업개시기간)

법 제66조제1항제2호에서 "대통령령으로 정하는 기간"이란 그 허가를 받은 날부터 2년을 말한다.

제106조(준용규정)

방사성폐기물관리시설등건설 · 운영자에 관하여는 제25조 · 제26조 및 제31조를 준용한다. 이 경우 "발전용원자로설치자"는 "방사성폐기물관리시설등건설 · 운영자"로 본다. 〈개정 2015. 7. 20.〉

제107조(방사성폐기물 자체처분의 절차 및 방법)

① 법 제71조에 따른 원자력관계사업자(이하 "원자력관계사업자"라 한다)는 법 제70조제3항에 따라 다음 각 호의 어느 하나에 해당하는 방사성폐기물로서 핵종별 농도가 위원회가 정하는 값 미만이 된 것으로 위원회로부터 확인을 받은 방사성폐기물을 소각, 매립 또는 재활용 등의 방법으로 처분(이하 "자체처분"이라 한다)할 수 있다. 〈개정 2014. 9. 11., 2015. 7. 20.〉

1. 원자력관계사업자가 발생시킨 방사성폐기물
2. 원자력관계사업자(방사성폐기물관리시설등건설 · 운영자는 제외한다)로부터 처분을 위탁받아 관리하고 있는 방사성폐기물

② 제1항에 따라 자체처분을 하려는 원자력관계사업자는 방사성폐기물을 자체처분할 때마다 총리령으로 정하는 바에 따라 자체처분계획서에 관계 서류를 첨부하여 위원회에 제출하여

야 한다. 이를 변경하려는 경우에도 또한 같다. 〈개정 2013. 3. 23., 2014. 9. 11.〉

③ 제2항 전단에도 불구하고 다음 각 호의 기준을 모두 만족하는 방사성폐기물을 자체처분하려는 원자력관계사업자는 제2항에 따른 자체처분계획서를 5년마다 위원회에 제출할 수 있다. 〈개정 2014. 9. 11., 2020. 5. 26.〉

1. 반감기(半減期)가 5일 미만인 핵종만을 포함할 것
2. 위원회가 정하여 고시하는 자체처분 허용기준에 적합할 것

④ 위원회는 제2항 또는 제3항에 따라 제출된 자체처분계획서가 위원회가 정하여 고시하는 자체처분의 방법 및 절차에 적합한지에 대하여 검토하고, 그 결과를 원자력관계사업자에게 통지하여야 한다. 〈신설 2014. 9. 11.〉

⑤ 제4항에 따라 자체처분계획서가 적합한 것으로 통지받은 원자력관계사업자는 해당 방사성폐기물을 자체처분할 수 있다. 〈신설 2014. 9. 11.〉

⑥ 제5항에 따라 자체처분을 한 자는 자체처분에 관한 기록을 자체처분일부터 5년간 보존하여야 한다. 〈개정 2014. 9. 11.〉

제108조(운반신고)

① 법 제71조제1항에 따라 방사성물질등의 운반신고를 하려는 원자력관계사업자는 운반할 때마다 그 신고서에 총리령으로 정하는 서류를 첨부하여 위원회에 제출하여야 한다. 다만, 법 제53조제1항 본문에 따라 방사성동위원소등의 생산 · 판매 · 사용 또는 이동사용의 허가를 받은 자의 경우에는 총리령으로 정하는 기간을 단위로 하여 해당 신고서를 제출할 수 있다. 〈개정 2013. 3. 23.〉

② 위원회는 제1항에 따라 신고를 받은 경우 그 신고된 내용에 미비사항이 있거나 신고를 받은 방사성물질등의 운반이 인체 · 물체 및 공공의 안전을 해칠 우려가 있다고 인정할 때에는 이를 시정하거나 보완하게 할 수 있다.

③ 제1항에 따라 신고한 자가 그 신고한 사항을 변경하려면 미리 위원회에 변경신고서를 제출하여야 한다.

④ 제1항에 따른 신고는 운반을 개시하려는 날의 5일 전까지 하여야 한다.

제109조(외국선박 등의 운반신고)

① 법 제71조제2항에 따라 방사성물질등을 적재한 선박이나 항공기를 대한민국의 항구 또는 공항에 입항시키거나 대한민국 영해를 경유하려는 자는 방사성물질등을 적재하여 운항을 개시하려는 날의 7일 전까지 총리령으로 정하는 서류를 첨부하여 위원회에 신고하여야 한다.

〈개정 2013. 3. 23.〉

② 위원회는 제1항에 따라 그 신고된 내용에 미비사항이 있거나 신고를 받은 방사성물질등의 운반이 인체 · 물체 및 공공의 안전을 해칠 우려가 있다고 인정할 때에는 이를 시정하거나 보완하게 할 수 있다.

③ 제1항에 따라 신고한 자가 그 신고사항을 변경하려면 그 변경하려는 사항을 위원회에 미리 신고하여야 한다.

제110조(사고 시의 조치 등)

① 법 제74조제2항에서 "방사성물질등의 누설 · 화재와 그 밖의 사고가 발생한 때"란 다음 각 호의 어느 하나에 해당하는 때를 말한다.

1. 방사성물질등의 누설 또는 일탈 등으로 환경오염이 우려되거나 방사선작업종사자의 안전이 위협받게 되었을 때
2. 차량 또는 방사성물질등의 화재로 인하여 방사성물질등의 누설이 우려될 때
3. 방사선작업종사자 및 수시출입자가 선량한도 이상의 피폭되었을 때
4. 외국으로부터 반입된 포장물이 법과 이 영에 따른 운반기준에 맞지 아니하였을 때
5. 방사성물질등을 도난당하거나 분실하였을 때
6. 방사성물질등이 누출되어 인근주민의 긴급대피가 필요할 때

② 원자력관계사업자나 방사성물질등의 운반을 위탁받은 자가 제1항에 따른 사고가 발생한 경우에 하여야 할 안전조치에 대해서는 제136조를 준용한다.

③ 원자력관계사업자나 방사성물질등의 운반을 위탁받은 자는 제1항제5호 또는 제6호의 사고가 발생한 경우에는 그 지역을 관할하는 경찰관서에 즉시 신고하여야 한다.

제111조(포장 및 운반 검사)

① 원자력관계사업자 및 그로부터 방사성물질등의 포장 또는 운반을 위탁받은 자로서 총리령으로 정하는 자는 총리령으로 정하는 바에 따라 정기적으로 법 제75조제1항에 따른 검사를 받아야 한다. 〈개정 2013. 3. 23.〉

② 원자력관계사업자 및 그로부터 방사성물질등의 포장 또는 운반을 위탁받은 자는 총리령으로 정하는 방사성물질등을 포장 또는 운반할 때마다 그 포장 또는 운반에 관하여 법 제75조제1항에 따른 검사를 받아야 한다. 〈개정 2013. 3. 23.〉

③ 제1항 또는 제2항에 따른 포장 또는 운반 검사의 방법 · 절차 등에 관하여 필요한 사항은 위원회가 정하여 고시한다.

④ 제1항 또는 제2항에 따른 포장 또는 운반 검사를 받으려는 자는 총리령으로 정하는 바에 따라 검사신청서를 위원회에 제출하여야 한다. 다만, 위원회가 해당 연도의 정기검사계획을 수립하여 해당 사업자에게 통보한 경우에는 그러하지 아니하다. 〈개정 2013. 3. 23.〉

⑤ 다음 각 호의 요건을 모두 갖춘 원자력관계사업자가 총리령으로 정하는 검사대상에 대하여 총리령으로 정하는 바에 따라 자체점검을 하고, 자체점검 결과에 대하여 위원회의 서면심사를 받아 합격한 경우에는 자체점검으로 제1항에 따른 정기검사를 갈음한다. 다만, 최초의 정기검사에 대해서는 그러하지 아니하다. 〈개정 2013. 3. 23.〉

1. 생산 또는 판매하는 방사성동위원소의 양이 총리령으로 정하는 기준량 미만일 것
2. 직전 정기검사에서 시정 또는 보완명령을 받지 아니하였을 것
3. 정기검사 해당 연도의 1월 1일부터 기산하여 최근 3년간 법 제98조제1항에 따른 보고(법 제75조제1항에 따른 검사와 관련된 보고에 한정한다)가 누락되지 아니하였을 것
4. 정기검사 해당 연도의 1월 1일부터 기산하여 최근 5년간 법 제97조에 따른 방사선발생장치 또는 방사성물질등에 관한 도난 · 분실 · 화재, 그 밖의 사고가 발생하지 아니하였을 것

⑥ 제1항 및 제2항에 따른 검사 결과 또는 제5항에 따른 자체점검 결과에 대한 서면심사 결과 포장 또는 운반이 법 제71조에 따른 운반신고의 내용과 법 제72조에 따른 기술기준에 맞는 경우에는 합격으로 한다.

⑦ 위원회는 제5항에 따라 제출된 자체점검 결과에 대한 서면심사 결과 불합격한 검사대상에 대해서는 제1항에 따른 검사를 하여야 한다.

제112조(운반용기의 설계승인)

① 법 제76조제1항 본문의 전단에 따라 방사성물질등의 포장 또는 운반을 위한 용기(이하 "운반용기"라 한다)를 제작 또는 수입하려는 원자력관계사업자는 총리령으로 정하는 바에 따라 운반용기의 형식별로 설계의 승인(이하 이 장에서 "설계승인"이라 한다)을 받아야 한다. 다만, 설계승인을 받은 운반용기를 반복하여 제작하려는 경우에는 그러하지 아니하다. 〈개정 2013. 3. 23.〉

② 법 제76조제1항 본문의 전단에서 "대통령령으로 정하는 설계기준"이란 다음 각 호의 기준을 말한다.

1. 운반용기의 파손 · 마모 등에 의하여 방사선원 또는 그 오염물이 쉽게 누설되거나 방사선장해가 발생할 우려가 없을 것
2. 운반용기의 설계 · 재료 및 구조가 위원회가 정하여 고시하는 기준에 맞을 것

③ 위원회는 운반용기의 설계가 제2항에 따른 기준에 맞는 경우에는 그 승인신청자에게 총리령

으로 정하는 바에 따라 설계승인서를 발급하여야 한다. 〈개정 2013. 3. 23.〉

제113조(운반용기의 검사)

① 법 제77조제1항 본문에 따라 원자력관계사업자는 설계승인을 받아 운반용기를 제작하거나 외국에서 제작된 운반용기를 수입한 경우에는 제작검사를 받아야 한다.

② 운반용기를 계속적으로 사용하려는 원자력관계사업자는 법 제77조제1항 본문에 따라 다음 각 호에 대하여 5년마다 사용검사(이하 "사용검사"라 한다)를 받아야 한다. 이 경우 사용검사의 시기 등에 대하여 필요한 사항은 위원회가 정하여 고시한다. 〈개정 2014. 11. 19.〉

1. B(U)형 운반용기, B(M)형 운반용기, C형 운반용기
2. 핵분열성물질 운반용기

③ 사용검사를 받으려는 자가 총리령으로 정하는 바에 따라 자체점검보고서를 제출하여 위원회의 서면심사를 받은 경우에는 해당 자체점검보고서의 제출로 제2항에 따른 사용검사를 갈음한다. 〈개정 2013. 3. 23.〉

④ 제1항 및 제2항에 따른 제작검사 및 사용검사의 검사기준과 제3항에 따른 자체점검보고서의 서면심사기준 등에 관하여 필요한 사항은 총리령으로 정한다. 〈개정 2013. 3. 23.〉

⑤ 제1항부터 제3항까지의 규정에 따른 제작검사 · 사용검사 및 서면심사 결과 운반용기가 제4항에 따른 검사기준 및 서면심사기준에 맞는 경우에는 합격으로 한다.

제114조(운반용기의 검사 면제)

① 법 제77조제1항 단서에 따른 제작검사 또는 사용검사가 면제되는 경우는 다음 각 호와 같다. 〈개정 2013. 3. 23.〉

1. 외국에서 제작된 운반용기에 대하여 총리령으로 정하는 설계승인 및 제작검사 합격 관련 서류를 제출하여 위원회의 서면심사를 받아 합격한 경우
2. 외국에서 사용검사를 받은 운반용기에 대하여 총리령으로 정하는 사용검사 합격 관련 서류를 제출하여 위원회의 서면심사를 받아 이에 합격한 경우

② 제1항에 따른 제작검사 또는 사용검사의 면제에 필요한 사항은 총리령으로 정한다. 〈개정 2013. 3. 23.〉

제7장 방사선피폭선량의 판독 등

제115조(판독검사)

① 법 제78조제1항에 따라 판독에 관한 업무를 등록한 자(이하 "판독업무자"라 한다)는 법 제80조제1항에 따라 판독시설의 설치 · 운영 및 판독 성능에 대하여 총리령으로 정하는 바에 따라 위원회의 검사를 받아야 한다. 〈개정 2013. 3. 23.〉

② 제1항에 따른 검사는 판독업무를 개시하기 전에 실시하는 검사와 매년 정기적으로 실시하는 검사로 구분한다.

③ 제1항에 따른 검사를 받으려는 자는 검사신청서에 총리령으로 정하는 서류를 첨부하여 위원회에 제출하여야 한다. 다만, 위원회가 매년 정기적으로 실시하는 검사에 관하여 해당 연도 검사계획을 수립하여 판독업무자에게 통보한 경우에는 검사신청서를 제출하지 아니할 수 있다. 〈개정 2013. 3. 23.〉

④ 제1항에 따른 검사의 기준 · 방법 및 절차 등에 관하여 필요한 사항은 위원회가 정하여 고시한다.

⑤ 제1항에 따른 검사 결과 제4항의 기준에 맞는 경우에는 합격으로 한다.

제116조(사업개시기간)

법 제81조제1항제2호에서 "대통령령으로 정하는 기간"이란 그 등록을 한 날부터 1년을 말한다.

제8장 면허 및 시험

제117조(면허의 효력)

법 제84조제2항 각 호의 면허를 취득한 사람 중 같은 항 제1호 및 제2호의 면허를 취득한 사람은 원자로의 운전업무에, 같은 항 제3호 및 제4호의 면허를 취득한 사람은 핵연료물질의 취급업무에, 같은 항 제5호부터 제7호까지의 규정에 따른 면허를 취득한 사람과 방사선관리기술사는 방사성동위원소등의 취급업무에 각각 종사할 수 있다.

제118조(응시자격)

① 법 제84조제2항에 따른 면허 시험 응시자격은 학력과 경력(교육훈련을 포함한다)으로 구분한다.

② 제1항에 따른 학력 및 경력은 별표 5와 같다.

③ 제1항 및 제2항에 따른 경력의 내용 및 산출방법은 위원회가 정하여 고시한다.

제119조(시험방법)

① 법 제87조제1항 및 제4항에 따른 법 제84조제2항제1호 및 제2호의 면허에 관한 시험은 위원회가 정하는 원자로의 종류, 노형(爐型), 용량급 및 핵증기공급계통의 공급사별로 실시하며, 필기시험 및 실기시험으로 구분하여 실시하되, 실기시험은 필기시험에 합격한 사람 또는 필기시험을 면제받은 사람이 아니면 응시할 수 없다. 〈개정 2014. 11. 19., 2021. 1. 5.〉

② 법 제84조제2항제3호부터 제7호까지의 규정에 따른 면허에 관한 시험은 필기시험으로 실시한다.

제120조(시험과목)

법 제84조제2항에 따른 면허의 종류별 시험과목은 별표 6과 같다.

제121조(시험 등의 면제)

① 법 제87조제2항에 따라 면제되는 필기시험의 범위는 다음과 같다. 〈개정 2014. 11. 19.〉

1. 법 제84조제2항제1호의 면허를 받은 사람으로서 원자로의 종류는 동일하나 노형, 용량급 또는 핵증기공급계통의 공급사 중 하나 이상이 다른 원자로조종감독자 면허시험에 응시하는 사람은 별표 6 제1호가목의 시험과목 중 2) 원자로시설의 구조, 재료 및 설계 및 3) 원자로의 운전제어를 제외한 과목을 면제한다.
2. 법 제84조제2항제2호의 면허를 받은 사람으로서 원자로의 종류는 동일하나 노형, 용량급 또는 핵증기공급계통의 공급사 중 하나 이상이 다른 원자로조종사 면허시험에 응시하는 사람은 별표 6 제2호가목의 시험과목 중 2) 원자로시설의 구조 및 3) 원자로의 운전제어를 제외한 과목을 면제한다.
3. 법 제84조제2항제1호 및 제2호에 따른 면허시험의 필기시험에 합격하고, 실기시험에 불합격한 사람으로서 원자로의 종류, 노형, 용량급 및 핵증기공급계통의 공급사가 동일한 원자로조종감독자 또는 원자로조종사 면허시험에 응시하는 사람은 다음 회의 시험에 한정하여 필기시험을 면제한다.

② 의사 또는 치과의사의 면허와 법 제84조제2항제7호의 면허를 받은 사람이 같은 항 제6호의 면허시험에 응시할 때에는 별표 6 제6호의 방사성동위원소취급자특수면허 시험과목 중 가목, 나목 및 라목을 면제한다. 〈개정 2014. 11. 19.〉

③ 외국에서 이 영에 따른 면허와 동등 이상의 것으로 위원회가 인정하는 면허를 받은 경우에는 별표 6의 시험과목 중 원자력 관계 법령을 제외한 과목을 면제한다. 〈개정 2014. 11. 19.〉

제122조(시험 시행)

① 위원회는 면허시험을 특별한 사유가 없으면 매년 1회 이상 실시하여야 한다.

② 제1항에 따라 면허시험을 실시하는 경우에는 그 시험의 시행 일시 및 장소를 시험 실시 90일 전까지 공고하여야 한다. 〈개정 2012. 5. 1.〉

제123조(합격기준)

① 필기시험의 합격기준은 과목마다 100점을 만점으로 하여 매 과목 40점 이상, 전과목 평균 60점 이상으로 한다.

② 실기시험의 합격기준은 100점을 만점으로 하여 60점 이상으로 한다.

제124조(면허시험의 응시)

법 제87조제1항에 따라 면허시험에 응시하려는 사람은 다음의 사항을 적은 응시원서에 총리령으로 정하는 서류를 첨부하여 위원회에 제출하여야 한다. 〈개정 2013. 2. 23.〉

1. 성명 · 주민등록번호 및 주소
2. 응시하는 면허의 종류
3. 응시자격에 관한 사항
4. 시험 면제에 관한 사항

제125조(합격 통지 등)

위원회는 법 제87조제1항에 따라 시행한 면허시험의 합격자를 시험실시기관의 게시판에 공고하고 합격자에게는 개별 통지한다. 〈개정 2021. 2. 2.〉

제126조(면허증의 재교부)

법 제88조제1항에 따라 면허증을 교부받은 사람 중 그 면허증을 훼손 또는 분실하였거나 기재사항이 변경되어 면허증의 재교부를 받으려는 사람은 다음 각 호의 사항을 적은 재교부신청서를 위원회에 제출하여야 한다.

1. 성명 및 주소
2. 면허증교부연월일 및 그 번호

3. 재교부를 받으려는 사유

제127조(시험위원)

① 위원회는 면허시험의 출제 · 편집 및 채점과 실기시험의 시행과 평가를 담당하게 하기 위하여 시험을 시행할 때마다 시험위원을 임명하거나 위촉하여야 한다. 다만, 시험이 문제은행식인 경우에는 문제 선정 및 난이도 평가를 위한 문제은행시험 평가위원을 임명하거나 위촉하여야 한다.

② 제1항의 시험위원은 필기시험의 과목마다 2명 이상, 실기시험은 2명 이상을 해당 과목에 관한 학식과 경험이 풍부한 사람 중에서 선정한다.

제128조(수당)

제127조제1항의 시험위원 및 평가위원에게는 예산의 범위에서 수당을 지급한다.

제9장 규제 · 감독 등

제129조(제한구역의 설정범위 등)

① 법 제89조제3항에 따른 제한구역의 설정범위는 지형 및 그 밖의 자연조건을 고려하여 위원회가 관계 기관의 장과 협의한 후 설정한다. 다만, 열출력 10메가와트 이하인 연구용등 원자로시설에 대해서는 제한구역을 설정하지 아니할 수 있다.

② 법 제89조제5항에 따른 부지확보는 소유권 취득 또는 지상권 설정의 방법으로 하여야 한다. 다만, 국유 · 공유의 도로, 철도, 도랑, 하천, 해양, 임야 및 공원에 대해서는 원자로 및 관계시설, 핵연료주기시설 또는 방사성폐기물관리시설등을 설치 · 운영하려는 자가 일반인의 출입 및 통행에 대한 통제를 할 수 있는 경우로서, 위원회가 관련 시설의 안전운영에 지장이 없다고 인정하는 경우에는 부지가 확보된 것으로 본다. 〈개정 2015. 7. 20.〉

제130조(위해시설 설치제한의 범위 및 대상시설)

① 법 제90조제1항에서 "대통령령으로 정하는 범위"란 원자로 및 관계시설, 핵연료주기시설 또는 방사성폐기물관리시설등의 중심으로부터 반경 8킬로미터까지의 범위를 말한다. 다만, 제2항제1호의 시설의 경우에는 16킬로미터까지의 범위를 말한다. 〈개정 2015. 7. 20.〉

② 법 제90조제2항에 따라 관계 행정기관의 장이 그 시설의 설치를 허가 · 인가 또는 승인하려

는 경우 위원회와 협의하여야 하는 대상시설은 다음 각 호와 같다.

〈개정 2012. 1. 25., 2015. 7. 20., 2017. 3. 29.〉

1. 「공항시설법」 제2조제3호에 따른 공항
2. 「군사기지 및 군사시설 보호법」 에 따른 군사시설 중 포사격장 및 미사일기지(「국방 · 군사시설 사업에 관한 법률」 제2조제2호가목에 따른 사업으로 설치되는 것에 한정한다)
3. 「하천법」 제2조제3호에 따른 하천시설 중 댐 및 하구둑
4. 그 밖에 폭발, 진동, 유독성 물질 배출 등으로 인하여 원자로 및 관계시설, 핵연료주기시설 또는 방사성폐기물관리시설등의 안전에 중대한 지장을 줄 우려가 있다고 인정되는 시설로서 위원회가 관계 행정기관의 장과 협의하여 고시하는 시설

제131조(측정)

① 원자력관계사업자(신고사용자는 제외한다. 이하 이 조, 제132조, 제133조, 제148조 및 제148조의3에서 같다)는 법 제91조제1항제1호에 따라 총리령으로 정하는 방사선장해의 우려가 있는 장소에 대한 방사선량 및 방사성물질등에 의한 오염상황을 측정하여야 한다.

〈개정 2013. 3. 23., 2013. 8. 16., 2017. 3. 20.〉

② 법 제91조제1항제1호에 따라 원자력관계사업자는 총리령으로 정하는 바에 따라 원자력이용시설에 출입하는 사람의 피폭방사선량 및 방사성물질에 의한 오염상황을 측정하여야 한다.

〈개정 2013. 3. 23., 2013. 8. 16.〉

③ 원자력관계사업자는 제1항 및 제2항의 측정 결과에 관하여 기록의 작성, 보존, 그 밖의 총리령으로 정하는 조치를 하여야 한다. 〈개정 2013. 3. 23.〉

제132조(건강진단)

① 법 제91조제1항제2호에 따라 원자력관계사업자는 총리령으로 정하는 바에 따라 원자력이용시설의 방사선작업종사자 및 수시출입자에 대하여 건강진단을 실시하여야 한다.

〈개정 2013. 3. 23., 2013. 8. 16., 2016. 4. 12.〉

② 원자력관계사업자는 제1항의 건강진단의 결과에 관하여 기록의 작성 · 보존 그 밖에 총리령으로 정하는 조치를 하여야 한다. 〈개정 2013. 3. 23.〉

제133조(피폭관리)

① 원자력관계사업자는 법 제91조제1항제3호 및 같은 조 제2항에 따라 방사선작업종사자 및 수

시출입자의 개인피폭선량이 선량한도를 초과하지 아니하도록 총리령으로 정하는 바에 따라 피폭선량 평가 및 피폭관리를 하여야 한다. 〈개정 2013. 3. 23.〉

② 법 제91조제2항에서 "대통령령으로 정하는 수시출입자"란 제2조제8호에 따른 수시출입자를, "대통령령으로 정하는 선량한도"란 제2조제4호에 따른 선량한도를 각각 말한다.

第134조(피폭저감화 조치)

원자력관계사업자는 법 제91조제1항제4호에 따라 원자력이용시설의 정상운전 및 비정상상태(사고의 경우는 제외한다)에서 원자력이용시설에 종사하는 방사선작업종사자 및 수시출입자와 시설 주변 주민의 방사선피폭을 최소화하기 위하여 위원회가 정하는 바에 따라 다음 각 호의 조치를 하여야 한다.

1. 방사선 작업 특성에 부합하는 방호조치
2. 방사선차폐 및 시설의 적절한 배치
3. 선량 저감에 효과적인 재료 및 기기의 사용
4. 적절한 작업공간의 확보

第135조(방사선장해를 받은 사람 등에 대한 조치)

법 제91조제3항에 따라 원자력관계사업자가 하여야 할 조치는 다음 각 호와 같다.

1. 방사선작업종사자 또는 수시출입자가 방사선장해를 받았거나 받은 것으로 보이는 경우에는 지체 없이 의사의 진단 등 필요한 보건상의 조치를 하고, 그 방사선장해의 정도에 따라 방사선관리구역 출입시간의 단축, 출입금지 또는 방사선피폭 우려가 적은 업무로의 전환 등 필요한 조치를 하여야 한다.
2. 방사선관리구역에 일시적으로 출입하는 사람이 방사선장해를 받았거나 받은 것으로 보이는 경우에는 지체 없이 의사의 진단 등 필요한 보건상의 조치를 하여야 한다.

第136조(장해방어조치 및 보고)

① 법 제92조제1항에 따라 원자력관계사업자가 하여야 할 안전조치는 다음 각 호와 같다.

1. 지진 · 화재 · 홍수 · 태풍 및 유해가스 누출 등의 재해로 인하여 원자력이용시설의 안전성이 위협을 받고 있거나 방사선작업종사자가 안전운영과 관련된 직무를 수행하는 데에 위협을 받을 경우에는 그 원인을 제거하고 피해 확대 방지를 위한 조치를 하여야 한다.
2. 원자력이용시설 등의 고장 등이 발생하여 원자력이용시설의 안전성이 위협을 받을 경우에는 고장 등의 원인을 제거하여 정상상태로 복구하여야 한다. 다만, 정상복구가 불가능

할 경우에는 고장 등의 확대 방지를 위한 조치를 하여야 한다.

3. 방사성물질이 비정상적으로 누설되어 시설경계(제한구역경계가 설정되어 있는 경우에는 제한구역경계를 말한다)에서 공기 중 및 수중 농도가 위원회가 정하는 배출관리기준에 따른 제한값을 초과하거나 방사선작업종사자 또는 수시출입자가 선량한도를 초과하여 피폭된 경우에는 다음 각 목의 조치를 하여야 한다.

가. 원자력이용시설 및 제한구역 내부에 있는 사람 또는 부근에 있는 사람에 대한 피난경고

나. 방사선장해를 받은 사람 또는 받을 우려가 있는 사람에 대한 구출 · 피난 등의 긴급조치

다. 방사성물질등에 의하여 오염이 발생한 경우 오염 확대의 방지 및 오염 제거

라. 방사성물질등을 다른 장소에 옮길 여유가 있을 경우에는 안전한 장소로의 이전과 그 장소 주위에 위원회규칙으로 정하는 표지 설치 및 관계자 외의 출입 또는 접근의 금지

마. 방사선긴급작업을 하는 경우에는 적절한 보호용구의 사용 및 방사선피폭시간 단축 등으로 긴급작업에 종사하는 사람에 대한 위원회가 정하는 기준 이상의 방사선피폭의 방지

② 원자력관계사업자가 제1항의 안전조치를 한 때에는 위원회가 정하는 바에 따라 다음 각 호의 사항을 위원회에 보고하여야 한다.

1. 법 제92조제1항의 상황이 발생한 일시 및 장소와 그 원인
2. 발생하였거나 발생할 우려가 있는 방사선장해의 상황
3. 안전조치의 내용 및 계획

③ 위원회는 제1항제3호나목에 따른 긴급조치를 하는 방사선응급의료구호 관련자에게 위원회가 정하여 고시하는 바에 따라 방사선응급구호에 대한 전문교육을 실시할 수 있다.

제137조(허가 등의 취소 또는 사업폐지 등에 따른 조치)

① 법 제95조제1항에 따른 허가 취소 등의 경우에 원자력관계사업자가 하여야 할 조치는 다음 각 호와 같다. 〈개정 2013. 3. 23., 2015. 7. 20., 2016. 6. 21.〉

1. 원자력관계사업자가 소유하고 있는 방사성물질 또는 방사선발생장치를 다른 원자력관계사업자에게 양도하여야 한다.
2. 방사성물질에 의한 오염은 제거하여야 한다.
3. 방사성물질에 의하여 오염된 물질은 방사성폐기물관리시설등건설 · 운영자에게 양도하여야 한다.
4. 총리령으로 정하는 기록은 안전재단에 인도하여야 한다.

② 법 제95조제1항에 따른 허가 또는 지정이 취소되거나 사업 또는 사용을 폐지(사망 또는 해산

으로 인한 폐지를 포함한다)한 원자력관계사업자는 총리령으로 정하는 바에 따라 그 신고서를 위원회에 제출하여야 한다. 〈개정 2013. 3. 23.〉

제138조(보고 및 서류 제출의 대상자)

법 제98조제1항에서 따른 "대통령령으로 정하는 자"란 다음 각 호의 자를 말한다.

1. 법 제2조제17호에 따른 국제규제물자 중 위원회가 정하는 물자를 취급하는 자
2. 위원회가 정하는 핵연료주기 관련 공정이나 계통개발에 관련된 연구개발활동을 수행하는 자

제139조(검사관의 자격)

법 제98조에 따라 검사를 하는 공무원은 원자력이용시설등의 구조 · 성능 및 보안과 방사선장해 방지에 관하여 상당한 지식과 경험을 가진 사람이어야 한다.

제140조(수거증)

법 제98조제2항에 따라 검사를 수행하는 공무원이 시료(試料)를 수거하였을 때에는 원자력관계사업자에게 수거증을 발급하여야 한다.

제141조(감시장치 설치 등)

법 제98조제6항에 따라 위원회는 국제규제물자의 이동을 감시하기 위하여 필요한 장치를 발전용원자로운영자의 관계시설에 설치하거나 그 밖에 필요한 자료의 제출을 요구할 수 있다. 다만, 국제원자력기구가 국제규제물자의 이동을 감시하기 위하여 감시장비를 설치한 경우에는 이를 설치하지 아니할 수 있다.

제142조(검사관증)

법 제98조제7항에 따라 검사를 수행하는 공무원은 총리령으로 정하는 바에 따라 그 권한을 표시하는 증표를 관계인에게 보여 주어야 한다. 〈개정 2013. 3. 23.〉

제10장 보칙

제143조(방사선환경영향평가서 또는 해체계획서 초안의 제출 및 공고 · 공람 등)

① 사업자는 법 제103조제1항, 제2항 및 제4항에 따라 주민의 의견을 수렴하려는 경우에는 법 제103조제3항에 따른 방사선환경영향평가서 초안(이하 "평가서초안"이라 한다) 또는 해체계획서 초안(이하 "해체계획서초안"이라 한다)을 다음 각 호의 행정기관의 장에게 제출하여야 한다. 〈개정 2014. 11. 19., 2015. 7. 20., 2020. 5. 26.〉

1. 위원회 위원장
2. 위원회가 정하는 범위의 지역(이하 "의견수렴대상지역"이라 한다)을 관할하는 특별자치시장 · 시장(특별자치도의 행정시장을 포함한다. 이하 같다) · 군수 또는 구청장(자치구의 구청장을 말한다. 이하 같다)
3. 삭제 〈2020. 5. 26.〉
4. 그 밖에 대상사업 시행과 관련이 있는 행정기관의 장

② 제1항제2호에 따른 특별자치시장 · 시장 · 군수 또는 구청장(이하 "의견수렴대상지역 시장 · 군수 · 구청장"이라 한다)은 특별한 사유가 없으면 제1항에 따라 평가서초안 또는 해체계획서초안이 접수된 날부터 10일 이내에 사업개요 · 공람기간 · 공람장소 등을 1개 이상의 중앙일간신문 및 지방일간신문에 각각 1회 이상 공고하고, 인터넷 홈페이지에도 이를 공고하며, 평가서초안 또는 해체계획서초안을 60일을 초과하지 않는 범위에서 20일 이상 의견수렴대상지역의 주민 등에게 공람해야 한다. 〈개정 2015. 7. 20., 2020. 5. 26., 2020. 11. 24.〉

③ 삭제 〈2020. 5. 26.〉

④ 의견수렴대상지역 시장 · 군수 · 구청장은 제2항에 따른 공고를 하는 경우 공청회 개최 여부에 관한 주민 의견 제출의 시기 및 방법 등을 함께 공고하여야 한다. 〈개정 2020. 5. 26.〉

⑤ 의견수렴대상지역 시장 · 군수 · 구청장은 특별시장 · 광역시장 · 도지사 · 특별자치도지사(이하 "시 · 도지사"라 한다)에게 다음 각 호의 업무에 대해 지원을 요청할 수 있다. 〈신설 2020. 5. 26.〉

1. 제2항에 따른 공고 및 공람
2. 제144조제2항에 따른 의견 등 통지
3. 제145조제1항 · 제3항에 따른 공청회 개최 및 진술신청서 접수 등
4. 제146조제2항에 따른 비용부담 협의

⑥ 시 · 도지사는 제5항에 따라 의견수렴대상지역 시장 · 군수 · 구청장으로부터 업무 지원을 요청받은 경우 이에 대한 수용 여부를 의견수렴대상지역 시장 · 군수 · 구청장, 위원회 및 사업

자에게 통보해야 한다. 〈신설 2020. 5. 26.〉

[제목개정 2015. 7. 20.]

제144조(평가서초안 또는 해체계획서초안에 대한 의견 제출 등)

① 제143조제1항제1호 및 제4호에 따른 행정기관의 장은 평가서초안 또는 해체계획서초안이 접수된 날부터 30일 이내에, 주민은 공람기간 만료일부터 7일 이내에 의견수렴대상지역 시장 · 군수 · 구청장에게 다음 각 호의 의견을 통보하거나 제출할 수 있다. 〈개정 2015. 7. 20., 2020. 5. 26.〉

1. 평가서초안이 접수된 경우: 해당 사업의 시행으로 인하여 예상되는 방사선환경영향 및 그 감소 방안 등에 관한 의견(의견제출자가 주민인 경우에는 공청회 개최 여부에 관한 의견을 포함한다)
2. 해체계획서초안이 접수된 경우: 해체로 인하여 예상되는 방사선영향 및 그 감소 방안 등에 관한 의견(의견제출자가 주민인 경우에는 공청회 개최 여부에 관한 의견을 포함한다)

② 의견수렴대상지역 시장 · 군수 · 구청장은 제1항에 따라 통보받거나 제출받은 의견과 공청회 개최 여부를 공람기간이 끝난 후 14일 이내에 사업자에게 통지해야 한다. 이 경우 의견수렴대상지역 시장 · 군수 · 구청장은 평가서초안 또는 해체계획서초안의 내용에 대한 의견이 있는 경우에는 그 의견을 함께 통지할 수 있다. 〈개정 2015. 7. 20., 2020. 5. 26.〉

[제목개정 2015. 7. 20.]

제145조(공청회 개최 등)

① 법 제103조제1항 후단 또는 같은 조 제2항 후단에 따라 다음 각 호 중 어느 하나에 해당하는 경우에는 공청회를 개최하여야 한다. 〈개정 2015. 7. 20.〉

1. 제144조제1항에 따라 공청회 개최가 필요하다는 의견을 제출한 주민이 30명 이상인 경우
2. 제144조제1항에 따라 공청회 개최가 필요하다는 의견을 제출한 주민이 5명 이상 30명 미만인 경우로서 평가서초안 또는 해체계획서초안에 대한 의견을 제출한 주민 총수의 100분의 50 이상인 경우

② 제144조제2항에 따라 의견수렴대상지역 시장 · 군수 · 구청장으로부터 제1항 각 호 중 어느 하나의 요건에 해당되어 공청회 개최 통지를 받은 사업자는 사업개요, 공청회의 일시 및 장소 등을 공청회 개최 예정일 14일 전까지 1개 이상의 중앙일간신문 및 지방일간신문에 각각 1회 이상 공고해야 하고, 인터넷 홈페이지에도 이를 공고해야 한다. 이 경우 공청회 일시 및 장소 등에 관하여 미리 의견수렴대상지역 시장 · 군수 · 구청장과 협의해야 한다.

〈개정 2020. 5. 26., 2020. 11. 24.〉

③ 공청회에 출석하여 의견을 진술하려는 주민은 공청회 개최 예정일 5일 전까지 진술신청서를 사업자 또는 의견수렴대상지역 시장 · 군수 · 구청장에게 제출해야 한다. 이 경우 진술신청서를 접수한 의견수렴대상지역 시장 · 군수 · 구청장은 그 사실을 사업자에게 즉시 통지해야 한다. 〈개정 2020. 5. 26.〉

④ 사업자는 의견수렴대상지역 시장 · 군수 · 구청장과 협의하여 제3항에 따라 제출된 신청서의 진술내용 중 비슷한 내용에 대해서는 일괄하여 공청회에서 진술하도록 대표자를 선정하여 의견을 진술하게 하거나 주민이 추천한 전문가로 하여금 의견을 진술하게 해야 한다. 〈개정 2020. 5. 26.〉

⑤ 사업자는 제2항에 따라 공고한 공청회가 사업자가 책임질 수 없는 사유로 2회에 걸쳐 개최되지 못하거나 개최는 되었으나 정상적으로 진행되지 못한 경우에는 공청회를 생략할 수 있다. 이 경우 사업자는 공청회를 생략하게 된 사유와 공청회에서 의견을 제출하려는 자의 의견 제출 시기 및 방법 등에 관한 사항을 제2항을 준용하여 공고하고, 다른 방법으로 주민의 의견을 듣도록 노력하여야 한다.

⑥ 사업자는 공청회가 끝난 후 7일 이내에 총리령으로 정하는 바에 따라 공청회 개최 결과를 의견수렴대상지역 시장 · 군수 · 구청장에게 통지해야 한다. 〈개정 2013. 3. 23., 2020. 5. 26.〉

⑦ 사업자는 제1항 각 호의 공청회 개최 요건에 해당되지 않는 경우에도 사업시행으로 인한 방사선환경영향 또는 해체로 인한 방사선영향에 관하여 전문가 및 주민의 의견을 수렴할 필요가 있는 경우에는 법 제103조제1항 전단 또는 같은 조 제2항 전단에 따른 공청회를 제143조제2항에 따른 공람기간이 끝난 후 의견수렴대상지역 시장 · 군수 · 구청장과 협의하여 개최할 수 있다. 이 경우 그 공청회는 법 제103조제1항 후단 또는 같은 조 제2항 후단에 따라 개최한 공청회로 보되, 개최방법 및 절차 등에 관하여는 제2항부터 제4항까지 및 제6항을 각각 준용한다. 〈개정 2015. 7. 20., 2020. 5. 26.〉

제146조(비용부담)

① 법 제103조제5항에 따라 신청자는 다음 각 호의 비용을 부담하여야 한다. 〈개정 2015. 7. 20.〉

1. 제143조제2항 및 제145조제2항에 따른 신문 공고 비용
2. 주민 의견을 수렴하기 위한 공청회 등의 개최에 드는 비용

② 의견수렴대상지역 시장 · 군수 · 구청장은 제1항에 따라 드는 비용의 구체적인 내용에 관하여 미리 사업자와 협의하여야 한다. 〈개정 2020. 5. 26.〉

제146조의2(적극적인 정보공개의 대상정보 및 방법)

① 법 제103조의2제1항 본문에서 "원자력이용시설에 대한 건설허가 및 운영허가 관련 심사결과와 원자력안전관리에 관한 검사결과 등 대통령령으로 정하는 정보"란 다음 각 호의 정보를 말한다.

1. 법 제10조제2항에 따라 발전용원자로 및 관계시설의 건설허가 신청 시 제출하는 서류
2. 법 제20조제2항에 따라 발전용원자로 및 관계시설의 운영허가 신청 시 제출하는 서류
3. 법 제23조제1항 및 이 영 제36조제4항에 따라 계속운전을 하려는 경우 제출하는 주기적 안전성 평가보고서 및 이 영 제37조제2항 각 호의 평가에 관한 사항
4. 제20조 및 제33조제3항에 따른 원자로시설의 건설허가 및 운영허가 관련 심사보고서
5. 제27조에 따른 원자로시설의 공사 및 성능에 관한 사용 전 검사결과
6. 제31조의2에 따라 공급자 및 성능검사기관에 대하여 실시한 검사결과
7. 제35조제1항에 따른 원자로시설의 성능에 관한 정기검사결과
8. 그 밖에 원자력안전에 관한 사항으로서 위원회가 적극적인 공개가 필요한 것으로 정하여 고시하는 정보

② 위원회는 법 제103조의2제1항에 따라 이 조 제1항에 따른 정보를 공개할 때 해당 정보에 「공공기관의 정보공개에 관한 법률」 제9조제1항 각 호의 어느 하나에 해당하는 정보가 포함되어 있는 경우에는 같은 법 제14조에 따라 해당 부분은 제외하고 공개하여야 한다.

③ 위원회는 제1항 각 호의 정보를 위원회의 홈페이지에 게시하는 방법으로 공개하여야 한다.

④ 제1항부터 제3항까지의 규정에 따른 정보공개의 방법 및 시기 등에 관하여는 위원회가 정하여 고시한다.

[본조신설 2016. 6. 21.]

제147조(전국 환경방사능 감시)

위원회는 법 제105조제1항에 따라 국토 전역에 대한 환경상의 방사선 및 방사능을 감시 · 평가하기 위하여 다음 각 호의 업무를 수행한다.

1. 전국토 환경방사능의 조사 · 평가
2. 해양 환경방사능의 조사 · 평가
3. 전국토 환경방사선 자동감시망의 운영

제148조(방사선작업종사자 및 수시출입자 교육)

① 원자력관계사업자는 법 제106조제1항에 따라 방사선작업종사자에 대해서는 신규교육과 정

기교육을 실시하여야 한다. 이 경우 신규교육은 작업 종사 전에 실시하여야 한다.

② 제1항에 따른 교육은 기본교육과 직장교육으로 구분하여 실시한다. 이 경우 직장교육은 방사선안전관리자 외의 방사선작업종사자를 대상으로 한다. 〈개정 2014. 11. 19.〉

③ 원자력관계사업자는 수시출입자에 대하여 기본교육 또는 직장교육을 실시할 수 있다. 〈신설 2016. 4. 12.〉

④ 제2항 및 제3항에 따른 기본교육은 안전재단에서 받도록 하여야 하며, 직장교육은 해당 원자력관계사업자가 자체적으로 실시하되 위원회가 지정하여 고시하는 기관에 위탁하여 실시할 수 있다. 〈개정 2014. 11. 19., 2016. 4. 12., 2016. 6. 21.〉

⑤ 제1항부터 제3항까지의 규정에 따른 교육의 과정 및 시간 등은 총리령으로 정한다. 〈개정 2016. 4. 12.〉

⑥ 제149조제1항에 따른 보수교육을 받은 자는 제1항에 따른 해당 연도의 정기교육을 받은 것으로 본다. 〈신설 2014. 11. 19., 2016. 4. 12.〉

[전문개정 2013. 8. 16.]

[제목개정 2016. 4. 12.]

제148조의2(교육계획의 제출)

① 안전재단은 매년 11월 30일까지 다음 각 호의 사항이 포함된 다음 해의 기본교육계획을 위원회에 제출하고, 위원회의 승인을 받아야 한다. 〈개정 2016. 6. 21.〉

1. 연간 교육일정, 교육과정, 교육대상, 과정별 이수과목과 시간 등에 관한 사항
2. 예산 및 결산에 관한 사항(교육훈련분야만 해당한다)
3. 강사, 교육시설 · 장비 현황 및 확충계획
4. 교육비 및 교재비에 관한 사항
5. 교육의 평가방법 및 결과에 따른 조치사항

② 위원회는 안전재단이 제1항에 따라 승인받은 교육계획을 제대로 이행하지 아니하는 경우에는 개선 또는 보완을 요구할 수 있다. 〈개정 2016. 6. 21.〉

③ 안전재단은 교육 실시결과를 다음 해 1월 31일까지 위원회에 보고하여야 한다. 〈개정 2016. 6. 21.〉

④ 삭제 〈2017. 3. 20.〉

[본조신설 2013. 8. 16.]

제148조의3(방사선관리구역 출입자 교육)

원자력관계사업자는 법 제106조제1항에 따라 방사선관리구역에 출입하는 사람에 대해서는 출입할 때마다 방사선장해방지 등에 대하여 안전수칙을 알려주는 등 필요한 교육을 실시하여야 한다. 다만, 제148조에 따른 교육을 받은 방사선작업종사자 또는 수시출입자는 제외할 수 있다. 〈개정 2016. 4. 12.〉

[본조신설 2013. 8. 16.]

제149조(보수교육)

① 법 제84조제2항제1호 및 제2호에 따른 면허 중 발전용원자로 또는 열출력 10메가와트 이상의 연구용원자로의 운전에 관련된 면허를 받은 사람과 법 제84조제2항제3호부터 제7호까지의 규정에 따른 면허를 받은 사람으로서 핵연료물질 또는 방사성동위원소등의 취급업무에 종사하는 사람은 총리령으로 정하는 바에 따라 3년(면허취득일 또는 직전의 보수교육을 받은 날부터 기산하여 3년이 되는 날이 속하는 해의 1월 1일부터 12월 31일까지를 말한다)마다 법 제106조제2항에 따른 보수교육(補修教育)을 받아야 한다. 〈개정 2013. 8. 16., 2014. 11. 19.〉

② 삭제 〈2013. 8. 16.〉

③ 삭제 〈2013. 8. 16.〉

④ 원자력관계사업자는 종업원 중 법 제84조제2항에 따른 면허를 받은 사람에 대하여 제1항에 따른 보수교육을 받는 데에 필요한 편의를 제공하여야 하며, 이를 이유로 임금을 줄이거나 그 밖의 불이익처분을 하여서는 아니 된다. 〈개정 2013. 8. 16.〉

⑤ 위원회는 제1항에 따른 보수교육과정수료자에게 그 면허증에 기재하는 방법으로 교육이수 사실을 확인해 주어야 한다. 〈개정 2013. 8. 16., 2021. 2. 2.〉

⑥ 제1항에 따른 보수교육을 받아야 하는 사람이 다음 각 호의 어느 하나에 해당하는 경우에는 다음 각 호의 구분에 따른 보수교육을 받은 것으로 본다. 〈신설 2018. 6. 19.〉

1. 노형, 용량급 및 핵증기공급계통의 공급사가 동일한 원자로에 대하여 법 제84조제2항제1호 및 제2호의 면허를 모두 받은 사람이 법 제84조제2항제1호의 면허에 관한 보수교육을 받은 경우: 법 제84조제2항제2호의 면허에 관한 보수교육
2. 법 제84조제2항제3호 및 제4호의 면허를 모두 받은 사람이 법 제84조제2항제3호의 면허에 관한 보수교육을 받은 경우: 법 제84조제2항제4호의 면허에 관한 보수교육
3. 법 제84조제2항제5호부터 제7호까지의 면허 중 서로 다른 2개 이상의 면허를 받은 사람이 법 제84조제2항제6호 또는 제7호의 면허에 관한 보수교육을 받은 경우: 나머지 면허에 관한 보수교육

제150조(원자력통제 교육대상자)

법 제106조제3항에서 "대통령령으로 정하는 사람"이란 다음 각 호의 어느 하나에 해당하는 사람을 말한다.

〈개정 2014. 11. 19.〉

1. 다음 각 목의 어느 하나에 해당하는 원자력관계사업자의 종업원으로서 특정핵물질의 계량관리 업무를 수행하는 사람
   가. 발전용원자로설치자
   나. 발전용원자로운영자
   다. 연구용원자로등설치자 및 연구용원자로등운영자
   라. 핵연료주기사업자
   마. 핵연료물질사용자
2. 위원회가 정하는 핵연료주기 관련 공정이나 계통개발에 관련된 연구개발과제의 연구책임자

제151조(수출입의 절차)

① 원자로 및 관계시설, 핵물질, 방사성동위원소등의 수출입을 하려는 자 중 국제규제물자 또는 이와 관련된 기술을 수출입하려는 자는 법 제107조에 따라 원자력 관련 국제조약, 협정, 협약 및 의정서 등에서 규정하고 있는 절차 및 의무사항을 지켜야 한다.

② 제1항의 절차 및 의무사항의 이행에 필요한 사항은 위원회가 산업통상자원부장관과 협의하여 별도로 정할 수 있다. 〈개정 2013. 3. 23.〉

제151조의2(국제협력 전문기관의 지정)

위원회는 법 제107조의2제2항에 따라 안전재단을 국제협력에 관한 시책을 전문적으로 지원할 기관으로 지정한다.

[전문개정 2016. 6. 21.]

제152조(보상)

법 제110조에 따라 원자력이용과 이에 따른 안전관리 중에 방사선에 의하여 신체 또는 재산에 피해를 입은 자에 대해서는 다음 각 호의 구분에 따라 보상하여야 한다.

〈개정 2016. 5. 31., 2016. 6. 21., 2018. 9. 18.〉

1. 원자력관계사업자와 그 종업원이 업무상 입은 손해에 대해서는 원자력관계사업자가 정하여 위원회가 인가한 보상기준에 따른다.

2. 공무원이 원자력 관계 업무를 수행하는 과정에서 입은 손해에 대해서는 「공무원 재해보상법」으로 정하는 바에 따른다.
3. 제1호 및 제2호 외의 자에 대해서는 「원자력 손해배상법」으로 정하는 바에 따른다.

제152조의2(포상금의 지급)

① 법 제110조의2제1항에 따른 포상금은 법 위반행위의 중대성 및 원자력안전 증진에 대한 기여도 등을 고려하여 1명당 연간(1월 1일부터 12월 31일까지를 말한다) 10억원을 한도로 위원회가 정하여 고시한다.

② 포상금의 지급에 관한 사항을 심의하기 위하여 위원회에 포상금 심의위원회를 둘 수 있다.

③ 다음 각 호의 어느 하나에 해당하는 경우에는 포상금 지급액을 감액하거나 지급하지 아니할 수 있다.

1. 이미 신고 · 제보가 이루어진 사항에 대하여 신고 · 제보한 경우
2. 신고 · 제보받은 사항이 인터넷이나 그 밖의 언론 매체를 통하여 공개된 내용이거나 이미 조사 또는 수사 중이거나 재판 중인 경우
3. 다른 법령이나 규정에 따라 신고 · 제보하여 포상금이나 보상금을 지급받았거나 지급절차가 진행 중인 경우
4. 신고 · 제보자가 신고 · 제보한 법 위반사항과 직접 관련되었거나 법에 따른 신고 · 보고 의무자가 의무사항을 신고 · 제보한 경우
5. 그 밖에 포상금 심의위원회에서 포상금 지급액을 감액하거나 지급하지 아니하는 것이 타당하다고 의결하는 경우

④ 제1항부터 제3항까지에서 규정한 사항 외에 포상금의 지급에 관하여 필요한 사항은 위원회가 정하여 고시한다.

[본조신설 2014. 11. 19.]

제153조(수탁기관의 구분 등)

① 위원회가 법 제111조제1항에 따라 그 권한을 위탁할 수 있는 기관은 다음과 같다.

〈개정 2012. 12. 20., 2016. 6. 21.〉

1. 「한국원자력안전기술원법」에 따라 설립된 한국원자력안전기술원(이하 "한국원자력안전기술원"이라 한다)
2. 「과학기술분야 정부출연연구기관 등의 설립 · 운영 및 육성에 관한 법률」에 따라 설립된 한국원자력연구원(이하 "한국원자력연구원"이라 한다)

3. 법 제6조에 따라 설립된 한국원자력통제기술원(이하 "한국원자력통제기술원"이라 한다)

4. 안전재단

5. 다음 각 목의 어느 하나에 해당하는 기관으로서 위원회가 지정하는 기관

가. 행정기관

나. 국공립연구기관

다. 「특정연구기관 육성법」 제2조에 따른 특정연구기관

라. 「비파괴검사기술의 진흥 및 관리에 관한 법률」 제18조에 따라 설립된 비파괴검사협회

마. 「방사선 및 방사성동위원소 이용진흥법」 제14조에 따라 설립된 협회

바. 「민법」 제32조에 따라 설립된 비영리법인 중 관계 전문기관

6. 삭제 〈2016. 6. 21.〉

② 제1항제5호가목에 따라 위원회가 지정한 행정기관에 대해서는 제159조부터 제163조까지, 제165조 및 제166조를 적용하지 아니한다.

제154조(위탁할 수 있는 업무)

① 법 제111조제1항제15호에서 "대통령령으로 정하는 업무"란 다음 각 호의 업무를 말한다.
〈개정 2013. 8. 16., 2014. 11. 19., 2015. 12. 22.〉

1. 법 제9조제1항에 따른 원자력안전연구개발사업계획의 수립과 관련된 기술동향의 조사 · 분석 및 기술수요의 예측

2. 법 제9조제1항에 따른 연도별 연구개발과제의 선정과 관련된 연구개발과제의 접수 · 검토 및 평가에 관한 사항

3. 법 제9조제1항에 따른 원자력안전연구개발사업의 실시와 관련된 연구개발과제의 협약체결 · 진도관리 · 결과평가 및 사후관리에 관한 사항

4. 법 제9조제2항에 따른 원자력안전연구개발사업을 실시하는 데에 드는 비용의 운용에 관한 사항

4의2. 법 제30조의2제1항 전단 및 후단에 따른 연구용원자로 및 관계시설의 운영허가에 관련된 안전성 심사

4의3. 법 제59조의2제6항에 따른 일일작업량 보고에 관한 업무

5. 법 제70조제2항에 따른 방사성폐기물 외의 방사성폐기물의 처분에 관한 안전관리 업무

6. 법 제74조에 따른 운반 또는 포장 중 발생한 사고의 조치에 관한 업무

7. 법 제90조에 따른 위해시설 설치에 관한 안전성 검토 업무

8. 법 제98조제1항에 따른 원자력관계사업자(신고사용자는 제외한다) 또는 그로부터 방사성물질등을 위탁받아 운반하는 자의 방사성물질등 운반물 현황 보고에 관한 업무
9. 법 제98조제2항 및 제4항에 따른 검사 및 시료 수거에 관한 업무
10. 법 제98조제6항에 따른 국제규제물자의 이동을 확인하기 위한 장치의 설치
11. 법 제107조에 따른 수출입과 관련된 업무
12. 법 제111조제1항제3호에 따른 기준 외에 법 및 이 영에 따른 업무수행을 위하여 필요한 기준의 연구 · 개발
13. 법 제111조의2제1항에 따른 원자력안전관리부담금(이하 "부담금"이라 한다)의 부과 · 징수에 관한 업무
14. 삭제 〈2017. 3. 20.〉

② 제153조제1항제1호에 따라 한국원자력안전기술원에 위탁하는 업무는 별표 7과 같다.
③ 제153조제1항제2호에 따라 한국원자력연구원에 위탁하는 업무는 별표 8과 같다.
④ 제153조제1항제3호에 따라 한국원자력통제기술원에 위탁하는 업무는 별표 9와 같다.
⑤ 제153조제1항제4호에 따라 안전재단에 위탁하는 업무는 별표 9의2와 같다. 〈신설 2016. 6. 21.〉
⑥ 제153조제1항제5호에 따라 위원회가 지정하는 행정기관, 국공립연구기관, 특정연구기관, 비파괴검사협회, 협회 또는 관계 전문기관 등에 위탁할 수 있는 업무는 별표 10과 같다. 〈개정 2016. 6. 21.〉

제155조(수탁업무처리규정의 승인 등)

① 법 제111조제1항에 따라 권한을 위탁받은 기관(이하 "수탁기관"이라 한다)은 다음 각 호의 사항을 적은 수탁업무처리규정을 정하여 위원회의 승인을 받아야 한다. 이를 변경하려는 경우에도 또한 같다.
1. 취급하는 수탁업무의 종류
2. 수탁업무를 처리하는 시간 및 휴일에 관한 사항
3. 수탁업무를 처리하는 장소에 관한 사항
4. 수탁업무 취급자의 선임 · 해임 및 배치에 관한 사항
5. 수탁업무 취급방법에 관한 사항
6. 수탁업무 처리결과의 표시 및 방법에 관한 사항
7. 삭제 〈2015. 12. 22.〉
8. 수탁업무에 관한 기록의 보존에 관한 사항

9. 그 밖에 수탁업무 처리에 관하여 필요한 사항

② 제1항 후단에 따라 수탁업무처리규정을 변경하려는 경우에는 다음 각 호의 사항을 적은 변경신청서를 위원회에 제출하여야 한다.

1. 변경하려는 사항
2. 변경하려는 일시
3. 변경의 이유

제155조의2(민감정보 및 고유식별정보의 처리)

위원회(법 제111조에 따라 위원회의 권한을 위탁받은 자, 판독업무자 및 제148조에 따라 위원회가 지정하여 고시하는 기관을 포함한다) 또는 원자력관계사업자는 다음 각 호의 사무를 수행하기 위하여 불가피한 경우 「개인정보 보호법」 제23조에 따른 건강에 관한 정보(제3호의 사무에 한정한다)나 같은 법 시행령 제18조제2호에 따른 범죄경력자료에 해당하는 정보(제1호, 제2호 및 제4호의 사무에 한정한다), 같은 영 제19조제1호, 제2호 또는 제4호에 따른 주민등록번호, 여권번호 또는 외국인등록번호가 포함된 자료를 처리할 수 있다.

〈개정 2014. 11. 19., 2016. 12. 22., 2018. 6. 19.〉

1. 법 제13조제4호, 제17조제1항제5호, 제24조제1항제4호, 제32조제1항제4호, 제38조제1항제4호, 제48조제1항제3호, 제52조제6항제3호, 제57조제1항제4호, 제66조제1항제4호, 제81조제1항제5호 및 제86조제1항제2호에 따른 인가 · 허가 · 지정 · 등록 · 면허의 취소 및 사용금지의 명령에 관한 사무
2. 법 제14조(법 제12조제8항, 제20조제3항, 제30조제3항, 제30조의2제3항, 제35조제5항, 제45조제3항, 제52조제5항, 제53조제4항, 제54조제4항, 제63조제3항 및 제78조제4항에서 준용하는 경우를 포함한다) 및 제85조에 따른 결격사유 조회에 관한 사무

2의2. 법 제19조(법 제29조, 제34조, 제44조, 제51조, 제62조, 제69조 및 제83조에서 준용하는 경우를 포함한다)에 따른 지위승계 신고에 관한 사무

3. 법 제91조에 따른 방사선장해방지조치에 관한 사무
4. 법 제94조제6호 단서에 해당하는지를 확인하기 위한 사무
5. 법 제106조에 따른 교육훈련에 관한 사무

[본조신설 2014. 8. 6.]

제156조(부담금 산정기준 등)

① 법 제111조의2제1항에 따른 원자력관계사업자등(이하 "원자력관계사업자등"이라 한다)에게

부과하는 부담금의 산정기준은 별표 10의2와 같다.

② 제1항에도 불구하고 다음 각 호의 업무에 대한 부담금의 금액은 별표 10의3과 같다.

1. 법 제98조제1항에 따라 판독업무자가 판독한 방사선작업종사자의 피폭에 관한 기록 및 보고의 관리에 관한 업무
2. 법 제106조제2항에 따른 보수교육의 실시에 관한 업무
3. 법 제107조에 따른 수출입과 관련된 업무

③ 위원회는 제1항에 따라 산정한 해당 연도 부담금의 규모를 그 산출내용을 명시하여 다음 연도 1월 31일까지 고시하여야 한다.

④ 위원회는 제1항에 따른 부담금의 산정기준을 변경하려는 경우에는 미리 산업통상자원부장관과 협의하여야 한다.

[전문개정 2015. 12. 22.]

제156조의2(부담금의 납부방법 및 납부시기 등)

① 위원회는 부담금을 징수하려면 그 금액과 함께 산출내용, 납부기한 및 납부장소를 명시하여 원자력관계사업자등에게 고지하여야 한다.

② 원자력관계사업자등은 다음 각 호의 어느 하나의 방법을 선택하여 해당 기한까지 부담금을 납부하여야 한다.

1. 12회 균등 분할 납부: 다음 연도 매월 말일까지
2. 4회 균등 분할 납부: 다음 연도 1월 31일, 4월 30일, 7월 31일 및 10월 31일까지

③ 제2항에도 불구하고 다음 각 호에 해당하는 업무에 대한 부담금은 해당 호에서 정한 시기에 납부하여야 한다.

1. 법 제53조제1항 전단 및 후단에 따른 허가 및 변경허가에 관련된 안전성 심사와 같은 조 제1항 단서에 따른 변경신고 및 같은 조 제2항에 따른 신고의 접수 업무에 대한 부담금: 허가 신청 시 또는 신고 시
2. 제156조제2항제1호에 따른 업무에 대한 부담금: 다음 연도 4월 30일까지
3. 제156조제2항제2호에 따른 업무에 대한 부담금: 다음 각 목의 어느 하나 중에 원자력관계사업자등이 선택한 시기
   가. 교육 신청 시
   나. 보수교육 실시 연도 6월 30일까지(교육시작일이 7월 1일 이후인 경우에는 해당 연도 12월 31일까지)
4. 제156조제2항제3호에 따른 업무에 대한 부담금: 수출입 신고 시. 다만, 전년도 기준 수출

입 신고 건수가 월평균 5회 이상인 경우에는 월별로 합산하여 다음 달 5일까지 한 번에 납부할 수 있다.

④ 부담금은 현금, 신용카드 또는 직불카드 등으로 납부할 수 있다.

⑤ 위원회는 원자력관계사업자등이 납부한 부담금이 해당 업무의 변경 · 취소 등의 사유로 금액 차이가 발생한 경우에는 위원회가 정하여 고시하는 바에 따라 부담금을 정산하여 추가로 징수하거나 환급하여야 한다.

[본조신설 2015. 12. 22.]

제157조(수탁기관의 지정 등)

① 위원회가 제153조제1항제5호에 따른 수탁기관에 권한을 위탁하는 경우 그 효력은 제170조에 따라 관보에 공고한 날부터 발생한다. 〈개정 2012. 12. 20., 2016. 6. 21.〉

② 제153조제1항제5호에 따라 지정을 받으려는 자는 다음 각 호의 사항을 적은 신청서에 총리령으로 정하는 서류를 첨부하여 위원회에게 제출하여야 한다. 〈개정 2013. 3. 23., 2016. 6. 21.〉

1. 명칭 · 주소 및 대표자 성명
2. 위탁업무를 시행하는 사무소의 명칭 및 위치
3. 위탁을 받으려는 업무의 명칭
4. 위탁업무 개시 예정일
5. 위탁업무에 관한 사업개시연도 및 다음 연도의 사업계획서와 수입 · 지출 예산서
6. 임원의 성명 및 약력(지정을 받으려는 자가 행정기관 외의 자의 경우에 한정한다)
7. 위탁업무취급자의 명단(성명 및 약력과 소지하는 면허 또는 자격을 명시하여야 한다)
8. 위탁업무 수행에 사용되는 기계 · 기구와 그 밖의 설비의 종류와 수량
9. 위탁업무 외의 업무를 운영하고 있는 경우에는 그 업무의 종류와 개요

제158조(수탁기관의 지정기준)

제157조제2항에 따라 지정을 신청하는 자는 다음 각 호의 요건을 모두 갖추어야 한다.

1. 임원 및 주요 직원의 구성이 위탁업무의 공정하고 정확한 수행과 운영에 지장을 주지 아니할 것
2. 위탁업무취급자가 위원회가 정하여 고시하는 자격기준에 맞을 것
3. 위탁업무취급자의 수가 위탁업무를 처리하는 데에 필요한 수 이상일 것
4. 신청한 위탁업무를 수행하는 데에 필요한 종류와 수량의 기계 · 기구 또는 그 밖의 설비가 있을 것

5. 위탁업무를 정확하고 원활하게 수행하는 데에 필요한 재정적 기초를 가지고 있을 것
6. 위탁업무 외의 업무를 운영하고 있을 때에는 그 업무의 운영으로 위탁업무의 처리가 불공정하게 될 우려가 없을 것

제159조(수탁기관의 명칭 등 변경)

① 제153조제1항제5호에 따라 지정을 받은 기관(이하 "지정수탁기관"이라 한다)은 그 명칭 또는 주소나 위탁업무를 취급하는 사무소의 명칭 또는 주소를 변경하려는 경우에는 다음 각 호의 사항을 적은 신청서를 위원회에 제출하여 승인을 받아야 한다. 〈개정 2016. 6. 21.〉

1. 변경 후의 지정수탁기관의 명칭 또는 주소나 위탁업무를 취급하는 사무소의 명칭 또는 주소
2. 변경하려는 일시
3. 변경의 이유

② 지정수탁기관은 위탁업무를 취급하는 사무소(지방분소를 포함한다)를 신설하거나 폐지하려면 다음 각 호의 사항을 적은 신청서를 위원회에 제출하여 승인을 받아야 한다.

1. 신설하거나 폐지하려는 사무소의 명칭 및 주소
2. 신설하거나 폐지하려는 사무소에서 취급업무를 시작하거나 폐지하려는 일시
3. 신설 또는 폐지의 이유

제160조(수탁기관의 지정제한)

위원회는 그 권한을 위탁하려는 대상 기관의 임원 중에 다음 각 호의 어느 하나에 해당하는 사람이 포함되어 있는 경우에는 위탁할 수 없다. 〈개정 2014. 11. 19., 2019. 12. 3.〉

1. 피성년후견인
2. 파산자로서 복권되지 아니한 사람
3. 금고 이상의 형을 선고받고 그 집행이 끝나거나 집행을 받지 아니하기로 확정된 후 2년이 지나지 아니한 사람 또는 형의 집행유예를 선고받고 그 집행유예기간 중에 있는 사람
4. 이 영에 따라 수탁기관의 지정이 취소될 당시 그 수탁기관의 임원이었던 사람으로서 지정이 취소된 날부터 2년이 지나지 아니한 사람
5. 법 제84조제2항의 면허 소지자로서 그 면허가 취소된 날부터 2년이 지나지 아니한 사람

제161조(수탁업무의 중단 · 폐지 승인의 신청)

수탁기관은 제155조에 따라 승인을 받은 수탁업무처리규정에 따른 위탁업무의 전부 또는 일부를 중단하거나 폐지하려면 다음의 각 호의 사항을 적은 신청서를 위원회에 제출하여 승인을 받아

야 한다.

1. 중단하거나 폐지하려는 위탁업무의 종류와 범위
2. 중단하거나 폐지하려는 일시
3. 중단하려는 경우에는 그 기간
4. 중단 또는 폐지의 이유

제162조(위탁업무취급자의 신고)

① 수탁기관이 위탁업무취급자를 선임(選任)한 경우에는 선임한 날부터 30일 이내에 위원회에 신고하여야 한다. 해임(解任)한 경우에도 또한 같다.

② 제1항의 신고서에는 선임한 위탁업무취급자의 성명 · 약력이나 면허 또는 자격, 취급하는 업무의 종류와 사무소 내 배치부서 등을 적어야 한다.

제163조(위탁업무취급자의 해임 요구)

위원회는 위탁업무취급자가 법령 또는 수탁업무처리규정을 위반하거나 그 직무를 담당하는 것이 적당하지 아니하다고 인정하는 경우에는 수탁기관에 대하여 위탁업무취급자의 해임을 요구할 수 있다.

제164조(보고)

수탁기관이 위탁업무를 처리한 경우에는 처리한 날부터 30일 이내에 그 결과를 총리령으로 정하는 바에 따라 위원회에 보고하여야 한다. 〈개정 2013. 3. 23.〉

제165조(수탁기관의 의무)

① 수탁기관은 공정하고 신속하게 위탁업무를 처리하여야 한다.

② 수탁기관은 위원회의 승인 없이는 위탁업무의 전부 또는 일부를 중단하거나 폐지해서는 아니 된다.

③ 수탁기관의 임원이나 수탁업무 취급자 또는 그 직원은 수탁업무에 관하여 직무상 알게 된 비밀을 누설하거나 도용해서는 아니 된다.

제166조(사업계획의 승인 등)

① 지정수탁기관은 매 사업연도의 사업계획 및 수입 · 지출 예산을 작성하여 그 사업연도가 시작되기 전에(지정을 받은 날이 속하는 사업연도의 경우에는 그 지정을 받은 후 지체 없이) 위

원회의 승인을 받아야 한다. 이를 변경할 때에도 또한 같다.

② 지정수탁기관은 매 사업연도가 지난 후 3개월 이내에 그 사업연도의 사업보고서 및 수입 · 지출 결산서를 작성하여 위원회에 제출하여야 한다.

제167조(지정의 취소 등)

위원회는 지정수탁기관이 다음 각 호의 어느 하나에 해당하는 경우에는 그 지정을 취소하거나 기간을 정하여 위탁업무의 전부 또는 일부의 정지를 명할 수 있다. 이 경우 국민경제또는 원자력안전성 확보를 위하여 필요한 경우에는 정지 기간 동안 해당 위탁업무를 수행할 수 있다고 인정되는 다른 기관에 그 정지된 위탁업무를 수행하게 할 수 있다.

1. 제155조 · 제165조 및 제166조를 위반한 경우
2. 제158조에서 정하는 지정기준에 맞지 아니하게 되었다고 인정하는 경우
3. 제171조의 지정조건에 위배되는 경우
4. 그 밖에 수탁기관이 위탁업무를 정상적으로 수행할 수 없다고 인정되는 경우

제168조(감독명령 등)

위원회는 수탁기관의 감독상 필요하다고 인정하는 경우에는 수탁기관의 운영과 위탁업무의 처리에 관한 명령을 할 수 있으며, 소속 공무원으로 하여금 그 장부와 전표, 서류, 시설 등을 검사하게 할 수 있다.

제169조(위탁업무의 인계)

수탁기관은 제161조에 따라 위탁업무의 폐지 승인을 받거나 제167조에 따라 지정이 취소되었을 때에는 위탁업무에 관한 기록 내용 및 그 밖에 위원회가 필요하다고 인정하는 사항을 위원회나 위원회가 지정하는 자에게 인계하여야 한다.

제170조(공고 등)

위원회는 다음 각 호에서 정하는 바에 따라 수탁기관에 관한 사항을 관보에 공고하여야 한다.

〈개정 2016. 6. 21.〉

1. 제153조제1항제5호에 따라 수탁기관을 지정한 경우
   가. 수탁기관의 명칭과 주소 또는 사무소의 명칭과 주소
   나. 지정 및 위탁 연월일
   다. 위탁업무의 종류와 범위

2. 삭제 〈2012. 12. 20.〉

3. 제161조에 따라 수탁업무의 전부 또는 일부의 중단 또는 폐지를 승인한 경우

가. 수탁업무의 전부 또는 일부를 중단하거나 폐지하는 수탁기관의 명칭 및 주소

나. 수탁업무를 중단하거나 폐지하는 사무소의 명칭과 주소

다. 중단 또는 폐지 연월일

라. 중단하거나 폐지하는 수탁업무의 종류와 범위

마. 중단하는 경우 그 중단 기간

4. 제167조에 따라 수탁기관 지정을 취소한 경우

가. 수탁기관의 명칭과 주소 또는 사무소의 명칭과 주소

나. 취소 연월일

5. 제167조에 따라 위탁업무의 전부 또는 일부의 정지를 명한 경우

가. 수탁기관의 명칭과 주소

나. 위탁업무가 정지된 사무소의 명칭과 주소

다. 정지 연월일

라. 정지를 명한 위탁업무의 종류 · 범위 및 정지기간

제171조(지정 등의 조건)

① 위원회는 제153조제1항제5호에 따른 지정, 제155조 · 제159조 · 제161조 및 제166조에 따른 승인 등을 할 때에는 조건을 붙이거나 필요하다고 인정하는 사항에 대한 변경을 명할 수 있다. 〈개정 2016. 6. 21.〉

② 제1항에 따라 조건을 붙이거나 변경을 명하는 경우 그 지정 또는 승인에 관한 사항을 공정하게 운영하는 데에 필요한 최소한의 범위에서 하여야 하며, 지정 또는 승인을 받은 자에게 부당한 의무를 부과해서는 아니 된다.

제172조(자료 제출의 요구 등)

수탁기관은 위탁업무 처리를 위하여 필요한 경우에는 그 업무를 신청한 원자력관계사업자에 대하여 위탁업무 처리를 위하여 필요한 보충서류와 그 밖의 자료를 제출할 것을 요구하거나 소속 직원으로 하여금 사업소 위탁업무에 관한 사항을 현지조사를 하게 하거나 관계인에게 필요한 질문을 하게 할 수 있으며, 시험 · 평가에 필요한 최소량의 시료를 수거하게 할 수 있다.

제173조(신분증 등)

수탁기관은 제172조에 따라 소속 직원으로 하여금 해당 사업소에서 현지조사 등을 하게 하는 경우에는 위원회가 발행하는 현지조사 등을 하는 사람임을 증명하는 서류를 지니게 하여야 하며, 관계인에게 이를 보여 주게 하여야 한다.

제173조의2(원자력안전규제계정의 회계기관)

위원회는 「원자력 진흥법」 제17조제1항에 따른 원자력기금 중 같은 조 제2항에 따른 원자력안전규제계정(이하 "원자력안전규제계정"이라 한다)의 수입과 지출에 관한 사무를 담당하게 하기 위하여 그 소속 공무원 중에서 기금수입징수관, 기금재무관, 기금지출관 및 기금출납공무원을 각각 임명하여야 한다.

[본조신설 2015. 12. 22.]

제173조의3(원자력안전규제계정의 한국은행 계정 설치)

위원회는 원자력안전규제계정의 수입 및 지출을 명확하게 하기 위하여 한국은행에 원자력안전규제계정을 설치하여야 한다.

[본조신설 2015. 12. 22.]

제173조의4(원자력안전규제계정의 회계연도)

원자력안전규제계정의 회계연도는 정부의 회계연도에 따른다.

[본조신설 2015. 12. 22.]

제173조의5(원자력안전규제계정에 관한 사무의 위탁 등)

① 위원회는 원자력안전규제계정에 관한 다음 각 호의 사무를 「원자력 진흥법」 제18조제1항 단서에 따라 안전재단에 위탁한다. 〈개정 2016. 6. 21.〉

1. 원자력안전규제계정의 관리 · 운용에 관한 회계사무
2. 원자력안전규제계정의 수입 및 지출에 관한 사무
3. 원자력안전규제계정의 여유자금 운용에 관한 사무
4. 그 밖에 원자력안전규제계정의 관리 · 운용에 관하여 위원회가 정하여 고시하는 사무

② 제1항에 따라 원자력안전규제계정에 관한 사무를 위탁받은 안전재단은 위원회가 정한 사항을 위원회에 보고하여야 한다. 〈개정 2016. 6. 21.〉

③ 위원회는 제1항에 따라 원자력안전규제계정의 수입과 지출에 관한 사무를 위탁받은 안전재

단과 협의하여 안전재단의 이사 중에서 기금수입담당이사와 기금지출원인행위 담당이사를, 그 직원 중에서 기금지출원과 기금출납원을 각각 임명하여야 한다. 이 경우 기금수입담당이사는 기금수입징수관의 업무를, 기금지출원인행위 담당이사는 기금재무관의 업무를, 기금지출원은 기금지출관의 업무를, 기금출납원은 기금출납공무원의 업무를 위탁받은 업무의 범위에서 각각 수행한다. 〈개정 2016. 6. 21.〉

[본조신설 2015. 12. 22.]

제173조의6(원자력안전규제계정의 운용 규정)

이 영에서 규정한 사항 외에 원자력안전규제계정의 관리 · 운용에 필요한 사항은 위원회가 정하는 바에 따른다.

[본조신설 2015. 12. 22.]

제174조(환경상의 위해방지)

법 제11조제3호, 제12조제5항제2호, 제21조제1항제3호, 제36조제1항제3호, 제46조제3호 및 제64조제3호에 따라 국민의 건강 및 환경상의 위해를 방지하기 위한 기준은 다음 각 호와 같다. 〈개정 2015. 7. 20.〉

1. 시설에서 배출되는 액체 및 기체 상태의 방사성물질의 농도가 위원회가 정하는 기준에 맞을 것
2. 그 밖에 방사선 위해 방지를 위하여 위원회가 정하는 기준에 맞을 것

제175조(업무의 정지 또는 사용금지 처분기준과 과징금 부과기준)

법 제17조제2항(법 제24조제2항, 법 제32조제2항, 법 제38조제2항 및 법 제66조제2항에서 준용하는 경우를 포함한다), 법 제48조제2항(법 제52조제7항에서 준용하는 경우를 포함한다) 및 법 제57조제2항(법 제81조제2항에서 준용하는 경우를 포함한다)에 따른 업무의 정지 또는 사용금지 처분기준과 과징금 부과기준은 별표 11과 같다.

[전문개정 2014. 11. 19.]

제175조의2(과징금의 부과 및 납부)

① 위원회는 법 제17조제2항(법 제24조제2항, 법 제32조제2항, 법 제38조제2항 및 법 제66조제2항에서 준용하는 경우를 포함한다), 법 제48조제2항(법 제52조제7항에서 준용하는 경우를 포함한다) 및 법 제57조제2항(법 제81조제2항에서 준용하는 경우를 포함한다)에 따라 과징

금을 부과하려면 그 위반행위의 내용과 과징금 금액 등을 명시하여 과징금을 낼 것을 과징금 부과 대상자에게 서면으로 통지하여야 한다.

② 제1항에 따라 통지를 받은 자는 통지받은 날부터 20일 이내에 위원회가 정하는 수납기관에 과징금을 내야 한다. 다만, 천재지변이나 그 밖의 부득이한 사유로 인하여 그 기한까지 과징금을 낼 수 없는 경우에는 그 사유가 없어진 날부터 7일 이내에 내야 한다.

③ 제2항에 따라 과징금을 받은 수납기관은 과징금을 낸 자에게 영수증을 발급하고 수납한 사실을 지체 없이 위원회에 통보하여야 한다.

[본조신설 2014. 11. 19.]

제176조(수수료)

법 제112조 단서에서 "대통령령으로 정하는 기관"이란 한국원자력안전기술원, 한국원자력연구원, 한국원자력통제기술원 및 안전재단을 말한다. 〈개정 2016. 6. 21.〉

제177조(규제의 재검토)

위원회는 다음 각 호의 사항에 대하여 2015년 1월 1일을 기준으로 3년마다(매 3년이 되는 해의 기준일과 같은 날 전까지를 말한다) 그 타당성을 검토하여 개선 등의 조치를 하여야 한다.

1. 별표 11에 따른 업무의 정지 또는 사용금지 처분기준과 과징금 부과기준
2. 삭제 〈2017. 12. 12.〉

[본조신설 2014. 11. 19.]

제11장 벌칙 〈신설 2014. 11. 19.〉

제178조(과태료 부과기준 등)

법 제119조제2항에 따른 과태료의 부과기준은 별표 12와 같다.

[본조신설 2014. 11. 19.]

부칙 〈제31431호, 2021. 2. 2.〉

이 영은 공포한 날부터 시행한다.

원자력안전법 시행규칙

[시행 2020. 5. 29]

[총리령 제1616호, 2020. 5. 29, 일부개정]

제1장 총칙

제1조(목적)

이 규칙은 「원자력안전법」 및 같은 법 시행령에서 위임된 사항과 그 시행에 필요한 사항을 규정함을 목적으로 한다.

제2조(정의)

이 규칙에서 사용하는 용어의 뜻은 다음과 같다.

1. "표면방사선량률"(表面放射線量率)이란 방사성물질, 방사성물질을 내장한 용기 또는 장치, 방사선발생장치 및 방사선차폐체(放射線遮蔽體) 등 방사선이 나오는 물체의 표면으로부터 10센티미터의 거리에서 측정한 방사선량률을 말한다.
2. "핵분열성물질"이란 우라늄 233, 우라늄 235, 플루토늄 239, 플루토늄 241 또는 이들의 혼합물을 말한다. 다만, 조사(照射)되지 아니한 천연우라늄 및 감손(減損)우라늄과 열중성자로에서 조사된 천연우라늄 및 감손우라늄은 제외한다.
3. "개인선량계"란 사람의 신체 외부에 피폭되는 방사선량을 측정할 수 있는 장치로서 「원자력안전위원회의 설치 및 운영에 관한 법률」 제3조에 따른 원자력안전위원회(이하 "위원회"라 한다)가 정하여 고시하는 것을 말한다.
4. "운반물"이란 운반을 위하여 준비된 방사성물질등이 들어있는 용기를 말한다.
5. "A값"이란 방사성물질등의 운반을 위하여 방사성동위원소별로 위원회가 정하여 고시하는 방사능값을 말한다.
6. "B(U)형 운반물"이란 A값을 초과하는 방사성물질등을 운반하는 운반물로서 국제원자력기구의 방사성물질 안전운반에 관한 규정(이하 "국제운반규정"이라 한다)에 따라 설계 발원국가의 승인이 필요한 운반물을 말한다.
7. "B(M)형 운반물"이란 A값을 초과하는 방사성물질등을 운반하는 운반물로서 국제운반규정에 따라 설계 발원국가의 방사성물질 운반물이 통과 또는 도착하는 국가의 승인이 필요한 운반물을 말한다.
8. "C형 운반물"이란 항공운반을 위하여 준비된 운반물로서 위원회가 정하여 고시하는 방사능량을 초과하여 운반하는 운반물을 말한다.
9. "핵분열성물질 운반물"이란 위원회가 정하여 고시하는 면제기준을 초과하는 핵분열성물질을 운반하는 운반물을 말한다.

제3조(국제규제물자)

① 법 제2조제17호에서 "총리령으로 정하는 것"이란 다음 각 호의 것을 말한다.

1. 국제원자력기구의 안전조치 및 물리적 방호(防護)의 대상이 되는 핵물질
2. 원자로 및 그 부속장비
3. 원자로에 사용되는 비핵물질
4. 조사용 핵연료(照射用 核燃料)의 재처리공장 및 이를 위하여 설계 또는 제작된 장비
5. 핵연료의 가공시설(변환시설을 포함한다. 이하 같다)
6. 우라늄농축시설 및 이를 위하여 설계 또는 제작된 장비
7. 중수(重水), 중수소(重水素) 또는 중수소화합물의 생산시설 및 이를 위하여 설계 또는 제작된 장비
8. 그 밖에 원자력 관련 조약과 그 밖의 국제약속에 따라 관리되는 원자력 관련 물자 또는 시설

② 제1항 각 호의 물질 · 장비 및 시설 등의 세부사항은 위원회가 정하여 고시한다.

제2장 원자로 및 관계시설의 건설 · 운영

제1절 발전용원자로 및 관계시설

제4조(건설허가의 신청)

① 「원자력안전법 시행령」(이하 "영"이라 한다) 제17조에 따른 건설허가신청서는 별지 제1호 서식과 같다.

② 법 제10조제2항에 따른 방사선환경영향평가서에는 위원회가 정하여 고시하는 지침에 따라 다음 각 호의 사항을 적어야 한다. 〈개정 2015. 7. 21.〉

1. 시설 및 그 부지주변지역의 환경현황
2. 시설의 건설 및 운영으로 인하여 주변 환경에 미치는 방사선영향의 예측
3. 시설의 건설 및 운영 중 시행할 방사선환경감시계획
4. 운전 중 사고로 인하여 환경에 미치는 방사선영향
5. 영 제144조제2항에 따라 통지된 의견
6. 영 제145조제5항 후단에 따른 의견 청취 결과 또는 영 제145조제6항에 따른 공청회 개최 결과

③ 법 제10조제2항에 따른 예비안전성분석보고서에는 다음 각 호의 사항을 적어야 한다. 다만, 해당 원자로의 사용목적 또는 그 원리의 차이로 인하여 적용하기가 적합하지 아니한 사항, 법 제10조제2항에 따라 제출한 다른 서류의 기재사항과 중복되는 사항 또는 같은 조 제5항에 따른 사전 승인을 신청할 때 제출한 서류의 기재사항과 중복되는 사항은 기재하지 아니할 수 있다. 〈개정 2014. 11. 24., 2016. 6. 30.〉

1. 다음 각 목의 일반적 사항
   가. 허가신청내용의 개요
   나. 발전용원자로 및 관계시설(이하 "원자로시설"이라 한다)과 그 부지의 주요특성
   다. 유사한 다른 원자로시설과의 비교내용
   라. 원자로시설의 건설에 관한 계약당사자 및 그 책임 범위
   마. 추가로 제출될 기술자료
2. 원자로시설의 부지에 관한 다음 각 목의 사항
   가. 지리적 특성 및 인구 현황
   나. 주변산업 · 수송 및 군사시설
   다. 기상특성
   라. 해양특성
   마. 수문특성
   바. 지질 · 지진 및 지반공학특성
3. 원자로시설의 구조물 · 부품 · 기기 및 계통의 설치에 관한 다음 각 목의 사항
   가. 설계기준에의 적합 여부
   나. 구조물 · 부품 · 기기 및 계통의 분류
   다. 태풍 · 홍수 · 해일 등 자연적 재해와 비산체(飛散體) 또는 낙하물이나 배관 등의 가상적 파열(破裂)에 대비한 방호조치
   라. 내진설계
   마. 격납시설 및 그 밖에 원자로의 안전에 관계되는 시설의 구조물 설계
   바. 기계적 구조 및 설비와 그 부품의 설계
   사. 안전성 관련 기기의 내진 및 환경검증 설계
4. 원자로에 관한 다음 각 목의 사항
   가. 핵연료 계통의 설계
   나. 노심설계(爐心設計)
   다. 열수력학적 설계

라. 원자로의 재료
마. 반응도 제어 계통의 설계
5. 원자로 냉각 계통에 관한 다음 각 목의 사항
가. 원자로 냉각 계통 및 그 부품에 관한 개요
나. 원자로 냉각 계통의 압력경계
다. 원자로 용기
라. 부품설계
마. 부속계통의 설계
6. 다음 각 목의 계통 등의 공학적 안전설비 등에 관한 사항
가. 공학적 안전 계통
나. 격납 계통
다. 비상 노심 냉각 계통
라. 제어실 안전보장 계통
마. 핵분열생성물의 제거 및 제어 계통
바. 주증기 계통의 격리밸브 누설 제어 계통
사. 가목부터 바목까지에 대한 가동 중의 검사
7. 계측 및 제어계통에 관한 다음 각 목의 사항
가. 개요
나. 원자로 정지 계통
다. 공학적 안전설비 작동 계통
라. 안전에 중요한 정보 계통
마. 안전에 중요한 연동 계통
바. 안전 정지 계통
사. 제어 계통
아. 다양성의 계측 및 제어 계통
자. 데이터통신 계통
8. 전력 계통에 관한 다음 각 목의 사항
가. 개요
나. 발전소 외 전력계통
다. 발전소 내 교류전력계통
라. 발전소 내 직류전력계통

9. 보조 계통에 관한 다음 각 목의 사항

가. 핵연료의 저장 및 취급 계통

나. 용수 계통

다. 공정보조 계통

라. 냉난방 및 환기 계통

마. 화재 방호 계통(화재위험도분석을 포함한다)

10. 증기 및 동력변환 계통에 관한 다음 각 목의 사항

가. 개요

나. 터빈 발전기

다. 주증기 공급 계통

11. 방사성폐기물의 관리에 관한 다음 각 목의 사항

가. 방사성폐기물의 발생원

나. 고체폐기물 관리 계통

다. 액체폐기물 관리 계통

라. 기체폐기물 관리 계통

마. 감시 및 시료채집 계통

12. 방사선 방호에 관한 다음 각 목의 사항

가. 방사선작업종사자에 대한 방호계획

나. 방사선원

다. 방사선 방호설계

라. 방사선량의 평가방법

마. 보건물리계획

13. 조직에 관한 다음 각 목의 사항

가. 관리체계

나. 직무교육 및 훈련

다. 관리절차

14. 초기시험에 관한 다음 각 목의 사항

가. 시험계획의 범위

나. 시험조직에 관한 사항

다. 발전소의 고유한 특성 또는 특수설계특성에 대한 시험계획 개요

라. 시험계획의 수립 · 시행 관련 규정 및 산업기술기준 이용계획

마. 다른 유사한 발전소의 운전 및 시험경험 이용방안

바. 시험계획의 일정

사. 발전소 운전절차서 및 법 제20조제2항에 따른 사고관리계획서(이하 "사고관리계획서"라 한다)의 시범적용에 관한 개요

아. 시험계획 수행 중 구성원 보강계획

15. 사고분석에 관한 사항

16. 기술지침에 관한 사항

17. 품질보증에 관한 사항

18. 인간공학(人間工學)에 관한 다음 각 목의 사항

가. 인간공학설계의 적용방법과 분석체계

나. 주제어실

다. 원격제어실

④ 법 제10조제2항에 따른 품질보증계획서에는 다음 각 호의 사항을 적어야 한다.

1. 품질보증체제의 조직
2. 품질보증계획
3. 설계관리
4. 구매서류관리
5. 지시서 · 절차서 및 도면
6. 서류관리
7. 구매품목 및 용역의 관리
8. 품목의 식별 및 관리
9. 특수작업의 관리
10. 검사
11. 시험관리
12. 측정 및 시험장비의 관리
13. 취급 · 저장 및 운송
14. 검사 · 시험 및 운전의 상태
15. 부적합한 품목의 관리
16. 시정조치
17. 품질보증기록
18. 감사

⑤ 법 제10조제2항에 따른 원자로시설의 해체계획서에는 위원회가 정하여 고시하는 바에 따라 다음 각 호의 사항을 적어야 한다. 〈신설 2015. 7. 21.〉

1. 원자로시설의 해체를 위한 조직, 인력, 비용 및 재원
2. 원자로시설의 해체 전략 및 일정
3. 해체를 용이하게 하기 위하여 설계 시 반영한 사항 및 건설 · 운영 시 조치하도록 한 사항
4. 방사선으로부터 재해를 방지하기 위한 조치
5. 방사성물질등에 따른 오염의 제거 방법
6. 방사성폐기물의 처리 · 저장 · 처분 방법
7. 방사성물질등이 환경에 미치는 영향의 평가 및 대책
8. 그 밖에 원자로시설의 해체에 따른 재해를 방지하기 위하여 위원회가 정하는 사항

⑥ 법 제10조제2항에서 "그 밖에 총리령으로 정하는 서류"란 다음 각 호의 서류를 말한다. 〈개정 2015. 7. 21., 2016. 6. 30.〉

1. 원자로의 사용목적에 관한 설명서
2. 위원회가 정하여 고시하는 지침에 따라 작성된 원자로시설의 설치에 관한 기술능력의 설명서
3. 위원회가 정하여 고시하는 지침에 따라 작성된 사고관리계획서 작성계획서
4. 정관(법인인 경우에만 해당한다)

⑦ 제7조에 따른 부지사전승인신청을 할 때에 방사선영향평가서를 제출한 경우에는 법 제10조제2항에 따른 건설허가 신청을 할 때에는 제출하지 아니할 수 있다. 〈개정 2015. 7. 21.〉

⑧ 법 제10조제2항에 따른 허가신청서를 제출받은 위원회는 「전자정부법」 제36조제1항에 따른 행정정보의 공동이용을 통하여 신청인의 법인 등기사항증명서(법인인 경우에만 해당한다)를 확인하여야 한다. 〈개정 2015. 7. 21.〉

⑨ 위원회는 법 제10조제1항에 따라 원자로시설의 건설허가를 하였을 때에는 별지 제2호서식의 허가증을 신청인에게 발급하여야 한다. 〈개정 2015. 7. 21.〉

제5조(변경허가의 신청)

① 영 제21조에 따른 변경허가신청서는 별지 제3호서식과 같다.

② 제1항의 신청서에는 다음 각 호의 서류를 첨부하여야 한다.

1. 허가신청서의 첨부서류 중 변경되기 전과 변경된 후의 비교표
2. 허가증

제6조(경미한 사항의 변경신고)

① 법 제10조제1항 단서에서 “총리령으로 정하는 경미한 사항”이란 다음 각 호의 어느 하나에 해당하는 사항을 말한다. 〈개정 2014. 11. 24.〉

1. 허가를 받은 자의 성명 및 주소(법인인 경우에는 그 명칭 및 주소와 대표자의 성명)
2. 원자로시설을 설치하는 사업소(공장을 포함한다. 이하 같다)의 명칭
3. 원자로시설의 공사일정
4. 원자로의 연료로 사용되는 핵연료물질의 연간 사용예정량 및 그 취득계획
5. 예비안전성분석보고서의 내용 중 법 제2조제22호에 따른 안전관련설비의 변경을 수반하지 아니하는 설비나 시설의 변경에 관한 사항
6. 예비안전성분석보고서 및 품질보증계획서의 내용 중 품질보증체제의 조직이 아닌 일반조직 변경에 관한 사항
7. 오기(誤記), 누락 또는 그 밖에 이에 준하는 사유로서 그 변경 사유가 분명한 사항

② 법 제10조제1항 단서에 따라 변경신고를 하려는 자는 별지 제4호서식의 신고서에 다음 각 호의 서류를 첨부하여 위원회에 제출하여야 한다.

1. 변경사항을 증명하는 서류
2. 허가증

③ 제2항에 따른 신고서는 다음 각 호의 구분에 따른 기간 내에 제출하여야 한다. 〈개정 2014. 11. 24.〉

1. 제1항제1호부터 제4호까지의 변경에 관한 사항: 변경 후 20일 이내
2. 제1항제5호부터 제7호까지의 변경에 관한 사항: 변경 후 6개월 이내

제7조(부지의 사전승인 및 공사의 범위)

① 법 제10조제4항에서 “총리령으로 정하는 범위”란 원자로시설을 설치할 지점의 굴착과 그 지점의 암반의 보호 및 보강을 위한 콘크리트공사를 말한다. 다만, 위원회는 원자로시설의 안전성을 높이기 위하여 필요하다고 인정하는 경우에는 그 범위를 조정할 수 있다.

② 법 제10조제5항에 따른 승인신청서는 별지 제5호서식과 같다.

③ 법 제10조제5항에 따른 방사선환경영향평가서에는 제4조제2항 각 호의 사항을 적어야 한다.

④ 법 제10조제5항에 따른 부지조사보고서에는 제4조제3항제2호 각목의 사항을 적어야 한다.

제8조(기술능력)

법 제11조제1호에서 “총리령으로 정하는 발전용원자로 및 관계시설의 건설에 필요한 기술능력

을 확보하고 있을 것"이란 다음 각 호의 요건을 모두 갖춘 것을 말한다.

1. 원자로시설의 건설에 필요한 조직 및 부서를 구성하고, 업무수행에 요구되는 책임과 권한이 명확히 부여되어 있을 것
2. 원자로시설의 건설 중 발생하는 안전관련사항의 검토를 위한 공학적 · 기술적 지원조직을 갖추고 있을 것
3. 발전소 건설에 종사하는 사람은 그 책임과 권한에 상응하는 자격과 경험을 갖추고 있을 것
4. 원자로시설의 건설사례를 분석하여 설계 및 건설에 반영할 수 있는 체계를 구축하고 있을 것
5. 안전 관련 구조물 · 계통 및 기기에 대한 시험 및 검사 계획을 수립하고 있을 것

제9조(표준설계인가신청 등)

① 영 제22조제1항에 따른 인가신청서는 별지 제6호서식과 같다.

② 법 제12조제2항에 따른 표준설계기술서에는 다음 각 호의 사항을 적어야 한다. 다만, 해당 원자로의 건설 또는 운영 관련 사항 등 포함하기에 적합하지 아니한 사항은 기재하지 아니할 수 있다.

1. 다음 각 목의 일반적 사항
   가. 용어의 정의
   나. 공통적으로 적용될 사항
   다. 그림 · 기호 및 약어 목록
2. 부지의 특성에 관한 사항
3. 다음 각 목의 사항에 관한 원자로시설의 설계기준, 설계내용 및 설계 · 시공 · 성능 검증계획(이하 "검증계획"이라 한다)
   가. 구조물 · 부품 · 기기 및 계통
   나. 원자로
   다. 원자로냉각재 계통 및 연계 계통
   라. 공학적 안전설비
   마. 계측 및 제어 계통
   바. 전력 계통
   사. 보조 계통
   아. 증기 및 동력변환 계통
   자. 방사성폐기물관리

차. 방사선 방호

카. 초기시험계획

타. 인간공학

파. 비상대응시설

4. 그 밖에 설계요건에 관한 다음 각 목의 사항

가. 발전소 외 전력 계통

나. 최종 열제거원

다. 용수펌프 구조물 및 환기 계통

③ 법 제12조제2항에서 "그 밖에 총리령으로 정하는 서류"란 다음 각 호의 서류를 말한다. 〈개정 2016. 6. 30.〉

1. 원자로의 사용목적에 관한 설명서
2. 원자로의 설계에 관한 기술능력의 설명서
3. 표준설계안전성분석보고서
4. 위원회가 정하여 고시하는 지침에 따라 작성된 사고관리계획서 작성계획서
5. 정관(법인인 경우만 해당한다)

④ 제3항제3호에 따른 표준설계안전성분석보고서에는 다음 각 호의 사항을 적어야 한다. 다만, 해당 원자로시설의 사용목적, 그 원리적 차이 또는 원자로시설의 건설 및 운영 관련 사항 등 포함하기에 적합하지 아니한 사항은 기재하지 아니할 수 있다. 〈개정 2016. 6. 30.〉

1. 제4조제3항 각 호(제14호는 제외한다)의 사항
2. 초기시험에 관한 다음 각 목의 사항

가. 시험계획 및 목적의 개요

나. 시험조직 및 요원

다. 시험절차 및 일정

라. 시험방법

마. 유사한 다른 원자로시설에 대한 운전 및 시험경험의 이용

바. 발전소 운전절차서 및 사고관리계획서의 시범적용에 관한 사항

사. 초기핵연료장전 및 그 임계도달

아. 시험의 내용

자. 시험결과의 검토 · 평가내용

차. 시험에 관한 기록

카. 개별 시험별 적용기술기준

⑤ 제4항에 따른 표준설계안전성분석보고서에는 표준설계에 대한 안전성을 확인할 수 있는 수준의 상세한 기술정보를 기술하여야 한다.

⑥ 삭제 〈2016. 6. 30.〉

⑦ 법 제12조제2항에 따른 인가신청서를 제출받은 위원회는 「전자정부법」 제36조제1항에 따른 행정정보의 공동이용을 통하여 신청인의 법인 등기사항증명서(법인인 경우에만 해당한다)를 확인하여야 한다.

⑧ 위원회는 법 제12조제1항 본문에 따라 원자로시설의 표준설계를 인가하였을 때에는 별지 제7호서식의 인가증을 신청인에게 발급하여야 한다.

제10조(검증계획의 이행)

① 법 제12조제1항에 따라 인가받은 표준설계에 따라 법 제10조에 따른 발전용원자로시설의 건설허가 및 법 제20조에 따른 발전용원자로의 운영허가를 신청하는 자는 검증계획을 이행하여야 한다.

② 위원회는 제1항에 따른 필요한 경우에는 영 제27조에 따른 사용 전 검사와 영 제31조에 따른 품질보증검사를 통하여 검증계획 이행 여부를 확인할 수 있다.

제11조(표준설계인가 변경의 신청)

① 영 제23조에 따른 변경인가신청서는 별지 제8호서식과 같다.

② 제1항의 신청서에는 다음 각 호의 서류를 첨부하여야 한다.

1. 표준설계인가 신청시의 첨부서류 중 변경되기 전과 변경된 후의 비교표
2. 표준설계인가증

제12조(경미한 사항의 변경신고)

① 법 제12조제1항 단서에서 "총리령으로 정하는 경미한 사항"이란 표준설계인가를 받은 사람의 성명 및 주소(법인인 경우에는 그 명칭 · 주소와 대표자의 성명)를 말한다.

〈개정 2016. 6. 30.〉

② 법 제12조제1항 단서에 따라 변경신고를 하려는 자는 해당 신고사유가 발생한 날부터 30일 이내에 별지 제4호서식의 신고서에 변경사항을 증명하는 서류를 첨부하여 위원회에 제출하여야 한다.

제13조(계량관리규정의 작성)

영 제25조에 따른 계량관리규정에는 위원회가 정하여 고시하는 지침에 따라 다음 각 호의 사항을 적어야 한다.

1. 직무 및 조직
2. 주요측정지점 · 측정방법 및 측정기기
3. 국제규제물자 중 핵물질(이하 "특정핵물질"이라 한다)의 반입 · 반출 및 계량관리절차
4. 교육 및 훈련
5. 기록 및 보고
6. 그 밖에 특정핵물질의 계량관리업무와 직접 관계되는 사항

제14조(경미한 사항의 변경신고)

① 법 제15조제1항 단서에서 "총리령으로 정하는 경미한 사항"이란 다음 각 호의 어느 하나에 해당하는 사항을 말한다.

1. 건설허가를 받은 사람의 성명 및 주소(법인인 경우에는 그 명칭 및 주소와 대표자의 성명)
2. 사업소의 명칭 및 소재지

② 법 제15조제1항 단서에 따라 변경신고를 하려는 자는 해당 신고사유가 발생한 날부터 30일 이내에 별지 제4호서식의 신고서에 변경사항을 증명하는 서류를 첨부하여 위원회에 제출하여야 한다.

제14조의2(안전관련설비 계약 신고)

① 법 제15조의2 전단에 따른 신고서는 다음과 같다.

1. 안전관련설비의 설계 및 제작에 관한 사항: 별지 제8호의2서식
2. 안전관련설비의 성능검증에 관한 사항: 별지 제8호의3서식

② 제1항에 따른 신고서에는 다음 각 호의 서류를 첨부하여야 한다.

1. 계약 체결 증명서류
2. 성능검증계획서(제1항제2호에 한정한다)

[본조신설 2014. 11. 24.]

제14조의3(안전관련설비 계약 변경신고)

① 법 제15조의2 후단에 따른 변경신고서는 별지 제8호의4서식과 같다.

② 법 제15조의2 후단에 따라 변경신고를 하려는 자는 해당 신고사유가 발생한 날부터 30일 이

내에 별지 제8호의4서식의 신고서에 변경사항을 증명하는 서류를 첨부하여 위원회에 제출하여야 한다.

[본조신설 2014. 11. 24.]

제14조의4(성능검증관리기관의 지정신청)

① 법 제15조의4제1항에 따른 성능검증관리기관(이하 "성능검증관리기관"이라 한다) 지정신청서는 별지 제8호의5서식과 같다.

② 제1항에 따른 신청서에는 다음 각 호의 서류를 첨부하여야 한다.

1. 정관
2. 법인 또는 단체의 현황
3. 영 제25조의3제1항제1호에 따른 상설 전담조직에 관한 사항
4. 영 제25조의3제1항제2호에 따른 전문 인력을 증명하는 서류
5. 영 제25조의3제1항제3호에 따른 업무규정
6. 성능검증관리업무 수행 계획서

③ 법 제15조의4제5항에 따른 신청서를 제출받은 위원회는 「전자정부법」 제36조제1항에 따른 행정정보의 공동이용을 통하여 신청인의 법인 등기사항증명서(법인인 경우에만 해당한다)를 확인하여야 한다.

④ 위원회는 법 제15조의4제1항에 따라 성능검증관리기관의 지정을 하였을 때에는 별지 제8호의6서식의 지정서를 발급하여야 한다.

[본조신설 2014. 11. 24.]

제15조(사용 전 검사의 신청)

① 영 제28조에 따른 검사신청서는 별지 제9호서식과 같다.

② 제1항에 따른 신청서는 영 제29조제1항 각 호의 검사 사유가 발생할 때마다 검사를 받으려는 날의 30일 전까지 제출하여야 한다. 다만, 같은 항 제3호 및 제4호에 따른 검사는 한꺼번에 신청할 수 있다.

제15조의2(승계의 신고)

① 법 제19조제1항에 따라 원자로시설의 건설허가를 받은 자의 지위를 승계한 자는 별지 제9호의2서식의 신고서에 다음 각 호의 구분에 따른 서류를 첨부하여 위원회에 제출하여야 한다.

1. 사업의 양도 · 양수의 경우

가. 허가증

나. 양도 · 양수 계약서 사본

다. 양도 · 양수에 관한 총회 또는 이사회의 의결서 사본(법인인 경우만 해당한다)

2. 상속의 경우

가. 허가증

나. 「가족관계의 등록 등에 관한 법률」 제15조제1항제1호에 따른 가족관계증명서와 상속인임을 증명하는 서류

3. 합병의 경우

가. 허가증

나. 합병 계약서 사본

다. 합병에 관한 총회 또는 이사회의 의결서 사본

② 위원회는 제1항에 따른 신고서를 받은 경우 「전자정부법」 제36조제1항에 따른 행정정보의 공동이용을 통하여 지위를 승계한 자의 법인 등기사항증명서(법인인 경우만 해당한다)를 확인하여야 한다. 다만, 신고인이 확인에 동의하지 아니하는 경우에는 해당 서류를 첨부하도록 하여야 한다.

[본조신설 2018. 5. 3.]

제2절 발전용원자로 및 관계시설의 운영

제16조(운영허가의 신청 등)

① 영 제33조제1항에 따른 운영허가신청서는 별지 제10호서식과 같다.

② 법 제20조제2항에 따른 운영기술지침서(이하 "운영기술지침서"라 한다)에는 위원회가 정하여 고시하는 지침에 따라 다음 각 호의 사항을 적어야 한다.

1. 원자로시설의 운전

가. 사용 및 적용

나. 안전제한치

다. 운전제한조건 및 점검요구사항

라. 설계특성

2. 원자로시설의 방사선 및 환경

가. 방사선방어

나. 방사성물질등의 관리

다. 원자로시설로부터의 환경보전

3. 원자로시설의 운영관리

가. 조직 및 기능

나. 원자로시설의 순시점검

다. 비상시 운전원이 조치하여야 할 사항

라. 계획서 및 지침서

③ 법 제20조제2항에 따른 최종안전성분석보고서에는 제9조제4항 각 호의 사항을 적어야 한다. 다만, 해당 원자로의 사용목적 또는 그 원리의 차이로 인하여 적용하기에 적합하지 아니한 사항과 법 제20조제2항에 따른 다른 첨부서류의 기재사항과 중복되는 사항은 기재하지 아니할 수 있다.

④ 사고관리계획서에는 위원회가 정하여 고시하는 지침에 따라 다음 각 호의 사항을 적어야 한다. 〈신설 2016. 6. 30.〉

1. 사고관리의 범위에 관한 사항
2. 사고관리에 사용되는 설비에 관한 사항
3. 사고관리 전략 및 이행체제에 관한 사항
4. 사고관리능력의 평가(확률론적 안전성평가를 포함한다)에 관한 사항
5. 비상운전절차서의 작성에 관한 사항
6. 중대사고의 관리에 관한 사항
7. 사고관리 교육훈련에 관한 사항
8. 그 밖에 사고관리를 위하여 위원회가 정하는 사항

⑤ 법 제20조제2항에 따른 품질보증계획서에는 제4조제4항 각 호의 사항을 적어야 한다. 〈개정 2016. 6. 30.〉

⑥ 법 제20조제2항에 따른 액체 및 기체 상태의 방사성물질등의 배출계획서(이하 "배출계획서"라 한다)에는 위원회가 정하여 고시하는 지침에 따라 다음 각 호의 사항을 적어야 한다. 〈신설 2017. 2. 3.〉

1. 액체 및 기체 상태의 방사성물질등의 처리시설 및 감시설비
2. 액체 및 기체 상태의 방사성물질등에 대한 시료채집 및 분석계획
3. 액체 및 기체 상태의 방사성물질등의 배출총량 계산방법
4. 제3호에 따라 계산한 부지별 · 기간별 · 핵종군(核種群)별 배출총량

⑦ 법 제20조제2항에서 "총리령으로 정하는 서류"란 다음 각 호의 서류를 말한다. 〈개정 2016. 6. 30., 2017. 2. 3.〉

1. 위원회가 정하여 고시하는 지침에 따라 작성된 원자로의 운전에 관한 기술능력의 설명서
2. 핵연료의 장전계획에 관한 설명서
3. 삭제 〈2016. 6. 30.〉

⑧ 위원회는 법 제20조제1항 본문에 따라 원자로시설의 운영허가를 할 때에는 별지 제2호서식의 허가증을 신청인에게 발급하여야 한다. 〈개정 2016. 6. 30., 2017. 2. 3.〉

제17조(변경허가의 신청)

① 영 제34조에 따른 변경허가신청서는 별지 제11호서식과 같다.

② 제1항의 신청서에는 다음 각 호의 서류를 첨부하여야 한다.

1. 운영허가신청서 첨부서류 중 변경되기 전과 변경된 후의 비교표
2. 운영허가증

제18조(경미한 사항의 변경신고)

① 법 제20조제1항 단서에서 "총리령으로 정하는 경미한 사항"이란 다음 각 호의 어느 하나에 해당하는 사항을 말한다. 〈개정 2014. 11. 24., 2017. 2. 3.〉

1. 운영허가를 받은 사람의 성명 및 주소(법인인 경우에는 그 명칭 및 주소와 대표자의 성명)
2. 원자로시설을 운영하는 사업소의 명칭 및 소재지
3. 운영기술지침서, 최종안전성분석보고서 및 배출계획서(제16조제6항제1호 또는 제2호에 해당하는 내용에 한정한다)의 내용 중 법 제2조제22호에 따른 안전관련설비의 변경을 수반하지 아니하는 설비나 시설의 변경에 관한 사항
4. 운영기술지침서, 최종안전성분석보고서 및 품질보증계획서의 내용 중 품질보증체제의 조직이 아닌 일반조직 변경에 관한 사항
5. 오기(誤記), 누락 또는 그 밖에 이에 준하는 사유로서 그 변경 사유가 분명한 사항
6. 삭제 〈2014. 11. 24.〉

② 법 제20조제1항 단서에 따라 변경신고를 하려는 자는 별지 제4호서식의 신고서에 다음 각 호의 서류를 첨부하여 위원회에 제출하여야 한다. 〈개정 2014. 11. 24.〉

1. 변경사항을 증명하는 서류
2. 허가증(제1항제1호 및 제2호의 경우에만 해당한다)
3. 삭제 〈2014. 11. 24.〉

③ 제2항에 따른 신고서는 다음 각 호의 구분에 따른 기간 내에 제출하여야 한다. 〈신설 2014. 11. 24.〉

1. 제1항제1호부터 제3호까지의 변경에 관한 사항: 변경 후 30일 이내(제3호의 경우 법 제2조 제22호에 따른 안전관련설비의 변경을 수반하지 아니하는 설비나 시설의 변경으로 안전관련설비의 기능수행에 영향을 미치는 때에는 변경예정일 30일 전으로 한다)
2. 제1항제4호 및 제5호의 변경에 관한 사항: 매 반기 경과 후 20일 이내

제19조(정기검사)

① 영 제35조제1항(영 제47조에서 준용하는 경우를 포함한다. 이하 같다)에 따른 정기검사는 다음 각 호의 시설에 대하여 서류검토, 현장확인, 입회검사 또는 수검자와의 면담 등의 방법으로 실시하며, 시설별 검사대상과 세부적인 검사방법은 위원회가 정하여 고시한다. 다만, 원자로시설 설계상의 특성으로 인하여 검사를 받을 필요가 없다고 위원회가 인정하는 시설에 대하여는 검사를 실시하지 아니할 수 있다. 〈개정 2015. 7. 21.〉

1. 원자로 본체(핵연료를 포함한다)
2. 원자로 냉각 계통 시설
3. 계측 및 제어 계통 시설
4. 핵연료물질의 취급시설 및 저장시설
5. 방사성폐기물의 폐기시설
6. 방사선관리 시설
7. 원자로 격납 시설
8. 원자로 안전 계통 시설
9. 전력 계통 시설
10. 동력변환 계통 시설
11. 그 밖에 원자로의 안전에 관계되는 시설로서 위원회가 정하여 고시하는 시설

② 영 제35조제1항에 따른 정기검사는 발전용원자로의 경우에는 최초로 상업운전을 개시한 후 또는 검사를 받은 후 20개월 이내에, 연구용 또는 교육용의 원자로의 경우에는 24개월 이내에 받아야 한다. 다만, 원자로의 운영상황이나 특성을 고려하여 위원회가 별도로 검사 시기를 지정한 경우에는 그에 따른다.

③ 영 제35조제1항에 따른 정기검사는 정기정비 기간 또는 핵연료의 교체를 위하여 원자로를 정지한 날부터 전출력(全出力)운전을 재개하는 날까지의 기간 동안 실시한다.

④ 영 제35조제1항에 따른 정기검사를 받으려는 자는 검사를 받으려는 날의 30일 전까지 별지 제12호서식의 신청서를 위원회에 제출하여야 한다.

⑤ 제4항의 신청서에는 다음 각 호의 사항을 적은 정비 및 시험계획서를 첨부하여야 한다.

1. 검사 대상 시설별 주요 정비내용
2. 운영기술지침서 및 최종안전성분석보고서에 따른 시험계획
3. 교체노심안전성분석에 따른 핵연료 및 원자로의 특성시험계획
4. 시험 및 정비의 주요 공정표

⑥ 위원회는 해당 원자로의 임계 전까지 실시한 검사 결과가 법 제21조제1항제2호 및 제3호에 적합할 경우에는 원자로의 출력상승 시험을 위한 원자로의 임계를 허용할 수 있다. 〈개정 2015. 7. 21.〉

⑦ 위원회는 영 제35조제1항에 따른 정기검사를 완료하였을 때에는 합격 여부를 해당 원자로의 운영자에게 서면으로 통지하여야 한다.

제20조(주기적 안전성평가의 세부내용)

① 영 제37조제1항에 따른 주기적 안전성평가의 세부내용은 다음 각 호와 같다. 〈개정 2014. 11. 24., 2016. 6. 30.〉

1. 원자로시설의 설계에 관한 사항: 원자로시설의 평가 시점에서 유효한 기준에 따라 설계(설계문서를 포함한다)되었는지를 확인하는 것으로 다음 각 목의 사항을 포함하고 있을 것
   가. 안전에 중요한 구조물 · 계통 및 기기의 목록 및 등급분류
   나. 설계 문서(원본 및 개정본)
   다. 원자로시설 설계 시 적용한 기술기준과 현행 기술기준과의 차이
   라. 심층방어 측면에서 취약하다고 확인된 사항이 안전에 미치는 영향
   마. 인구밀도 · 산업시설 및 교통시설(공항 · 도로 및 철도 등)을 포함한 원자로시설 주변의 특성
2. 안전에 중요한 구조물 · 계통 및 기기의 실제 상태에 관한 사항: 안전에 중요한 구조물 · 계통 및 기기의 실제 상태가 현재부터 다음 주기적 안전성평가 시점까지 설계요건을 만족하며, 그 내용이 문서화되어 있음을 확인하는 것으로 다음 각 목의 사항을 포함하고 있을 것
   가. 안전에 중요한 구조물 · 계통 및 기기의 건전성 및 기능 수행능력에 관한 정보
   나. 안전에 중요한 구조물 · 계통 및 기기의 현재 상태와 진행 또는 예상되는 경년열화(經年劣化: 시간경과 또는 사용에 따라 원자력발전소의 계통 · 구조물 · 기기의 손상을 가져올 물리적 또는 화학적 과정을 말한다)에 관한 정보
   다. 안전에 중요한 구조물 · 계통 및 기기의 기능 수행능력을 확인하기 위한 시험결과
   라. 안전에 중요한 구조물 · 계통 및 기기의 검사결과 및 보수기록
   마. 안전에 중요한 구조물 · 계통 및 기기에 대한 운전이력과 현재 상태

바. 보수 및 수리 작업장을 포함한 발전소 내 · 외의 지원시설 현황

3. 결정론적 안전성분석에 관한 사항: 안전에 중요한 구조물 · 계통 및 기기의 실제 상태, 다음 주기적 안전성평가 시점에서의 예상 상태 및 현행 결정론적 안전성분석방법과 기술기준을 고려하여 기존의 결정론적 안전성분석이 타당성을 유지하고 있는지를 확인하기 위한 것으로 다음 각 목의 사항을 포함하고 있을 것

   가. 기존의 결정론적 안전성분석을 위하여 가정한 초기사건, 해석방법 및 컴퓨터 코드와 현행 기술기준과의 비교

   나. 정상 및 사고조건에서의 방사선 선량과 방사성물질 방출제한치

   다. 단일고장기준, 다중성, 다양성 및 독립성 등을 고려한 결정론적 안전성분석 지침

   라. 발전소 수명기간 동안 1회 이상 발생될 것으로 예상되는 각종 운전상태

4. 확률론적 안전성평가에 관한 사항: 원자로시설의 설계와 운전조건 변경사항, 현행 확률론적 안전성평가방법, 운전정보 및 기술을 고려하여 기존의 확률론적 안전성평가가 타당성을 유지하고 있는지를 확인하는 것으로 다음 각 목의 사항을 포함하고 있을 것

   가. 기존의 확률론적 안전성평가에서 고려된 가정사항과 가상 초기사건, 평가방법론 및 컴퓨터 코드에 대해 현행 기술과의 비교 상태 및 원자로시설의 현재 반영 상태

   나. 운전원이 취하여야 할 조치, 공통원인사고, 상호 영향, 다중성 및 다양성 등을 고려한 확률론적 안전성평가 지침

   다. 사고관리계획과 확률론적 안전성평가 모델 및 결과와의 연계성

   라. 확률론적 안전성평가 결과로 도출된 원자로시설의 설계 및 운전 취약점을 제거하기 위한 가능한 대안의 평가 및 비교

5. 위해도(危害度) 분석에 관한 사항: 원자로시설의 설계 및 부지특성, 안전에 중요한 구조물 · 계통 및 기기의 실제 상태, 다음 주기적 안전성평가 시점에서의 예상 상태에 대하여 현행 분석방법 및 기술기준을 고려하여 내 · 외부 위해에 대한 원자로시설 방호의 타당성을 확인하는 것으로 다음 각 목의 사항을 포함하고 있을 것

   가. 내부 위해(화재, 침수, 배관 동적거동, 비산물, 증기방출, 살수, 독성 액체 및 기체, 폭발 등) 및 외부 위해(해일을 포함한 홍수, 강풍, 화재, 극한온도, 지진, 화산폭발, 항공기 충돌, 독성 액체 및 기체, 폭발 등)의 예상규모와 발생빈도

   나. 원자로시설의 상태, 경년열화, 현행 안전기준, 환경영향을 고려하여 수행한 위해도 평가결과

   다. 내 · 외부 위해를 예방 또는 완화하기 위한 운전원 조치를 포함한 절차

6. 기기검증에 관한 사항: 원자로시설의 주요 안전관련 설비가 평가기준일부터 10년 후까지

의 기간 동안에 의도된 안전기능을 수행할 수 있음이 검증되어 있는지를 확인하는 것으로 다음 각 목의 사항을 포함하고 있을 것

가. 기기의 검증계획에 포함된 기기목록 및 관리절차 목록

나. 기기검증 방법 및 품질보증

다. 기기고장이 기기검증에 미치는 영향분석과 기기의 검증을 유지하기 위한 적절한 시정조치

라. 불리한 환경조건으로부터 검증된 기기의 보호대책

마. 검증된 기기의 물리적인 상태와 기능성

바. 기기가 설치된 기간에 취하여진 검증조치기록

7. 경년열화에 관한 사항: 요구되는 안전 여유도를 유지하기 위하여 원자로시설의 구조물 · 계통 및 기기의 경년열화가 효과적으로 관리되고 있는지와 향후 원자력발전소 안전운전을 위하여 적절한 경년열화관리계획이 확립되어 있는지를 확인하는 것으로 다음 각 목의 사항을 포함하고 있을 것

가. 평가대상 구조물 · 계통 및 기기의 분류 및 선정

나. 평가대상 구조물 · 계통 및 기기별 경년열화현상 분석

다. 경년열화현상에 따른 구조물 · 계통 및 기기의 기능 및 안전 여유도

라. 구조물 · 계통 및 기기의 성능미달시점 및 미래상태 예측

마. 구조물 · 계통 및 기기의 경년열화 완화대책 및 관리계획

8. 안전성능에 관한 사항: 원자로시설의 안전 성능과 운전경험에 관한 기록의 조사 및 분석을 통하여 안전 성능의 변화 경향을 확인하는 것으로 다음 각 목의 사항을 포함하고 있을 것

가. 안전 관련 사건의 분류 및 근본원인 분석 결과 이행체제

나. 보수 · 시험 및 검사를 포함한 안전 관련 운전자료 선별 및 기록 방법

다. 안전 관련 운전자료에 대한 경향분석 및 안전계통의 기능이 불가능한 정도

라. 안전 성능 지표에 대한 분석

마. 발전소 내 작업자에 대한 피폭방사선량, 발전소내 · 외 방사선감시자료 및 방사성물질 방출량에 대한 기록

9. 원자력발전소 운전경험 및 연구결과의 활용에 관한 사항: 다른 유사한 원자로시설의 운전경험과 안전성 연구결과가 적절하게 반영되고 있는지를 확인하기 위한 것으로 다음 각 목의 사항을 포함하고 있을 것

가. 원자로시설의 운전경험 · 연구 결과의 반영을 위한 계획 및 체제의 적절성

나. 원자로시설의 운전경험 · 연구 결과의 반영 및 조치방안

10. 운영 및 보수(補修) 등의 절차서에 관한 사항: 원자로시설의 운전 · 보수 · 점검 · 시험 · 변경 및 비상대응을 위한 절차서가 적절한 기준에 따라 작성되어 있는지를 확인하기 위한 것으로 다음 각 목의 사항을 포함하고 있을 것
 가. 안전 관련 절차서 수립 및 개정체계
 나. 절차서에 대한 주기적 검토 및 보완 계획
 다. 인적 요소의 원리를 고려한 절차서의 명확성
 라. 원자로시설의 설계, 운전경험, 안전성 분석의 가정 및 결과와 절차서의 부합성
 마. 필수 안전기능을 유지 · 복구하기 위한 사고관리계획
11. 조직, 관리체계 및 안전문화에 관한 사항: 조직과 행정이 원자로시설의 안전운전을 위하여 적절하게 운영되고 있는지를 확인하기 위한 것으로 다음 각 목의 사항을 포함하고 있을 것
 가. 안전 목표 및 안전 우선원칙 이행을 포함한 안전체제
 나. 개인과 단체의 역할 및 책임에 관하여 정한 문서
 다. 원자로시설 운영의 유기적 구성을 유지하기 위한 방법
 라. 외부 인력 및 전문가 활용을 위한 체제
 마. 직원의 교육훈련 시설 및 계획
 바. 독립된 평가자가 포함된 정규 품질보증감사와 품질보증계획
 사. 안전문화에 대한 진단, 분석, 주기적인 평가 및 안전문화 증진을 위한 이행체계
12. 인적 요소에 관한 사항: 원자로시설의 안전운전에 영향을 줄 수 있는 다양한 인적 요소의 관리상태를 확인하기 위한 것으로 다음 각 목의 사항을 포함하고 있을 것
 가. 교대근무 및 초과근무 제한을 포함한 직원관리수준
 나. 자격이 있는 직원이 상시 임무수행을 수행하는지의 여부
 다. 모의제어반의 사용을 포함한 초기 재교육 및 능력향상을 위한 훈련계획
 라. 인적 정보요건과 업무량에 대한 분석
 마. 인간과 기계의 연계체제 분석
13. 비상계획에 관한 사항: 원자로시설 비상사태에의 대응에 적합한 계획과 인원 · 설비 및 기기를 갖추고 있는지, 비상체제와 지방자치단체 및 중앙정부기구 간의 유기적 협조관계가 유지되고 있는지, 정기적인 훈련이 이루어지고 있는지를 확인하기 위한 것으로 다음 각 목의 사항을 포함하고 있을 것
 가. 비상시를 위한 전략 · 조직 및 계획서 · 절차서
 나. 비상시를 위한 발전소 내 기기와 설비

다. 발전소 내 · 외 비상대응설비 및 통신시설의 적합성

라. 관련 조직을 포함한 비상훈련, 경험반영 및 상호 공조체계

마. 비상계획 및 절차에 대한 정기적인 평가계획

바. 주민 소개(疏開) 시 예상 소요시간

14. 방사선환경영향에 관한 사항: 원자로시설의 환경영향 감시계획이 적절히 수립되어 이행되고 있는지를 확인하기 위한 것으로 다음 각 목의 사항을 포함하고 있을 것

가. 방사능으로 오염될 가능성이 있는 모든 유출경로에 대한 방출제한치 및 방출기록

나. 발전소 내로부터 계획되지 아니한 유출물 방출에 대한 경보장치

다. 원자로시설의 주변 주민에 대한 피폭방사선량

라. 발전소 외 지역에 대한 방사선 환경감시

마. 환경감시자료의 발간 및 배포

② 영 제36조제4항에 따라 계속운전을 하려는 경우의 영 제37조제2항에 따른 안전성평가의 세부내용은 다음 각 호와 같다. 〈개정 2014. 11. 24., 2016. 6. 30.〉

1. 계속운전기간을 고려한 주요 기기에 대한 수명평가: 계속운전기간 동안 주요 구조물 · 계통 및 기기의 기능이 확보되어 있는지를 확인하는 것으로 다음 각 목의 사항을 포함하고 있을 것

가. 수명평가 대상인 구조물 · 계통 및 기기의 분류 및 선정

나. 구조물 · 계통 및 기기의 수명에 대한 영향분석

다. 계속운전기간동안의 주변 영향을 고려한 해당 구조물 · 계통 및 기기의 수명평가

2. 운영허가 이후 변화된 방사선환경영향평가: 계속운전이 환경에 미치는 방사선영향을 평가하기 위한 것으로 운영허가 이후 변화된 다음 각 목의 사항을 포함하고 있을 것

가. 부지특성의 변화

나. 부지주변의 환경변화

다. 방사성폐기물처리 관련 계통의 주요 설계변경사항

라. 계속운전으로 인한 주변 환경에의 영향

마. 환경감시계획

제21조(주기적 안전성평가의 기준)

① 영 제38조제1항제4호에 따른 기술기준에 적용되는 규정은 위원회 규칙으로 정한다.

② 제1항에서 규정한 사항 외에 원자로시설의 시간 경과에 따른 안전도 및 안전조치는 다음 각 호의 기준을 충족하여야 한다. 〈개정 2014. 11. 24.〉

1. 원자로시설은 시간 경과에 따라 나타날 수 있는 경년열화현상에 대하여 안전기능을 유지할 수 있어야 하며, 평가기준일부터 10년 후까지의 기간 동안 안전성을 보장할 수 있는 안전 여유도가 확보되도록 할 것
2. 발전용원자로 운영자는 원자로시설의 경년열화관리계획을 수립 · 시행하여 구조물 · 계통 및 기기의 안전기능과 안전 여유도가 보증되도록 할 것

③ 제1항 및 제2항에 따른 기술기준 중 해당 원자로시설의 사용목적, 그 원리의 차이 또는 설계의 특성상 해당 원자로시설에 그대로 적용할 수 없거나 적용하지 아니하더라도 안전에 지장이 없다고 위원회가 인정하는 경우에는 일부 규정을 적용하지 아니할 수 있다.

④ 영 제38조제2항에 따른 기술기준에 적용되는 사항은 다음 각 호와 같고, 그 세부사항은 위원회가 정하여 고시한다. 〈개정 2014. 11. 24.〉

1. 발전용원자로 운영자는 구조물 · 계통 및 기기에 대한 안전성 향상을 위하여 국내 · 외의 최신 운전경험 및 연구결과를 반영한 기술기준을 활용하여 안전성평가를 수행하여야 하며, 그 결과 원자로 및 관계시설의 안전성이 확보되도록 할 것
2. 발전용원자로 운영자는 운영허가 이후 변화된 자연환경 및 부지특성 등을 반영한 방사선환경영향평가를 수행하여야 하며, 그 결과 최신 기술기준에 만족되도록 할 것

제22조(원자로시설의 해체 승인 신청 등)

① 법 제28조제1항 전단에 따라 원자로시설의 해체 승인을 받으려는 자는 별지 제13호서식의 신청서에 다음 각 호의 서류를 첨부하여 위원회에 제출하여야 한다. 〈개정 2015. 7. 21.〉

1. 법 제103조제3항에 따른 해체계획서 초안(이하 "해체계획서초안"이라 한다)의 작성 이후 변경된 사항을 모두 반영하여 작성한 최종적인 원자로시설의 해체계획서
2. 제3항 각 호에 따른 서류

② 법 제28조제1항 후단에 따라 원자로시설의 해체 승인을 받은 자가 승인사항을 변경하려는 경우에는 별지 제14호서식의 신청서에 제1항 각 호에 따른 해체승인신청서의 첨부서류 중 변경되기 전과 변경된 후의 비교표를 첨부하여 위원회에 제출하여야 한다. 〈개정 2015. 7. 21.〉

③ 법 제28조제2항에서 "총리령으로 정하는 서류"란 다음 각 호의 서류를 말한다. 〈신설 2015. 7. 21.〉

1. 해체에 관한 품질보증계획서
2. 영 제144조제2항에 따라 통지받은 의견에 관한 서류
3. 영 제145조제5항 후단에 따른 의견 청취 결과 또는 영 제145조제6항에 따른 공청회 개최 결과

[제목개정 2015. 7. 21.]

제23조(경미한 사항의 변경신고)

① 법 제28조제1항 단서에서 "총리령으로 정하는 경미한 사항"이란 다음 각 호의 어느 하나에 해당하는 사항을 말한다. 〈개정 2018. 5. 3.〉

1. 승인을 받은 사람의 성명 및 주소(법인인 경우에는 그 명칭 및 주소와 대표자의 성명)
2. 원자로시설을 운영하는 사업소의 명칭 및 소재지
3. 오기(誤記), 누락 또는 그 밖에 이에 준하는 사유로서 그 변경 사유가 분명한 사항

② 법 제28조제1항 단서에 따라 변경신고를 하려는 자는 해당 신고사유가 발생한 날부터 30일 이내에 별지 제4호서식의 신고서에 변경사항을 증명하는 서류를 첨부하여 위원회에 제출하여야 한다.

제23조의2(해체상황 보고 및 확인 · 점검)

① 법 제28조제3항 전단에 따라 원자로시설의 해체상황을 위원회에 보고하려는 자는 다음 각 호의 사항을 반기마다 위원회에 보고하여야 한다.

1. 원자로시설의 해체 현황
2. 방사성 오염의 제거 현황
3. 방사선안전관리 현황
4. 방사성폐기물 관리 현황

② 제1항에 따른 보고를 받은 위원회는 법 제28조제3항 후단에 따라 해체상황을 서류 검토, 현장 확인, 입회 검사 또는 수검자와 면담 등의 방법으로 확인 · 점검하여야 한다. 이 경우 구체적인 해체상황 확인 · 점검의 방법은 위원회가 정하여 고시한다.

[본조신설 2015. 7. 21.]

제23조의3(해체완료 보고)

법 제28조제4항에 따라 원자로시설의 해체를 완료한 때에는 다음 각 호의 사항을 기재한 별지 제14호의2서식에 따른 원자로시설해체완료보고서에 제23조의4에 따른 최종부지상태보고서를 첨부하여 위원회에 보고하여야 한다. 〈개정 2016. 8. 8.〉

1. 해체 전략 및 진행경과
2. 해체 전후의 원자로시설과 부지 현황
3. 원자로시설과 부지의 최종 방사선 · 방사능 현황 및 방사성폐기물 관리 현황

4. 해체에 참여한 방사선작업종사자의 피폭방사선량

5. 해체 과정 중 발생한 비정상사건

[본조신설 2015. 7. 21.]

제23조의4(최종부지상태보고서)

법 제28조제5항에서 "총리령으로 정하는 서류"란 다음 각 호의 사항을 포함한 최종부지상태보고서를 말한다.

1. 최종 부지 상태의 방사선 · 방사능 준위에 관한 조사계획, 방법 및 결과
2. 부지 재이용 방안

[본조신설 2015. 7. 21.]

제23조의5(해체완료 검사)

위원회는 법 제28조제6항에 따라 원자로시설의 해체가 완료된 때에는 다음 각 호의 사항을 검사하여야 한다.

1. 해체계획서에 따라 해체를 진행하였는지 여부
2. 법 제28조제5항에 따른 해체완료보고서의 내용과 해체 완료의 상태가 부합하는지 여부
3. 제23조의4에 따른 최종부지상태보고서의 내용이 위원회가 정하여 고시하는 부지 및 잔존 건물의 재이용 기준에 적합한지 여부

[본조신설 2015. 7. 21.]

제24조(준용규정)

법 제20조에 따라 운영허가를 받은 자에 관하여는 제13조, 제14조 및 제15조의2를 준용한다.

〈개정 2018. 5. 3.〉

제3절 연구용원자로 등의 건설 · 운영

제25조(건설허가 및 운영허가의 신청 등)

① 영 제43조제1항에 따른 건설허가신청서 및 운영허가신청서는 각각 별지 제15호서식 및 별지 제15호의2서식과 같다. 〈개정 2014. 11. 24.〉

② 법 제30조제2항에 따른 방사선환경영향평가서, 예비안전성분석보고서, 건설에 관한 품질보증계획서, 연구용 또는 교육용원자로 및 관계시설(이하 "연구용등 원자로시설"이라 한다)의

해체계획서의 작성에 관하여는 제4조제2항부터 제5항까지의 규정을 준용한다. 이 경우 "발전용원자로 및 관계시설" 및 "원자로시설"은 "연구용등 원자로시설"로, "사고관리계획서"는 "비상운전절차서"로 본다. 〈개정 2016. 6. 30.〉

③ 법 제30조의2제2항에 따른 운영기술지침서, 최종안전성분석보고서 또는 운전에 관한 품질보증계획서의 작성에 관하여는 제16조제2항, 제3항 및 제5항을 준용한다. 이 경우 "원자로시설"은 "연구용등 원자로시설"로 본다. 〈신설 2016. 6. 30.〉

④ 법 제30조제2항에서 "그 밖에 총리령으로 정하는 서류"란 다음 각 호의 서류를 말한다. 〈개정 2014. 11. 24., 2015. 7. 21., 2016. 6. 30.〉

1. 법 제30조제1항 전단에 따른 연구용등 원자로시설의 사용목적에 관한 설명서
2. 위원회가 정하여 고시하는 지침에 따라 작성된 연구용등 원자로시설의 설치에 관한 기술능력의 설명서
3. 정관(법인인 경우에만 해당한다)

⑤ 법 제30조의2제2항에서 "그 밖에 총리령으로 정하는 서류"란 다음 각 호의 서류를 말한다. 〈신설 2014. 11. 24., 2016. 6. 30.〉

1. 위원회가 정하여 고시하는 지침에 따라 작성된 연구용등 원자로시설의 운전에 관한 기술능력의 설명서
2. 핵연료의 장전계획에 관한 설명서
3. 비상운전절차서의 작성 시 적용할 기술적 근거 및 검증방법에 관한 설명서
4. 정관(법인인 경우에만 해당한다)

⑥ 법 제30조제2항 또는 제30조의2제2항에 따른 허가신청서를 제출받은 위원회는 「전자정부법」 제36조제1항에 따른 행정정보의 공동이용을 통하여 신청인의 법인 등기사항증명서(법인인 경우에만 해당한다)를 확인하여야 한다. 〈개정 2014. 11. 24., 2016. 6. 30.〉

⑦ 위원회는 법 제30조제1항 본문의 전단에 따른 연구용등 원자로시설의 건설허가 또는 법 제30조의2제1항 본문의 전단에 따른 연구용등 원자로시설의 운영허가를 하였을 때에는 별지 제2호서식의 허가증을 신청인에게 발급하여야 한다. 〈개정 2014. 11. 24., 2016. 6. 30.〉

[제목개정 2014. 11. 24.]

제26조(변경허가의 신청)

① 영 제44조에 따른 건설변경허가신청서 및 운영변경허가신청서는 각각 별지 제16호서식 및 별지 제16호의2서식과 같다. 〈개정 2014. 11. 24.〉

② 제1항의 신청서에는 다음 각 호의 서류를 첨부하여야 한다.

1. 허가신청서 첨부서류 중 변경되기 전과 변경된 후의 비교표

2. 허가증

제27조(외국원자력선의 입항 · 출항 신고)

① 영 제45조제1항에 따른 입항 또는 출항신고서는 별지 제17호서식과 같다.

② 법 제31조제2항에 따라 재해방지를 위하여 위원회가 해양수산부장관에게 통지하여야 하는 사항은 다음 각 호와 같다.

1. 원자로 사용열출력의 한도
2. 정박장소에서부터 사람이 거주하는 지역까지의 거리
3. 비상시 그 사태가 발생한 때부터 예인선에 의하여 원자력선이 예인될 때까지 걸리는 시간
4. 그 밖에 핵연료물질이나 그로 인하여 오염된 물질 또는 원자로에 따른 재해를 방지하기 위하여 위원회가 필요하다고 인정하는 사항

제28조(외국원자력선의 입항 · 출항 변경신고)

영 제45조제2항에 따른 변경신고를 하려는 자는 별지 제18호서식의 신고서를 위원회에 제출하여야 한다.

제29조(사업의 중단 · 폐지 등의 신고)

법 제33조에 따른 신고를 하려는 자는 별지 제19호서식의 신고서를 위원회에 제출하여야 한다.

제30조(준용규정)

연구용등 원자로시설의 건설허가 또는 운영허가를 받으려는 자 또는 받은 자에 관하여는 제6조, 제13조, 제14조, 제14조의2, 제14조의3, 제15조, 제15조의2, 제18조부터 제23조까지 및 제23조의2부터 제23조의5까지의 규정을 준용한다. 이 경우 "원자로시설"은 "연구용등 원자로시설"로 본다. 〈개정 2014. 11. 24., 2015. 7. 21., 2018. 5. 3.〉

제3장 핵연료주기시설

제1절 정련사업

제31조(정련사업허가의 신청 등)

① 영 제48조에 따른 허가신청서는 별지 제20호서식과 같다.

② 제1항의 신청서에는 다음 각 호의 서류를 첨부하여야 한다. 〈개정 2015. 7. 21.〉

1. 다음 각 목의 사항을 기재한 사업계획서

가. 정련사업의 개시 예정시기 및 정련사업 개시 후 3년간의 매 사업연도의 핵물질의 예정 생산량

나. 공사소요 자금액과 그 조달계획

다. 정련사업 개시 후 3년간의 매 사업연도의 자금계획 및 사업의 손익추정

라. 정련에 필요한 원료구입계획

2. 다음 각 목의 사항을 기재한 기술능력에 관한 설명서

가. 정련에 관한 특허권 및 그 밖의 기술에 관한 권리

나. 특별한 기술에 따른 정련방법 또는 이에 준하는 것의 개요

다. 주요 기술자의 약력

라. 그 밖에 정련 관련 기술능력에 관한 사항

3. 정련시설의 위치 · 구조 · 설비 및 공정에 관한 서류

4. 정련시설의 공사계획에 관한 서류

5. 정관(법인인 경우에만 해당한다)

6. 방사선환경영향평가서

7. 정련사업의 운영에 관한 품질보증계획서

8. 다음 각 목의 사항을 기재한 안전관리규정

가. 정련시설을 관리하는 조직 및 그 기능에 관한 사항

나. 정련시설에 대한 순시 · 점검 및 자체검사와 이에 따른 조치에 관한 사항

다. 핵물질의 반출 · 반입 · 운반 · 저장 및 그 밖의 취급에 관한 사항

라. 정련시설과 관계있는 보전기록에 관한 사항

마. 정련시설과 관계있는 안전에 필요한 사항

9. 설계 및 공사방법에 관한 설명서

10. 해체계획서

③ 영 제48조에 따른 허가신청서를 제출받은 위원회는 「전자정부법」 제36조제1항에 따른 행정정보의 공동이용을 통하여 신청인의 법인 등기사항증명서(법인인 경우에만 해당한다)를 확인하여야 한다.

④ 위원회는 법 제35조제1항 본문에 따라 정련사업의 허가를 하였을 때에는 별지 제21호서식의 허가증을 신청인에게 발급하여야 한다.

제32조(변경허가의 신청)

① 영 제49조에 따른 변경허가신청서는 별지 제22호서식과 같다.

② 제1항의 신청서에는 다음 각 호의 서류를 첨부하여야 한다.

1. 허가신청서 첨부서류 중 변경되기 전과 변경된 후의 비교표
2. 허가증

제33조(경미한 사항의 변경신고)

① 법 제35조제1항 단서에서 "총리령으로 정하는 경미한 사항"이란 다음 각 호의 어느 하나에 해당하는 사항을 말한다.

1. 신청인의 성명 및 주소(법인인 경우에는 그 명칭 및 주소와 대표자의 성명)
2. 사업소의 명칭
3. 정련시설의 공사일정
4. 정련시설에서 취급하는 핵물질의 종류 · 연간 취급예정량 및 취득계획
5. 품질보증계획서의 내용 중 품질보증의 관리를 위한 조직 이외의 기재사항

② 법 제35조제1항 단서에 따른 변경신고를 하려는 자는 해당 신고사유가 발생한 날부터 30일 이내에 별지 제4호서식의 신고서에 다음 각 호의 서류를 첨부하여 위원회에 제출하여야 한다.

1. 변경사항을 증명하는 서류
2. 허가증

제34조(기술능력)

법 제36조제1항제1호에서 "총리령으로 정하는 사업을 수행하는 데에 필요한 기술능력을 확보하고 있을 것"이란 다음 각 호의 요건을 모두 갖춘 것을 말한다. 〈개정 2015. 7. 21.〉

1. 정련사업에 필요한 조직 및 부서를 구성하고, 업무수행에 요구되는 책임과 권한이 명확히 부여되어 있을 것

2. 정련사업 중 발생하는 안전관련사항의 검토를 위한 공학적 · 기술적 지원조직을 갖추고 있을 것
3. 정련사업에 종사하는 사람은 그 책임과 권한에 상응하는 자격과 경험을 갖추고 있을 것
4. 안전 관련 주요 구조물 및 설비에 대한 시험 및 검사계획을 수립하고 있을 것

제35조(정기검사)

① 영 제50조에 따른 검사는 사업개시 후 매년 1회 정기적으로 받아야 한다.

② 제1항에 따른 정기검사를 받으려는 자는 검사를 받으려는 날의 30일 전까지 별지 제23호서식의 신청서에 검사대상시설별 주요정비내용 및 시험 · 점검일정표를 첨부하여 위원회에 제출하여야 한다.

제36조 삭제 〈2015. 7. 21.〉

제37조(경미한 사항의 변경신고)

① 법 제42조제1항 단서에서 "총리령으로 정하는 경미한 사항"이란 다음 각 호의 어느 하나에 해당하는 사항을 말한다.

1. 승인을 받은 자의 성명 및 주소(법인인 경우에는 그 명칭 및 주소와 대표자의 성명)
2. 정련시설을 운영하는 사업소의 명칭 및 소재지
3. 품질보증계획서 내용 중 품질보증의 관리를 위한 조직 이외의 기재사항

② 법 제42조제1항 단서에 따라 변경신고를 하려는 자는 해당 신고사유가 발생한 날부터 30일 이내에 별지 제4호서식의 신고서에 변경사항을 증명하는 서류를 첨부하여 위원회에 제출하여야 한다.

제38조(사업개시 등의 신고)

법 제43조에 따른 사업개시 등의 신고는 별지 제26호서식과 같다.

제39조(준용규정)

정련사업의 허가를 받으려는 자 또는 받은 자에 관하여는 제4조제2항제1호부터 제4호까지, 같은 조 제4항, 제13조, 제14조 및 제15조의2를 준용한다. 〈개정 2018. 5. 3.〉

제2절 변환 및 가공사업

제40조(가공사업허가의 신청 등)

① 영 제53조제1항에 따른 허가신청서는 별지 제27호서식과 같다.

② 제1항의 신청서에는 다음 각 호의 서류를 첨부하여야 한다. 〈개정 2015. 7. 21.〉

1. 다음 각 목의 사항을 적은 사업계획서
   가. 가공사업(변환사업을 포함한다. 이하 같다)의 개시 예정시기 및 가공사업 개시 후 3년간의 매 사업연도의 제품종류별 예정변환수량
   나. 공사 소요자금액과 그 조달계획
   다. 가공사업 개시 후 3년간의 매 사업연도의 자금계획 및 사업의 손익추정
   라. 가공사업 개시 후 3년간의 매 사업연도의 변환에 필요한 핵연료물질의 취득계획
2. 다음 각 목의 사항을 적은 기술능력에 관한 설명서
   가. 가공에 관한 특허권 및 그 밖의 기술에 관한 권리
   나. 특별한 기술에 따른 가공방법 또는 이에 준하는 것의 개요
   다. 주요 기술자의 약력
   라. 그 밖에 가공 관련 기술능력에 관한 사항
3. 가공시설의 위치 · 구조 · 설비 및 가공방법에 관한 서류
4. 가공시설의 공사계획에 관한 서류
5. 정관(법인인 경우에만 해당한다)
6. 방사선환경영향평가서
7. 가공사업의 운영에 관한 품질보증계획서
8. 다음 각 목의 사항을 적은 안전관리규정
   가. 가공시설을 관리하는 조직 및 그 기능에 관한 사항
   나. 가공시설에 대한 순시 · 점검 및 자체검사와 이에 따른 조치에 관한 사항
   다. 핵물질의 반출 · 반입 · 운반 · 저장 및 그 밖의 취급에 관한 사항
   라. 가공시설에 관계되는 보전기록에 관한 사항
   마. 가공시설에 관계되는 안전에 관하여 필요한 사항
9. 설계 및 공사방법에 관한 설명서
10. 해체계획서

③ 영 제53조제1항에 따른 허가신청서를 제출받은 위원회는 「전자정부법」 제36조제1항에 따른 행정정보의 공동이용을 통하여 신청인의 법인 등기사항증명서(법인인 경우에만 해당한

다)를 확인하여야 한다.

④ 위원회는 법 제35조제1항 본문의 전단에 따른 가공사업의 허가를 하였을 때에는 별지 제21호서식의 허가증을 신청인에게 발급하여야 한다.

제41조(변경허가의 신청) ① 영 제54조에 따른 변경허가신청서는 별지 제28호서식과 같다.

② 제1항의 신청서에는 다음 각 호의 서류를 첨부하여야 한다.

1. 허가신청서 첨부서류 중 변경되기 전과 변경된 후의 비교표
2. 허가증

제42조(시설검사의 신청)

① 영 제55조제2항에 따른 검사신청서는 별지 제23호서식과 같다.

② 제1항의 신청서에는 공사일정에 관한 서류를 첨부하여야 한다.

③ 영 제55조제2항에 따른 검사의 신청은 검사를 받으려는 날의 30일 전까지 하여야 한다.

제43조(준용규정)

가공사업의 허가를 받으려는 자 또는 받은 자에 관하여는 제4조제2항제1호부터 제4호까지, 같은 조 제4항, 제13조, 제14조, 제15조의2, 제33조부터 제35조까지, 제37조 및 제38조를 준용한다.

〈개정 2015. 7. 21., 2018. 5. 3.〉

제3절 사용후핵연료처리사업

제44조(지정신청 등)

① 영 제61조제1항에 따른 지정신청서는 별지 제29호서식과 같다.

② 제1항의 신청서에는 다음 각 호의 서류를 첨부하여야 한다. 〈개정 2015. 7. 21.〉

1. 사용후핵연료처리사업의 목적에 관한 설명서
2. 다음 각 목의 사항을 적은 사업계획서

가. 사용후핵연료처리사업의 개시 예정시기 및 같은 처리사업 개시 후 3년간의 매사업연도의 사용후핵연료의 종류별 예정처리량

나. 사용후핵연료처리사업 개시 후 3년간의 매 사업연도의 제품종류별 예정생산량

다. 공사소요 자금액과 그 조달계획

라. 사용후핵연료처리사업 개시 후 3년간의 매 사업연도의 자금계획 및 사업의 손익추정

마. 사용후핵연료처리사업 개시 후 3년간의 매 사업연도의 같은 처리사업에 필요한 사용

후핵연료물질의 종류별 예정량 및 취득계획

3. 다음 각 목의 사항을 적은 기술능력에 관한 설명서
   가. 사용후핵연료처리에 관한 특허권 등 기술에 관한 권리
   나. 특별한 기술에 따른 사용후핵연료 처리방법 또는 이에 준하는 것의 개요
   다. 주요기술자의 약력
   라. 그 밖에 사용후핵연료처리의 기술능력에 관한 사항
4. 사용후핵연료처리시설의 위치 · 구조 · 설비 및 공사계획
5. 사용후핵연료의 처리방법
6. 사용후핵연료로부터 분리된 핵연료물질의 처리 및 처분의 방법에 관한 서류
7. 사용후핵연료처리시설을 설치하는 장소의 기상 · 해상 · 지반 · 수리 및 지진 등 자연조건과 사회환경 등의 상황에 관한 설명서
8. 사용후핵연료처리시설을 설치하려는 장소의 중심으로부터 20킬로미터 이내의 지역을 포함하는 축척 20만분의 1 지도 및 5킬로미터 이내의 지역을 포함하는 축척 5만분의 1 지도
9. 사용후핵연료처리시설의 안전설계에 관한 설명서(주요 설비의 배치도를 포함한다)
10. 설계 및 공사방법에 관한 설명서
11. 사용후핵연료 등으로 인한 방사선피폭관리 및 방사성폐기물의 폐기에 관한 설명서
12. 다음 각 목의 사항으로 인하여 예상되는 사용후핵연료처리시설의 사고의 종류 · 정도 및 영향 등에 관한 설명서
   가. 운전상의 과실
   나. 기계 · 장치의 고장
   다. 침수 · 지진 또는 화재등 재해
13. 정관(법인인 경우에만 해당한다)
14. 안전관리규정
15. 해체계획서

③ 제2항제14호에 따른 안전관리규정에는 다음 각 호의 사항이 포함되어야 한다.

〈개정 2016. 8. 8.〉

1. 사용후핵연료처리시설을 운영 · 관리하는 조직과 그 기능
2. 사용후핵연료처리시설의 방사선작업종사자에 대한 안전관리교육
3. 안전관리설비의 조작
4. 사용후핵연료처리시설의 안전운전
5. 방사선관리구역 · 보전구역 및 제한구역의 설정과 그 출입제한 등

6. 배기감시설비 및 배수감시설비
7. 방사선관리구역 · 보전구역 및 제한구역에서의 다음 각 목의 사항
   가. 피폭방사선량
   나. 방사성물질의 농도
   다. 방사성물질에 의하여 오염된 물질의 표면오염도 감시 및 오염제거
8. 방사선측정기의 관리 및 방사선 측정방법
9. 사용후핵연료처리시설에 대한 순시 및 점검과 이에 따른 조치
10. 사용후핵연료처리시설에 대한 자체 정기검사
11. 핵연료물질의 반입 · 운반 · 저장 및 그 밖의 취급
12. 방사성폐기물의 폐기
13. 배수구 주변수역 등의 방사선관리
14. 비상시 조치
15. 사용후핵연료처리시설과 관계있는 안전관리기록
16. 사용후핵연료처리시설과 관계있는 안전관리에 관하여 필요한 사항

④ 영 제61조제1항에 따른 지정신청서를 제출받은 주무부장관은 「전자정부법」 제36조제1항에 따른 행정정보의 공동이용을 통하여 신청인의 법인 등기사항증명서(법인인 경우에만 해당한다)를 확인하여야 한다.

⑤ 주무부장관은 법 제35조제2항에 따라 사용후핵연료처리사업의 지정을 하였을 때에는 별지 제30호서식의 지정증을 발급하여야 한다.

제45조(변경승인 신청)

① 영 제62조에 따른 변경승인신청서는 별지 제31호서식과 같다.

② 제1항의 신청서에는 다음 각 호의 서류를 첨부하여야 한다.
1. 지정신청서 첨부서류 중 변경되기 전과 변경된 후의 비교표
2. 지정증

제46조(사용 전 검사의 신청)

① 영 제63조제2항에 따른 검사신청서는 별지 제23호서식과 같다.

② 제1항의 신청서에는 공사일정에 관한 서류를 첨부하여야 한다.

③ 영 제63조제2항에 따른 검사신청서는 검사를 받으려는 날의 30일 전까지 제출하여야 한다.

제47조(정기검사)

① 법 제35조제2항 본문 전단에 따른 지정을 받은 자(이하 "사용후핵연료처리사업자"라 한다)가 영 제65조제1항에 따른 정기검사를 받아야 할 사항은 다음 각 호와 같다.

1. 사용후핵연료 반입 시설
2. 사용후핵연료 저장 시설
3. 사용후핵연료 처리설비본체[핫셀(hot cell)을 포함한다]
4. 방사선관리 시설
5. 방사성폐기물 처리 시설
6. 방사성폐기물 저장 시설
7. 제품 저장 시설
8. 계측 및 제어 계통 시설
9. 비상전원 공급 시설

② 사용후핵연료처리사업자는 제1항 각 호의 시설에 대하여 2년마다 1회 이상 정기적으로 검사를 받아야 한다.

③ 사용후핵연료처리사업자는 제2항에 따른 정기검사를 받으려면 검사를 받으려는 날의 30일 전까지 별지 제23호서식의 검사신청서에 검사대상시설별 주요정비내용 및 시험 · 점검일정표를 첨부하여 위원회에 제출하여야 한다.

제48조(준용규정)

사용후핵연료처리사업의 지정을 받으려는 자 또는 지정 받은 자에 관하여는 제4조제2항제1호부터 제4호까지, 같은 조 제4항, 제13조, 제14조, 제15조의2, 제33조, 제34조, 제37조 및 제38조를 준용한다. 이 경우 "허가증"은 "지정증"으로 본다. 〈개정 2015. 7. 21., 2018. 5. 3.〉

제4절 핵연료주기시설의 해체 〈신설 2015. 7. 21.〉

제48조의2(핵연료주기시설의 해체 승인 신청)

① 법 제42조제1항 전단에 따라 핵연료주기시설의 해체 승인을 받으려는 자는 별지 제31호의2 서식의 신청서에 다음 각 호의 서류를 첨부하여 위원회에 제출하여야 한다.

1. 법 제35조제3항에 따른 해체계획서의 제출 이후 변경된 사항을 모두 반영하여 작성한 최종적인 핵연료주기시설의 해체계획서
2. 제3항에 따른 서류

② 법 제42조제1항 후단에 따라 핵연료주기시설의 해체 승인을 받은 핵연료주기사업자가 승인 사항을 변경하려는 경우에는 별지 제31호의3서식의 변경승인신청서에 제1항 각 호에 따른 해체승인신청서의 첨부서류 중 변경되기 전과 변경된 후의 비교표를 첨부하여 위원회에 제출하여야 한다.

③ 법 제42조제2항에서 "총리령으로 정하는 서류"란 해체에 관한 품질보증계획서를 말한다.

[본조신설 2015. 7. 21.]

제4장 핵물질의 사용등

제1절 핵연료물질의 사용

제49조(핵연료물질사용허가의 신청 등)

① 영 제69조에 따른 허가신청서는 별지 제32호서식과 같다.

② 법 제45조제2항에 따른 안전관리규정에는 다음 각 호의 사항을 적어야 한다.

〈개정 2016. 8. 8.〉

1. 사용시설 · 분배시설 · 저장시설 · 보관시설 · 처리시설 및 배출시설(이하 "사용시설등"이라 한다)을 관리하는 조직 및 그 기능에 관한 사항
2. 방사선작업종사자에 대한 안전관리교육에 관한 사항
3. 재해 방지를 위하여 관리할 필요가 있는 기기의 운전에 관한 사항
4. 방사선관리구역의 설정 및 같은 구역에의 출입제한에 관한 사항과 피폭방사선량의 감시 및 오염의 제거 등에 관한 사항
5. 배기감시설비 및 배수감시설비에 관한 사항
6. 방사선측정기의 관리 및 방사선측정의 방법에 관한 사항
7. 사용시설등의 점검 및 검사와 이에 따른 조치에 관한 사항
8. 핵연료물질의 반출 · 반입 · 운반 · 저장 및 그 밖의 취급에 관한 사항
9. 방사성폐기물의 저장 · 처리 · 배출 및 인도에 관한 사항
10. 비상시 조치에 관한 사항
11. 환경보전에 관한 사항
12. 그 밖에 사용시설등과 관계있는 안전관리에 관한 사항

③ 법 제45조제2항에서 "그 밖에 총리령으로 정하는 서류"란 다음 각 호의 서류를 말한다.

1. 핵연료물질취급자 등 핵연료물질의 사용에 필요한 기술능력에 관한 설명서
2. 핵연료물질 또는 핵연료물질에 의하여 오염된 물질로 인한 방사선의 차폐에 관한 설명서
3. 핵연료물질 및 핵연료물질에 의하여 오염된 물질의 처리 · 저장 및 배출시설에 관한 설명서
4. 방사선환경영향 및 환경보전에 관한 사항
5. 다음 각 목의 사항으로 인하여 예상되는 사고의 종류 · 정도 및 원인과 사고에 따른 재해방지조치에 관한 설명서
   가. 운전중의 과실
   나. 기계 · 장치의 고장
   다. 지진 · 화재등 재해
6. 장비 및 인력의 확보를 증명하는 서류

④ 위원회는 법 제45조제1항 본문에 따른 허가를 하였을 때에는 별지 제33호서식의 허가증을 신청인에게 발급하여야 한다.

제50조(변경허가의 신청)

① 영 제70조에 따른 변경허가신청서는 별지 제34호서식과 같다.

② 제1항의 신청서에는 다음 각 호의 서류를 첨부하여야 한다.

1. 허가신청서 첨부서류 중 변경되기 전과 변경된 후의 비교표
2. 허가증

제51조(경미한 사항의 변경신고)

① 법 제45조제1항 각 호 외의 부분 단서에서 "총리령으로 정하는 경미한 사항"이란 다음 각 호의 어느 하나에 해당하는 사항을 말한다.

1. 허가를 받은 사람의 성명 및 주소(법인인 경우에는 그 명칭 및 주소와 대표자의 성명)
2. 변경과 관련된 사업소의 명칭
3. 핵연료물질 사용시설등의 공사일정
4. 핵연료물질 사용시설등에서 취급하는 핵연료물질의 종류 · 연간취급예정량 및 취득계획

② 법 제45조제1항 각 호 외의 부분 단서에 따라 변경신고를 하려는 자는 별지 제4호서식의 신고서에 변경사항을 증명하는 서류와 허가증을 첨부하여 다음 각 호의 구분에 따라 위원회에 제출하여야 한다.

1. 제1항제1호 및 제2호에 해당하는 사항을 변경하였을 때: 변경한 날부터 10일 이내
2. 제1항제3호 및 제4호에 해당하는 사항을 변경하려는 경우: 변경하려는 날의 10일 전까지

제52조(기술능력)

법 제46조제1호에서 "총리령으로 정하는 핵연료물질의 사용 또는 소지에 필요한 기술능력을 확보하고 있을 것"이란 다음 각 호의 요건을 모두 갖춘 것을 말한다.

1. 핵연료물질의 사용에 필요한 조직을 구성하고, 업무수행에 요구되는 책임과 권한이 부여되어 있을 것
2. 핵연료물질의 사용에 종사하는 자가 그 책임과 권한에 상응하는 자격과 경험을 갖추고 있을 것

제53조(시설검사의 신청)

① 영 제73조제2항에 따른 검사신청서는 별지 제35호서식과 같다.

② 영 제73조제3항에 따른 변경검사신청서는 별지 제36호서식과 같다.

제54조(정기검사)

① 영 제75조에 따른 정기검사는 사용개시 후 매년 1회 정기적으로 받아야 한다.

② 제1항에 따른 정기검사를 받으려는 자는 별지 제37호서식의 신청서를 위원회에 제출하여야 한다.

제55조(준용규정)

핵연료물질의 사용 또는 소지허가를 받은 자에 관하여는 제13조, 제14조, 제15조의2 및 제38조를 준용한다. 〈개정 2018. 5. 3.〉

제2절 핵원료물질의 사용

제56조(핵원료물질사용의 신고)

① 영 제77조에 따른 신고서는 별지 제38호서식과 같다.

② 법 제52조제1항제2호에서 "총리령으로 정하는 종류 및 수량의 핵원료물질"이란 방사능농도가 그램당 74베크렐(고체상 핵원료물질의 경우 그램당 370베크렐) 이하이거나 우라늄의 양에 3을 곱하여 얻은 양과 토륨의 양을 모두 합한 양이 900그램 이하인 물질을 말한다. 〈개정 2020. 2. 17.〉

③ 위원회는 영 제77조에 따른 신고를 받은 경우에는 별지 제39호서식의 신고확인증을 신고인에게 발급하여야 한다.

제57조(핵원료물질사용의 변경신고)

① 영 제78조에 따른 변경신고서는 별지 제40호서식과 같다.

② 제1항의 신고서에는 다음 각 호의 서류를 첨부하여야 한다.

1. 변경사항을 증명하는 서류
2. 신고확인증

제5장 방사성동위원소등, 방사성폐기물 및 방사성물질의 관리

제58조(방사성동위원소등의 생산허가 신청 등)

① 영 제79조제1항, 제2항 및 제3항에 따른 방사성동위원소 또는 방사선발생장치(이하 "방사성동위원소등"이라 한다)의 생산허가신청은 별지 제41호서식 또는 별지 제42호서식의 신청서에 따른다. 〈개정 2019. 12. 3.〉

② 법 제53조제3항에 따라 제1항의 신청서에는 다음 각 호의 서류를 첨부하여야 한다. 〈개정 2014. 11. 24.〉

1. 안전성분석보고서
2. 품질보증계획서
3. 방사선안전보고서
4. 안전관리규정
5. 영 별표 2에 따른 장비의 구입을 증명하는 서류
6. 영 별표 3에 따른 인력의 재직을 입증하는 서류
7. 영 제152조제1호에 따른 보상기준

③ 제2항제1호에 따른 안전성분석보고서에는 위원회가 정하여 고시하는 작성지침에 따라 다음 각 호의 사항을 적어야 한다.

1. 방사성동위원소등의 개요 및 제원
2. 방사성동위원소등의 재질 · 구조 및 안전성평가
3. 방사성동위원소등의 성능시험계획서

④ 제2항제3호에 따른 방사선안전보고서에는 위원회가 정하여 고시하는 작성지침에 따라 다음 각 호의 사항을 적어야 한다. 다만, 허가대상과 관련이 없는 사항은 기재하지 아니할 수 있다.

1. 시설 개요

2. 시설주변의 환경
3. 운영계획 개요
4. 방사선원의 특성 · 위치 및 제원
5. 안전시설 개요
6. 방사선취급방법 및 방사선안전관리계획
7. 예상피폭선량의 평가에 관한 절차 · 방법 및 결과
8. 주변환경에 대한 방사선 영향
9. 사고의 위험 및 그 대책
10. 방사성폐기물의 발생 및 처리계획
11. 방사선안전보고서의 작성자의 인적사항 및 자격

⑤ 제2항제4호에 따른 안전관리규정에는 위원회가 정하여 고시하는 작성지침에 따라 다음 각 호의 사항을 적어야 한다. 다만, 허가대상과 관련이 없는 사항은 적지 아니할 수 있다. 〈개정 2016. 8. 8.〉

1. 방사성동위원소등 또는 방사성동위원소에 의하여 오염된 물질을 취급하는 조직 및 그 기능에 관한 사항
2. 방사성동위원소등의 구매 · 사용 및 판매에 관한 사항
3. 방사성동위원소 또는 방사성동위원소에 의하여 오염된 물질의 분배 · 보관 · 운반 · 처리 · 배출 · 저장 · 자체처분 및 인도에 관한 사항
4. 방사선량률 · 피폭방사선량 및 방사성물질 또는 그에 의하여 오염된 물질(이하 "방사성물질등"이라 한다)에 따른 오염상황의 측정 및 그 측정결과의 기록과 보존에 관한 사항
5. 방사선안전관리 장비의 보관 · 관리 및 교정에 관한 사항
6. 방사선작업종사자 및 수시출입자에 대한 피폭방사선량의 평가 및 개인선량계의 관리에 관한 사항
7. 방사선작업종사자 및 수시출입자의 방사선장해발생을 방지하기 위하여 필요한 교육훈련에 관한 사항
8. 방사선장해 발생 여부를 발견하기 위하여 필요한 조치에 관한 사항
9. 방사선장해를 받았거나 받을 우려가 있는 사람에 대하여 필요한 보건상 조치에 관한 사항
10. 법 제58조에 따른 기록과 그 비치에 관한 사항
11. 위험 시 조치에 관한 사항
12. 방사성동위원소등의 분실 · 도난 등 사고 시의 조치 및 사고예방에 관한 사항
13. 방사선안전관리자의 권한 · 책임 및 직무수행에 관한 사항

14. 그 밖에 방사선장해의 방어에 필요한 사항

⑥ 영 제79조에 따른 신청서를 제출받은 위원회는 「전자정부법」 제36조제1항에 따른 행정정보의 공동이용을 통하여 신청인의 사업자등록증을 확인하여야 한다. 다만, 신청인이 확인에 동의하지 아니하는 경우에는 사업자등록증 사본을 첨부하도록 하여야 한다.

⑦ 위원회는 법 제53조제1항 본문에 따른 방사성동위원소등의 생산허가를 하였을 때에는 별지 제43호서식 또는 별지 제44호서식의 허가증을 신청인에게 발급하여야 한다. 이 경우 생산허가의 대상이 특수형방사성물질인 경우에는 별지 제45호서식의 특수형방사성물질설계승인서를 함께 발급하여야 한다.

제59조(방사성동위원소등의 판매허가신청 등)

① 영 제79조제1항에 따른 방사성동위원소등의 판매허가신청은 별지 제46호서식 또는 별지 제47호서식의 신청서에 따른다.

② 법 제53조제3항에 따라 제1항의 신청서에는 다음 각 호의 서류를 첨부하여야 한다.

〈개정 2014. 11. 24.〉

1. 제58조제2항제3호부터 제7호까지의 서류(제58조제2항제6호의 서류 중 업무대행 인력으로 방사선안전관리자를 갈음하려는 경우에는 업무대행 계약서류 사본)
2. 방사성동위원소등의 수급 및 판매에 관한 계획서
3. 방사선발생장치의 경우에는 취급 방사선발생장치의 명세서

③ 영 제79조제1항에 따른 허가신청서를 제출받은 위원회는 「전자정부법」 제36조제1항에 따른 행정정보의 공동이용을 통하여 신청인의 사업자등록증을 확인하여야 한다. 다만, 신청인이 확인에 동의하지 아니하는 경우에는 사업자등록증 사본을 첨부하게 하여야 한다.

④ 위원회는 법 제53조제1항 본문에 따라 방사성동위원소등의 판매허가를 하였을 때에는 별지 제48호서식 또는 별지 제49호서식의 허가증을 신청인에게 발급하여야 한다.

제60조(방사성동위원소등의 사용허가신청 등)

① 영 제79조제1항에 따른 방사성동위원소등의 사용(소지 · 취급을 포함한다. 이하 같다)허가신청은 별지 제50호서식 또는 별지 제51호서식의 신청서에 따른다.

② 법 제53조제3항에 따라 제1항의 신청서에는 제59조제2항제1호에 따른 서류를 첨부하여야 한다. 〈개정 2014. 11. 24.〉

1. 삭제 〈2014. 11. 24.〉
2. 삭제 〈2014. 11. 24.〉

③ 영 제79조제1항에 따른 허가신청서를 제출받은 위원회는 「전자정부법」 제36조제1항에 따른 행정정보의 공동이용을 통하여 신청인의 사업자등록증을 확인하여야 한다. 다만, 신청인이 확인에 동의하지 아니하는 경우에는 사업자등록증 사본을 첨부하게 하여야 한다.

④ 위원회는 법 제53조제1항 본문에 따라 방사성동위원소등의 사용허가를 하였을 때에는 별지 제52호서식 또는 별지 제53호서식의 허가증을 신청인에게 발급하여야 한다.

제61조(방사성동위원소등의 이동사용허가신청 등)

① 영 제79조제1항에 따른 방사성동위원소등의 이동사용허가신청은 각각 별지 제54호서식 또는 별지 제55호서식의 신청서에 따른다.

② 법 제53조제3항에 따라 제1항의 신청서에는 다음 각 호의 서류를 첨부하여야 한다.

〈개정 2013. 8. 16.〉

1. 제58조제2항제3호부터 제6호까지의 서류(방사선투과검사 목적으로 이동사용하려는 경우에는 영 별표 2에 따른 장비 및 별표 3에 따른 인력의 기준에 적합함을 증명하는 서류)
2. 제58조제2항제7호의 서류

③ 영 제79조제1항에 따른 허가신청서를 제출받은 위원회는 「전자정부법」 제36조제1항에 따른 행정정보의 공동이용을 통하여 신청인의 사업자등록증을 확인하여야 한다. 다만, 신청인이 확인에 동의하지 아니하는 경우에는 사업자등록증 사본을 첨부하게 하여야 한다.

④ 위원회는 법 제53조제1항 본문에 따른 방사성동위원소등의 이동사용허가를 하였을 때에는 별지 제56호서식 또는 별지 제57호서식의 허가증을 신청인에게 발급하여야 한다.

제62조(변경허가신청)

① 영 제80조에 따른 변경허가신청서는 별지 제58호서식과 같다.

② 제1항의 신청서에는 다음 각 호의 서류를 첨부하여야 한다.

1. 변경사항에 관한 서류
2. 공사를 수반하는 변경인 경우에는 그 공사기간 중 방사선장해방어를 위한 조치를 적은 서류
3. 허가증

제63조(경미한 사항의 변경신고)

① 법 제53조제1항 단서에서 "총리령으로 정하는 일시적인 사용장소의 변경과 그 밖의 경미한 사항을 변경하려는 때"란 다음 각 호의 어느 하나에 해당하는 경우를 말한다.

〈개정 2013. 8. 16.〉

1. 다음 각 목의 어느 하나에 해당하는 일시적인 사용장소의 변경
  가. 방사성동위원소등을 사업소 외에서 검정 또는 교정을 목적으로 이동사용하기 위하여 그 사용장소를 변경하는 것
  나. 방사성동위원소등을 사업소 외에서 방사선투과검사를 목적으로 이동사용하기 위하여 작업장(방사성동위원소등을 사용하는 장소를 말한다. 이하 같다)을 개설하는 것
  다. 방사선발생장치 또는 방사성동위원소가 내장된 기기(이하 "방사선기기"라 한다)를 사업소 외에서 검문 · 검색 또는 보안을 목적으로 이동사용하기 위하여 그 사용장소를 변경하는 것
  라. 방사선기기를 사업소 외에서 제품의 홍보 등을 목적으로 진열 · 전시하기 위하여 그 사용장소를 변경하는 것
2. 다음 각 목의 어느 하나에 해당하는 사항의 변경
  가. 사용시설등의 변경을 요하지 아니하는 방사성동위원소등의 종류 또는 수량의 감소에 관한 사항
  나. 허가를 받은 사람(이하 "허가사용자"라 한다)의 성명 및 주소(법인인 경우에는 명칭 및 주소와 그 대표자의 성명)
  다. 삭제 〈2014. 11. 24.〉
  라. 허가사용자가 제65조에 따른 사용신고대상 방사성동위원소 또는 제66조에 따른 사용신고대상 방사선발생장치를 추가 또는 변경하는 것에 관한 사항
  마. 안전관리규정의 변경에 관한 사항

② 법 제53조제1항 단서에 따라 제1항제2호의 사항에 대한 변경신고를 하려는 자는 변경 후 30일 이내에 별지 제4호서식의 신고서를 위원회에 제출하여야 한다. 다만, 제1항제2호라목의 사항에 대한 변경신고는 변경 전에 제출하여야 한다.

③ 제2항의 신고서에는 다음 각 호의 서류를 첨부하여야 한다.
1. 변경사항에 관한 서류
2. 허가증

제64조(일시적인 사용장소의 변경신고)

① 법 제53조제1항 단서에 따라 제63조제1항제1호(나목은 제외한다)의 사항에 대한 변경신고를 하려는 자는 이동사용의 개시 5일전까지 별지 제59호서식의 신고서를 위원회에 제출하여야 한다. 신고한 사항을 변경하려는 경우에도 또한 같다. 〈개정 2013. 8. 16.〉

② 제1항의 신고서에는 다음 각 호의 서류를 첨부하여야 한다.

1. 사용장소 및 그 부근의 상황설명서
2. 저장시설의 구조명세서
3. 저장시설 및 방사선관리구역의 평면도
4. 작업방법에 관한 설명서
5. 운반방법에 관한 설명서
6. 신고한 사항의 변경에 관한 서류(신고한 사항을 변경하려는 경우에만 제출한다)

③ 제63조제1항제1호나목의 사항에 대한 변경신고를 하려는 자는 이동사용의 개시 30일 전(작업기간이 1개월 미만이거나 긴급을 요하는 경우에는 5일 전)까지 별지 제59호의2서식의 신고서에 다음 각 호의 서류를 첨부하여 위원회에 제출하여야 한다. 신고한 사항을 변경하려는 경우에도 또한 같다. 〈개정 2013. 8. 16., 2014. 11. 24.〉

1. 발주자와의 방사선투과검사 계약서
2. 작업장 및 그 부근의 상황설명서
3. 저장시설 · 보관시설의 구조명세서 및 차폐평가결과
4. 방사선관리구역에 관한 설명서
5. 작업방법에 관한 설명서
6. 운반방법에 관한 설명서
7. 작업장 방사선안전관리자의 배치에 관한 서류

④ 제3항에 따라 신고를 한 자는 개설된 작업장의 운영이 종료된 경우에는 10일 이내에 별지 제59호의3서식의 신고서에 작업인원 및 작업량이 포함된 발주자의 작업장 폐지확인서를 첨부하여 위원회에 제출하여야 한다. 〈신설 2013. 8. 16.〉

제65조(사용 등의 신고대상 방사성동위원소)

법 제53조제2항 전단에서 "총리령으로 정하는 용도 또는 수량 이하의 밀봉된 방사성동위원소"란 다음 각 호의 기준에 적합한 밀봉된 방사성동위원소로서 사용 또는 이동사용 중 파손될 우려가 없고 방사능표지가 용기 또는 장치 외부에 부착되어 있는 것을 말한다.

1. 용도
   가. 엑스선 형광분석용
   나. 엑스선 회절분석용
   다. 가스 크라마토그래피 중 전자포획용
   라. 그 밖에 위원회가 정하여 고시하는 것
2. 수량

가. 교정용 장치에 방사성동위원소가 내장된 경우에는 방사성동위원소의 수량이 40메가베크렐 이하이고, 사용 중인 경우에는 표면방사선량률이 시간당 500마이크로시버트 이하이며, 사용하지 아니하는 경우에는 표면방사선량률이 시간당 1마이크로시버트 이하일 것

나. 가목 외의 용기 또는 장치에 내장된 경우에는 방사성동위원소의 수량은 위원회가 정하는 값 이하이고, 표면방사선량률은 시간당 10마이크로시버트 이하로서 방사성물질의 접촉을 방지하는 일체형 장치일 것

제66조(사용 등의 신고대상 방사선발생장치)

법 제53조제2항 전단에서 "총리령으로 정하는 용도 또는 용량 이하의 방사선발생장치"란 다음 각 호의 기준에 적합한 방사선발생장치를 말한다.

1. 용도

가. 엑스선 형광분석용

나. 엑스선 회절분석용

다. 가속이온주입용

라. 수화물 검색용

마. 그 밖에 위원회가 정하여 고시하는 것

2. 용량: 자체 차폐된 방사선발생장치로서 가속관의 최대전압이 170킬로볼트 이하이고, 표면방사선량률이 시간당 10마이크로시버트 이하일 것

제67조(방사성동위원소등의 사용신고)

① 영 제81조에 따른 사용 또는 이동사용신고서는 별지 제60호서식 및 별지 제61호서식과 같다.

② 제1항의 신고서에는 다음 각 호의 서류를 첨부하여야 한다.

1. 다음 각 목의 사항이 포함된 방사성동위원소등의 명세서

가. 방사성동위원소의 종류 및 수량(방사선발생장치의 경우에는 방사선의 종류 및 최대에너지)

나. 표면방사선량률

다. 사용의 목적 및 방법

라. 장치의 명칭 · 모델번호 · 고유번호 및 제조회사의 명칭

2. 사용이 종료된 방사성동위원소의 조치계획서(방사성동위원소 사용신고의 경우에만 첨부

한다)

3. 사용시설등 및 주변환경의 현황에 관한 설명서
4. 법 제84조제2항제5호 · 제7호의 면허를 받은 자 또는 「국가기술자격법」에 따른 방사선관리기술사가 재직하는 경우 이를 증명하는 서류나 법 제54조제1항제5호에 따른 방사선안전관리의 업무대행자가 있는 경우 이를 증명하는 서류
5. 영 제152조제1호에 따른 보상기준

③ 영 제81조에 따라 방사성동위원소등의 사용 또는 이동사용신고서를 제출받은 위원회는 「전자정부법」 제36조제1항에 따른 행정정보의 공동이용을 통하여 신고인의 사업자등록증을 확인하여야 한다. 다만, 신고인이 확인에 동의하지 아니하는 경우에는 사업자등록증 사본을 첨부하게 하여야 한다.

④ 위원회는 제1항에 따른 신고를 받은 경우 그 신고가 적합하다고 인정할 때에는 별지 제62호서식 또는 별지 제63호서식의 신고확인증을 신고인에게 발급하여야 한다.

제68조(방사성동위원소등의 사용변경신고)

① 영 제82조에 따른 변경신고서는 별지 제64호서식 및 별지 제65호서식과 같다.

② 제1항의 신고서에는 다음 각 호의 서류를 첨부하여야 한다.

1. 변경사항을 증명하는 서류
2. 신고확인증

제68조의2(방사선안전관리자의 선임신고 등)

① 영 제82조의2제3항에 따른 방사선안전관리자의 선임 · 변경 및 해임신고는 별지 제65의2서식에 따른다.

② 제1항에 따른 신고서에는 다음 각 호의 서류를 첨부하여야 한다. 〈개정 2016. 8. 8.〉

1. 방사선안전관리자의 재직을 증명하는 서류(업무대행 인력으로 방사선안전관리자를 갈음하려는 경우에는 업무대행 계약서류 사본) 1부
2. 허가사용자의 경우 면허증 사본(보수교육 이수 증명서류를 포함한다) 또는 「국가기술자격법」에 따른 방사선관리기술사 자격증 사본(「기술사법」 제5조의7에 따른 자격 등록증을 포함한다) 1부
3. 법 제53조제2항 전단에 따라 신고를 한 자(이하 "신고사용자"라 한다)의 경우 방사성동위원소등의 취급업무에 종사한 경력확인서류 및 제138조제2항에 따른 방사선안전관리자 교육 이수 증명서류 각 1부

4. 방사선안전관리자의 업무분장 내용 1부(2명 이상인 경우로 한정한다)

5. 신고한 사항을 변경하는 경우 그 사실을 증명하는 서류 1부

[본조신설 2014. 11. 24.]

제68조의3(방사선안전관리자의 자격요건 등)

① 영 제82조의3제3항에 따른 방사선안전관리자의 세부 자격요건은 다음 각 호와 같다.

〈개정 2016. 8. 8.〉

1. 허가사용자가 선임하는 경우에는 별표 1의2에 따른 인력으로 다음 각 목의 구분에 따른 요건을 갖춘 사람

가. 면허를 소지한 경우: 선임일부터 최근 3년 이내에 면허를 취득하였거나 법 제106조제2항에 따른 보수교육을 받은 사람

나. 방사선관리기술사 자격을 소지한 경우: 「국가기술자격법」에 따라 방사선관리기술사 자격을 취득하고 「기술사법」 제5조의7에 따른 기술사로 등록하거나 등록을 갱신한 사람

2. 신고사용자가 선임하는 경우에는 방사성동위원소등의 취급업무에 종사한 경력이 있는 사람으로서 선임일부터 최근 3년 이내에 제138조제2항에 따른 방사선안전관리자 교육을 받은 사람

② 방사선안전관리자가 2명 이상인 경우 각각의 방사선안전관리 업무를 명확하게 구분하여야 한다.

[본조신설 2014. 11. 24.]

제68조의4(방사선안전관리자의 대리자 지정 및 자격요건)

① 영 제82조의4제1항에 따른 방사선안전관리자의 대리자 지정서는 별지 제65호의3서식에 따른다.

② 영 제82조의4제4항에 따른 대리자의 세부 자격요건은 별표 1의3과 같다.

[본조신설 2019. 2. 15.]

제69조(업무대행자의 등록신청 등)

① 법 제54조제1항 각 호의 업무에 대한 대행등록을 하려는 자는 사업소별로 별지 제66호서식의 신청서를 위원회에 제출하여야 한다.

② 법 제54조제1항제6호에서 "그 밖에 총리령으로 정하는 방사선의 안전관리 및 장해방지관련

업무"란 다음 각 호의 업무를 말한다.

1. 방사선원 누설점검 업무
2. 사용시설등의 설계
3. 자체점검보고서의 작성업무

③ 법 제54조제3항에 따른 업무대행규정에는 위원회가 정하여 고시하는 지침에 따라 다음 각 호의 사항을 적어야 한다.

1. 방사선안전관리 체계
2. 수행하려는 대행업무의 절차
3. 안전관리절차
4. 방사선비상대응절차

④ 법 제54조제3항에서 "그 밖에 총리령으로 정하는 서류"란 다음 각 호의 서류를 말한다.

1. 영 제84조에 따른 장비 및 인력을 확보하고 있음을 증명하는 서류
2. 영 제152조제1호에 따른 보상기준
3. 대행업무와 관련된 기술을 보유하고 있는 인력의 경력확인서

⑤ 제4항제3호에 따른 경력은 다음 각 호의 방법에 따라 산출한다.

1. 경력기간은 경력 개월 수를 단위로 하여 계산하되, 15일 이상은 1개월로 계산할 것
2. 경력 산출의 기준일은 업무대행등록 신청일로 할 것

⑥ 법 제54조제3항에 따라 등록신청서를 제출받은 위원회는 「전자정부법」 제36조제1항에 따른 행정정보의 공동이용을 통하여 신청인의 사업자등록증을 확인하여야 한다. 다만, 신청인이 확인에 동의하지 아니하는 경우에는 사업자등록증 사본을 첨부하게 하여야 한다.

⑦ 위원회는 법 제54조제3항에 따른 등록신청을 받은 경우 그 등록신청이 등록기준에 적합하다고 인정할 때에는 별지 제67호서식의 등록증을 신청인에게 발급하여야 한다.

제70조(등록사항의 변경신고)

① 법 제54조제1항에 따라 등록을 한 자(이하 "업무대행자"라 한다)가 같은 조 제2항에 따라 등록사항의 변경신고를 하려는 경우에는 해당 변경사유가 발생한 날부터 30일 이내에 별지 제68호서식의 신고서를 위원회에 제출하여야 한다.

② 제1항의 신고서에는 다음 각 호의 서류를 첨부하여야 한다.

1. 변경사항에 관한 서류
2. 등록증

제71조(방사선안전관리자의 대행)

① 법 제54조제1항제5호에 따라 허가사용자(방사성동위원소등의 사용 또는 판매허가에 한정한다. 이하 이 조에서 같다)가 업무대행자의 인력으로 방사선안전관리자 인력을 갈음할 수 있는 경우는 다음 각 호와 같다. 〈개정 2014. 11. 24., 2019. 12. 3.〉

1. 밀봉된 방사성동위원소를 진단용으로 사용하는 경우
2. 다음 각 목의 방사성동위원소등을 사용하는 경우(인체에 사용하는 경우는 제외한다)
   가. 기기에 내장되거나 장착되지 아니한 것으로서 연간 사용량이 1.85테라베크렐 미만인 밀봉된 방사성동위원소
   나. 기기에 내장되거나 장착된 것으로서 연간 사용량이 3.7테라베크렐 미만인 밀봉된 방사성동위원소
   다. 최대 전압 250킬로볼트, 최대 전류 5밀리암페어 이하로서 1대 이하인 방사선발생장치
3. 방사선발생장치를 판매하는 경우

② 제1항에 해당하는 허가사용자의 방사선안전관리 업무를 대행하려는 자는 소속 전담인력 1명으로 허가사용자를 최대 15명까지 대행할 수 있다. 〈개정 2014. 11. 24.〉

③ 법 제54조제1항제5호에 따라 신고사용자의 방사선안전관리 업무를 대행하려는 자는 소속 전담인력 1명으로 신고사용자를 최대 30명까지 대행할 수 있다. 〈신설 2014. 11. 24.〉

④ 제2항 및 제3항에 따른 업무를 대행하는 소속 전담인력은 제2항 및 제3항에 따른 업무를 각각 분리하여 대행하여야 한다. 〈신설 2014. 11. 24.〉

제72조(대행업무의 기술능력)

법 제55조제2항제1호에서 "총리령으로 정하는 대행업무 수행에 필요한 기술능력을 확보하고 있을 것"이란 다음 각 호의 요건을 모두 갖춘 것을 말한다.

1. 방사선안전관리 체계를 수립하여 운영하고 있을 것
2. 법 제54조에 따라 등록한 대행업무의 유형별 절차를 수립하고 있을 것

제73조(대행업무의 범위 등)

법 제55조제2항제3호에서 "대행업무의 범위 및 업무대행규정이 총리령으로 정하는 기준에 적합할 것"이란 다음 각 호의 기준을 모두 갖춘 것을 말한다.

1. 방사선안전관리에 관한 업무의 대행은 위원회가 정하여 고시하는 권역별로 위치한 사무소에서 할 것
2. 업무대행규정이 제69조제3항에 따라 위원회가 정하여 고시하는 지침에 적합하게 작성되

었을 것

제74조(시설검사의 서면심사 대상)

영 제85조제2항제2호에서 "총리령으로 정하는 장치"란 최대 전압 250킬로볼트 이하의 방사선발생장치를 말한다. 〈개정 2019. 12. 3.〉

제75조(시설검사의 자체점검 · 감리에 대한 서면심사 등)

① 영 제85조제2항에 따른 허가사용자의 자체점검 또는 영 제85조제3항에 따른 업무대행자의 감리는 다음 각 호의 사항에 대하여 실시한다.

1. 방사선기기의 제작회사 · 모델번호 및 일련번호
2. 방사선발생장치의 최대 사용용량
3. 내장되어 있는 방사성동위원소의 핵종 · 방사능량 · 제작회사 · 모델번호 · 일련번호 및 인증서
4. 방사선기기를 포함한 사용시설등의 설치위치 및 상태
5. 방사선기기 설치 후 방사선기기 외부표면 및 사용시설등의 주요 지점에서의 방사선량률
6. 사용시설등의 재질 및 치수
7. 사용시설등의 주변환경
8. 사용시설등의 안전장치설치 및 안전관리장비 보유현황
9. 방사능표지 · 주의사항의 게시위치 및 내용

② 영 제85조제2항 또는 같은 조 제3항에 따라 서면심사를 신청하려는 자는 별지 제69호서식의 신청서에 자체점검결과 또는 감리결과를 첨부하여 위원회에 제출하여야 한다.

제76조(시설검사 신청서)

영 제87조에 따른 검사신청서는 별지 제70호서식과 같다.

제77조(정기검사의 시기)

영 제88조에 따른 정기검사의 시기는 별표 1과 같다.

제78조(정기검사에 갈음하는 자체점검에 대한 서면심사)

① 영 제88조제3항에 따른 허가사용자의 자체점검은 다음 각 호의 사항에 대하여 실시한다. 〈개정 2016. 8. 8.〉

1. 방사성동위원소등의 구매 · 사용 · 저장 및 폐기 현황
2. 방사성동위원소등의 사용실적
3. 방사선작업종사자 및 수시출입자 현황
4. 방사선작업종사자 및 수시출입자의 피폭관리 · 건강진단 현황
4의2. 방사선작업종사자의 교육현황
5. 사용시설등의 방사선측정 현황
6. 방사선측정장비의 보유 현황 및 그에 대한 검정 · 교정 현황
7. 방사선기기에 대한 누설점검 실적 및 결과
8. 보유하고 있는 안전관리기록 현황
9. 법 제59조제1항에 따른 기술기준에 적합하지 아니한 사항과 그 원인 및 조치에 관한 사항

② 영 제88조제3항에 따라 서면심사를 신청하려는 자는 별지 제71호서식의 신청서에 자체점검 결과를 첨부하여 위원회에 제출하여야 한다.

제79조(정기검사의 서면심사 대상)

영 제88조제3항제1호에서 "총리령으로 정하는 정기검사 주기가 3년 또는 5년인 사용시설등을 설치 · 운영하는 자일 것"이란 별표 1에 따른 정기검사의 시기가 매 3년 또는 5년인 자를 말한다.

제80조(검사신청서)

① 영 제90조 본문에 따른 검사신청서는 영 제88조제1항에 따른 정기검사인 경우에는 별지 제70호서식과 같고, 같은 조 제2항에 따른 정기검사인 경우에는 별지 제72호서식과 같다.

② 영 제91조제1항에 따른 방사성동위원소의 생산검사를 받으려는 자는 별지 제73호서식에 따른 신청서를 위원회에 제출하여야 한다.

제81조(합격 여부의 통지)

위원회는 다음 각 호에 따라 실시되는 검사 등을 받은 자에 대하여는 합격 여부를 통지하여야 한다.

1. 영 제85조제1항에 따른 검사
2. 영 제85조제2항 및 제3항에 따른 서면심사
3. 영 제88조제1항 및 제2항에 따른 검사
4. 영 제88조제3항에 따른 서면심사
5. 영 제91조제1항에 따른 검사

제82조(방사선기기의 설계승인신청)

① 법 제60조제1항 전단에 따라 방사선기기의 설계승인(이하 "설계승인"이라 한다)을 받으려는 자는 별지 제74호서식의 신청서를 위원회에 제출하여야 한다. 〈개정 2018. 5. 3.〉

② 법 제60조제3항에 따른 방사선기기의 설계자료에는 다음 각 호의 사항을 적어야 한다. 〈개정 2018. 5. 3.〉

1. 설계의 개요 및 설명
2. 설계도면

③ 법 제60조제3항에 따른 안전성평가자료에는 다음 각 호의 사항을 적어야 한다. 〈개정 2018. 5. 3.〉

1. 방사선기기의 개요 및 제원
2. 방사선기기의 재질, 구조 및 안전성 평가
3. 방사선기기의 설치 및 운영절차
4. 방사선기기의 시험 및 유지ㆍ보수절차

④ 법 제60조제3항에 따른 품질보증계획서에는 제4조제4항 각 호의 사항을 적어야 한다 . 〈개정 2018. 5. 3.〉

⑤ 법 제60조제3항에서 "총리령으로 정하는 서류"란 제작국에서 인증된 제작검사 관련 증명서 또는 제작사가 발행한 품질보증 관련 증명서를 말한다. 〈개정 2018. 5. 3.〉

⑥ 제5항에 따른 제작검사 관련 증명서 및 품질보증 관련 증명서는 외국에서 수입한 방사선기기의 경우에만 제출한다. 〈개정 2018. 5. 3.〉

⑦ 위원회는 법 제60조제1항에 따라 방사선기기의 설계승인을 하였을 때에는 별지 제75호서식의 설계승인서를 신청인에게 발급하여야 한다. 〈개정 2018. 5. 3.〉

⑧ 제2항부터 제5항까지의 규정에 따른 설계자료, 안정성평가자료, 품질보증계획서 등의 세부 기재사항과 작성방법은 위원회가 정하여 고시한다. 〈신설 2018. 5. 3.〉

제83조(방사선기기의 설계변경승인)

법 제60조제1항 후단에 따라 방사선기기의 설계변경 승인을 받으려는 자는 별지 제76호서식의 신청서에 다음 각 호의 서류를 첨부하여 위원회에 제출하여야 한다. 〈개정 2018. 5. 3.〉

1. 변경사항에 관한 서류
2. 설계승인서

제84조(경미한 사항의 변경신고)

① 법 제60조제1항 단서에서 "총리령으로 정하는 경미한 사항"이란 다음 각 호의 어느 하나에 해당하는 사항을 말한다.

1. 승인을 받은 사람의 성명 및 주소(법인인 경우에는 그 명칭 및 주소와 대표자의 성명)
2. 사업소의 명칭 및 소재지
3. 방사선기기의 설계변경이 없는 단순한 형식명칭의 변경

② 법 제60조제1항 단서에 따라 변경신고를 하려는 자는 변경 후 30일 이내에 별지 제4호서식의 신고서에 다음 각 호의 서류를 첨부하여 위원회에 제출하여야 한다. 〈개정 2018. 5. 3.〉

1. 변경사항을 증명하는 서류
2. 설계승인서

제85조(방사선기기의 검사신청)

① 법 제61조제1항 각 호 외의 부분 본문에 따른 검사를 받으려는 자는 별지 제77호서식의 신청서에 다음 각 호의 서류를 첨부하여 위원회에 제출하여야 한다.

1. 시험 · 검사시설 및 장비명세서
2. 시험 · 검사에 관한 설명서
3. 설계승인서

② 위원회는 법 제61조제1항 각 호 외의 부분 본문에 따른 검사의 결과가 법 제61조제2항에 따른 기준에 적합한 경우에는 설계승인서에 검사합격내용을 적어 재발급하여야 한다.

[전문개정 2018. 5. 3.]

제86조(준용규정)

허가사용자, 법 제53조제2항 전단에 따라 신고를 한 자 및 업무대행자에 관하여는 제15조의2 및 제38조를 준용한다. 이 경우 "허가증"은 법 제53조제2항 전단에 따라 신고를 한 자에 대해서는 "신고확인증"으로, 업무대행자에 대해서는 "등록증"으로 각각 본다.

[전문개정 2018. 5. 3.]

제6장 방사성폐기물의 관리 · 운영

제87조(방사성폐기물관리시설등의 건설 · 운영허가의 신청 등)

① 영 제96조에 따른 허가신청서는 별지 제78호서식과 같다.

② 법 제63조제2항에 따른 방사선환경영향평가서에는 제4조제2항 각 호의 사항을 적어야 한다.

③ 법 제63조제2항에 따른 안전성분석보고서에는 위원회가 정하여 고시하는 지침에 따라 다음 각 호의 사항을 적어야 한다. 〈개정 2016. 12. 30.〉

1. 시설의 개요 및 현황
2. 부지특성
3. 시설의 설계 및 건설
4. 시설의 운영 및 관리
5. 부지폐쇄 및 폐쇄 후 관리
6. 안전성평가 및 사고분석
7. 방사선장해방어
8. 기술지침

④ 법 제63조제2항에 따른 안전관리규정에는 다음 각 호의 사항을 적어야 한다.

〈개정 2015. 7. 21., 2016. 8. 8.〉

1. 방사성폐기물의 저장 · 처리 · 처분시설 및 부속시설(이하 "방사성폐기물관리시설등"이라 한다)의 운영 · 관리조직 및 그 기능에 관한 사항
2. 방사선안전관리자의 선임 · 권한 · 책임 및 직무수행에 관한 사항
3. 방사성폐기물관리시설등의 방사선작업종사자에 대한 안전관리교육에 관한 사항
4. 안전관리설비의 운전에 관한 사항
5. 방사성폐기물관리시설등의 안전운전에 관한 사항
6. 방사선관리구역 · 보전구역 및 제한구역에서의 출입제한 등에 관한 사항
7. 배기감시설비 및 배수감시설비에 관한 사항
8. 방사선관리구역 · 보전구역 및 제한구역에서의 다음 각 목의 사항
   가. 방사선량률
   나. 방사성물질의 농도
   다. 방사성물질에 의하여 오염된 물질의 표면오염도의 감시 및 오염제거에 관한 사항
9. 방사선측정기의 관리 및 방사선측정방법에 관한 사항
10. 방사선작업종사자 및 수시출입자에 대한 피폭방사선량의 평가 및 개인선량계의 관리에

관한 사항

11. 방사성폐기물관리시설등의 순시 및 점검과 이에 따른 조치에 관한 사항
12. 방사성폐기물관리시설등의 자체 점검에 관한 사항
13. 방사성폐기물의 운반 · 저장 및 그 밖의 취급에 관한 사항
14. 방사성폐기물의 처리에 관한 사항
15. 주변지역 등의 방사선감시에 관한 사항
16. 비상시 조치에 관한 사항
17. 방사성폐기물관리시설등에 관계되는 안전관리기록에 관한 사항
18. 그 밖에 안전관리에 필요한 사항

⑤ 법 제63조제2항에 따른 건설 및 운영에 관한 품질보증계획서에는 제4조제4항 각 호의 사항을 적어야 한다.

⑥ 법 제63조제2항에서 "그 밖에 총리령으로 정하는 서류"란 다음 각 호의 서류를 말한다.
〈개정 2015. 7. 21., 2016. 12. 30.〉

1. 방사성폐기물관리시설등의 건설 · 운영계획에 관한 서류
2. 방사성폐기물의 저장 · 처리 및 처분방법에 관한 서류
3. 방사성폐기물관리시설등에 저장 · 처리 또는 처분할 방사성폐기물의 종류 및 수량에 관한 서류
4. 방사성폐기물관리시설등의 건설 · 운영에 관한 기술능력에 관한 설명서
5. 영 제99조제1항에 따른 장비 및 인력을 확보하고 있음을 증명하는 서류

⑦ 위원회는 법 제63조제1항 본문에 따라 방사성폐기물관리시설등의 건설 · 운영허가를 하였을 때에는 별지 제79호서식의 허가증을 신청인에게 발급하여야 한다. 〈개정 2015. 7. 21.〉

[제목개정 2015. 7. 21.]

제88조(허가의 변경)

① 영 제98조에 따른 변경허가신청서는 별지 제80호서식과 같다.

② 제1항의 신청서에는 다음 각 호의 서류를 첨부하여야 한다.

1. 허가신청서 첨부서류 중 변경되기 전의 것과 변경된 후의 비교표
2. 공사계획 및 방사선장해방어계획(공사를 수반하는 경우에만 첨부한다)
3. 허가증(허가증의 기재사항을 변경하려는 경우에만 첨부한다)

제89조(경미한 사항의 변경신고)

① 법 제63조제1항 단서에서 "총리령으로 정하는 경미한 사항"이란 다음 각 호의 어느 하나에 해당하는 사항을 말한다. 〈개정 2015. 7. 21., 2016. 8. 8.〉

1. 허가를 받은 사람의 성명 및 주소(법인인 경우에는 그 명칭 · 주소 및 그 대표자의 성명)
2. 방사성폐기물관리시설등을 설치하는 사업소의 명칭
3. 방사성폐기물관리시설등의 공사일정
4. 제87조제3항에 따른 안전성분석보고서의 기재사항 중 같은 항 제1호 · 제4호 또는 제7호에 관한 사항
5. 제87조제5항에 따른 건설 및 운영에 관한 품질보증계획서의 기재사항 중 제4조제4항제2호부터 제18호까지에 관한 사항
6. 안전성분석보고서, 안전관리규정, 건설 및 운영에 관한 품질보증계획서, 방사성폐기물관리시설등의 건설 · 운영계획에 관한 서류 및 방사성폐기물관리시설등의 건설 · 운영에 관한 기술능력에 관한 설명서의 내용 중 품질보증체제의 조직이 아닌 일반조직 변경에 관한 사항
7. 오기(誤記), 누락 또는 그 밖에 이에 준하는 사유로서 그 변경 근거가 분명한 사항

② 법 제63조제1항 단서에 따라 변경신고를 하려는 자는 변경 후 20일 이내에 별지 제4호서식의 신고서에 다음 각 호의 서류를 첨부하여 위원회에 제출하여야 한다. 〈개정 2016. 8. 8.〉

1. 변경사항을 증명하는 서류
2. 허가증

제90조(사용 전 검사의 신청 등)

① 영 제101조에 따른 사용 전 검사를 받으려는 자는 별지 제81호서식의 신청서에 검사받으려는 시설의 개요와 공사일정을 적은 서류를 첨부하여 위원회에 제출하여야 한다.

② 제1항의 신청서는 영 제102조 각 호의 시기마다 검사받으려는 날의 30일 전까지 제출하여야 한다.

③ 위원회는 영 제101조에 따른 사용 전 검사를 받은 자에 대하여 합격 여부를 통지하여야 한다.

제91조(정기검사의 신청 등)

① 영 제103조에 따른 정기검사를 받으려는 자는 별지 제82호서식의 신청서에 다음 각 호의 사항을 적은 서류를 첨부하여 위원회에 제출하여야 한다.

1. 검사받으려는 시설의 개요

2. 정기검사 수검계획서

② 제1항에 따른 신청서는 검사받으려는 날의 30일 전까지 제출하여야 한다.

③ 위원회는 제103조에 따른 정기검사를 받은 자에 대하여 합격 여부를 통지하여야 한다.

제92조(정기검사의 시기)

영 제103조제1항에 따른 정기검사는 1년마다 실시한다.

제93조(처분검사신청)

① 영 제104조제2항에 따른 신청서는 별지 제83호서식과 같다.

② 제1항에 따른 신청서에는 법 제70조제4항에 따른 방사성폐기물이 제96조에 따른 인도기준 및 방법 등에 적합함을 확인한 결과를 첨부하여야 한다. 〈개정 2020. 5. 29.〉

③ 위원회는 영 제104조에 따른 처분검사를 받은 자에 대하여 합격 여부를 통지하여야 한다.

제94조(방사성폐기물의 처분제한)

법 제70조제2항에서 "총리령으로 정하는 종류 및 수량의 방사성폐기물"이란 개인에 대한 연간 피폭방사선량이 10마이크로시버트 이상이거나 집단에 대한 총피폭방사선량이 1맨 · 시버트 이상이 되는 것으로서 위원회가 정하는 핵종별 농도 이상인 방사성폐기물을 말한다.

제95조(자체처분 신고)

① 영 제107조제2항에 따른 자체처분계획서는 별지 제84호서식과 같다.

② 제1항의 계획서에는 위원회가 정하여 고시하는 지침에 따라 작성된 방사성폐기물 자체처분의 절차 및 방법에 관한 서류를 첨부하여야 한다.

제96조(방사성폐기물의 인도)

① 법 제70조제4항에 따른 방사성폐기물의 인도기준은 다음 각 호와 같다.

1. 방사성폐기물은 종류 및 방사능 농도에 따라 분류하고, 처분장의 처분요건에 적합하도록 할 것

2. 방사성폐기물은 처분 후의 안전성을 확보하기 위하여 고체 형태로 할 것

3. 포장물은 운반 및 취급 시 파손되지 아니하도록 구조적 건전성을 유지할 것

4. 포장내의 유리수(遊離水)는 최소화하고 고화체가 함유하고 있는 핵종의 침출률이 적절히

제한되도록 할 것

5. 방사성폐기물은 폭발 · 인화 및 유해성 물질 등에 따른 위험성이 제거되도록 할 것
6. 포장물 외부에 방사성폐기물에 대한 주요 정보를 알아보기 쉽게 표시할 것

② 제1항에 따른 방사성폐기물의 인도방법 · 절차 및 그 밖의 필요한 사항은 위원회가 정하여 고시한다.

제97조(준용규정)

법 제63조제1항에 따른 방사성폐기물관리시설등의 건설 · 운영허가를 받은 자에 관하여는 제13조, 제14조, 제15조의2, 제34조 및 제38조를 준용한다. 〈개정 2014. 11. 24., 2015. 7. 21., 2018. 5. 3.〉

제7장 방사성물질등의 포장 및 운반

제98조(운반신고)

① 법 제71조제1항에서 "총리령으로 정하는 수량의 방사성물질등"이란 다음 각 호의 어느 하나에 해당하는 방사성물질등을 말한다. 〈개정 2016. 8. 8.〉

1. B(U)형 운반물
2. B(M)형 운반물
3. C형 운반물
4. 핵분열성물질 운반물
5. 방사성물질에 의하여 오염된 대형기계장치로서 운반용기로 포장하기에 부적합한 것
6. 1.6세제곱미터 이상의 중 · 저준위방사성폐기물

② 영 제108조제1항에 따른 신고서는 별지 제85호서식과 같다.

③ 제2항의 신고서에는 다음 각 호의 서류를 첨부하여야 한다. 다만, 제3호부터 제6호까지의 서류 중 종전의 운반신고 시 제출한 것으로서 1년이 지나지 아니한 것은 첨부하지 아니할 수 있다.

1. 방사성물질 운반명세서
2. 운반할 방사성물질등에 관한 설명서
3. 포장 및 운반 점검기록부 양식
4. 방사성물질등의 포장 또는 운반을 위한 용기(이하 "운반용기"라 한다) 및 특수형방사성물질의 설계승인서

5. 운반 절차서

6. 비상대응계획서

④ 영 제108조제1항 단서에서 "총리령으로 정하는 기간"이란 1년을 말한다.

⑤ 영 제108조제3항에 따른 변경신고서는 별지 제86호서식과 같다.

⑥ 제5항의 신고서에는 변경을 증명하는 서류를 첨부하여야 한다.

제99조(외국선박 등의 운반신고)

① 법 제71조제2항에서 "총리령으로 정하는 수량의 방사성물질등"이란 다음 각 호의 방사성물질등을 말한다.

1. B(M)형 운반물

2. B(U)형 운반물로서 위원회가 정하여 고시하는 수량을 초과하는 운반물

3. C형 운반물로서 위원회가 정하여 고시하는 수량을 초과하는 운반물

4. 그 밖에 위원회가 정하여 고시하는 방사성물질등

② 영 제109조제1항에서 "총리령으로 정하는 서류"란 다음 각 호의 사항이 기재된 서류를 말한다.

1. 관련 증명서번호 및 표시를 포함하여 운반물의 확인이 가능한 정보

2. 운송일, 도착예정일 및 예정경로를 포함한 운반정보

3. 방사성물질 또는 방사성 핵종의 명칭

4. 방사성물질 또는 방사성 핵종의 물리적 및 화학적 형태에 대한 정보

5. 특수형방사성물질 또는 저분산성방사성물질의 해당여부

6. 운반물에 포함된 베크렐 단위의 최대 방사능량. 다만, 핵분열성물질의 경우에는 그램 단위로 표기할 수 있다.

제100조(비상대응계획)

① 법 제71조에 따른 원자력관계사업자(이하 "원자력관계사업자"라 한다) 또는 원자력관계사업자로부터 방사성물질등의 운반을 위탁받은 자는 제98조제1항 각 호의 방사성물질등을 운반하는 때에는 법 제74조제1항에 따른 비상대응계획을 수립하여야 한다.

② 제1항에 따른 비상대응계획에는 다음 각 호의 사항이 포함되어야 한다.

1. 비상대응 조직과 그 권한 및 임무

2. 사고보고절차

3. 사고유형에 따른 조치계획

제101조(포장 · 운반검사)

① 영 제111조제1항에서 "총리령으로 정하는 자"란 다음 각 호의 자를 말한다. 〈개정 2015. 7. 21.〉

1. 발전용원자로운영자
2. 법 제32조에 따른 연구용원자로등설치자(이하 "연구용원자로등설치자"라 한다)
3. 법 제37조제1항에 따른 핵연료주기사업자(이하 "핵연료주기사업자"라 한다)
4. 법 제65조제1항에 따른 방사성폐기물관리시설등건설 · 운영자(이하 "방사성폐기물관리시설등건설운영자"라 한다) 또는 방사성동위원소등의 이동사용을 전문으로 하는 자
5. 방사성동위원소 생산 및 판매업자

② 영 제111조제1항에 따른 검사의 주기는 다음 각 호와 같다.

1. 제1항제1호부터 제4호까지의 자: 매 1년
2. 제1항제5호의 자
   가. 밀봉된 방사성동위원소의 연간 생산 · 판매량이 370테라베크렐 이상인 경우: 매 1년
   나. 밀봉된 방사성동위원소 외의 방사성동위원소(이하 "밀봉되지 아니한 방사성동위원소"라 한다)의 연간 생산 · 판매량이 37테라베크렐 이상인 경우: 매 1년
   다. 밀봉된 방사성동위원소의 연간 생산 · 판매량이 370테라베크렐 미만인 경우: 매 3년
   라. 밀봉되지 아니한 방사성동위원소의 연간 생산 · 판매량이 37테라베크렐 미만인 경우: 매 3년

③ 영 제111조제2항에서 "총리령으로 정하는 방사성물질등"이란 다음 각 호의 구분에 따른 방사성물질등을 말한다. 〈개정 2016. 8. 8.〉

1. 제1항 각 호의 자가 포장 또는 운반하는 경우
   가. 사용후핵연료
   나. 위원회가 정하여 고시하는 바에 따라 특별운반이 승인된 방사성물질등
   다. 운반하려는 방사성물질등의 방사능량이 위원회가 정하여 고시하는 A값의 30배를 초과하는 방사성물질등
   라. 1.6세제곱미터 이상의 중 · 저준위방사성폐기물
2. 제1호에 해당하는 자 외의 자가 포장 또는 운반하는 경우
   가. 제98조제1항제1호 또는 제2호에 해당하는 운반물
   나. 제1호나목에 해당하는 방사성물질등

④ 영 제111조제4항 본문에 따른 검사신청서는 별지 제87호서식과 같다.

⑤ 위원회는 영 제111조제1항 또는 제2항에 따라 포장 또는 운반에 관한 검사를 받은 자에 대하여 합격 여부를 통지하여야 한다.

제102조(포장 · 운반검사의 서면심사 대상)

영 제111조제5항제1호에서 "총리령으로 정하는 기준량"이란 다음 각 호의 구분에 따른 양을 말한다.

1. 밀봉된 방사성동위원소의 연간 생산 · 판매량: 370테라베크렐
2. 밀봉되지 아니한 방사성동위원소의 연간 생산 · 판매량: 37테라베크렐

제103조(포장 · 운반에 대한 서면심사 등)

① 영 제111조제5항 각 호 외의 부분 본문에서 "총리령으로 정하는 검사대상"이란 다음 각 호의 사항을 말한다.

1. 방사성물질등의 포장 · 운반 및 점검 실적
2. 방사성물질등의 포장 · 운반관련 작업자 현황
3. 방사성물질 포장 · 운반관련 작업자의 피폭관리 및 교육 현황
4. 운반용기 보유 및 관리현황
5. 운반차량 보유 및 관리현황
6. 방사선측정장비 보유현황 및 그에 대한 검정 · 교정 현황
7. 보유하고 있는 안전관리기록 현황
8. 법 제72조에 따른 포장 또는 운반에 관한 기술기준에 적합하지 아니한 사항과 그 원인 및 조치에 관한 사항

② 영 제111조제5항에 따라 서면심사를 신청하려는 원자력관계사업자는 별지 제88호서식의 신청서에 자체점검결과를 첨부하여 위원회에 제출하여야 한다.

③ 위원회는 영 제111조제5항에 따라 서면심사를 받은 자에 대하여 합격 여부를 통지하여야 한다.

제104조(운반용기의 설계승인 대상)

법 제76조제1항 본문의 전단에서 "총리령으로 정하는 수량의 방사성물질등의 포장 또는 운반을 위한 용기"란 다음 각 호의 어느 하나의 운반물에 적용하는 용기를 말한다.

1. B(U)형 운반물
2. B(M)형 운반물
3. C형 운반물
4. 핵분열성물질 운반물

제105조(설계승인신청)

① 법 제76조제2항에 따른 승인신청서는 별지 제89호서식과 같다.

② 법 제76조제2항에 따른 제작에 관한 품질보증계획서는 제108조에 따른 제작검사 신청 시에 제출할 수 있다.

③ 법 제76조제2항에 따른 안전성분석보고서에는 다음 각 호의 사항을 적어야 한다.

1. 운반용기의 개요 및 제원
2. 운반용기의 재질 · 구조 · 열 · 격납 · 차폐 및 핵임계의 평가결과
3. 운반용기의 조작 및 운영절차
4. 운반용기의 시험 및 유지 · 보수절차

④ 법 제76조제2항에서 “총리령으로 정하는 서류”란 성능시험계획서를 말한다.

⑤ 법 제76조제2항에 따른 첨부서류의 작성기준 및 그 밖에 필요한 사항은 위원회가 정하여 고시한다.

⑥ 외국에서 설계승인을 받은 운반용기의 경우에는 법 제76조제2항에 따른 첨부서류 대신 해당 국가의 설계승인서를 승인신청서에 첨부하여 제출할 수 있다.

⑦ 법 제76조제1항 본문의 후단에 따라 설계변경승인을 받으려는 자는 별지 제90호서식의 신청서에 변경사항에 관한 서류를 첨부하여 위원회에 제출하여야 한다.

제106조(설계승인서 발급)

① 영 제112조제3항에 따른 설계승인서는 별지 제91호서식과 같다.

② 제1항의 설계승인서 발급 등에 관하여 필요한 사항은 위원회가 정하여 고시한다.

제107조(경미한 사항의 변경신고)

① 법 제76조제1항 단서에서 “총리령으로 정하는 경미한 사항”이란 다음 각 호의 어느 하나에 해당하는 사항을 말한다.

1. 승인을 받은 자의 성명 및 주소(법인인 경우에는 그 명칭 및 주소와 대표자의 성명)
2. 사업소의 명칭 및 소재지

② 법 제76조제1항 단서에 따라 변경신고를 하려는 자는 변경 후 30일 이내에 별지 제4호서식의 신고서에 다음 각 호의 서류를 첨부하여 위원회에 제출하여야 한다.

1. 변경사항을 증명하는 서류
2. 설계승인서

제108조(운반용기의 제작검사)

① 영 제113조제1항에 따라 운반용기의 제작검사를 받으려는 자는 별지 제92호서식의 신청서에 다음 각 호의 서류를 첨부하여 위원회에 제출하여야 한다.

1. 품질보증계획서(제105조제2항에 따라 설계승인 신청시 제출하지 아니한 경우에만 해당한다)
2. 제작방법에 관한 설명서
3. 제작설비 명세서
4. 시험방법 · 검사방법에 관한 설명서
5. 시험 · 검사시설 또는 검사기기 명세서

② 위원회는 영 제113조에 따른 제작검사를 받은 자에 대하여 합격 여부를 통지하여야 한다.

③ 영 제113조제4항에 따른 운반용기의 제작검사에 관한 검사기준은 다음 각 호와 같다.

1. 영 제112조제1항에 따라 설계승인을 받은 당시의 설계 · 재료 및 구조내용과 일치할 것
2. 운반용기의 형식별 검사항목 및 방법 등이 위원회가 정하여 고시하는 기준에 적합할 것

제109조(운반용기의 사용검사)

① 영 제113조제2항에 따라 운반용기의 사용검사를 받으려는 자는 별지 제93호서식의 신청서에 다음 각 호의 서류를 첨부하여 위원회에 제출하여야 한다.

1. 운반용기의 보수명세서(보수한 경우에 한한다)
2. 운반용기 자체점검보고서 및 점검절차서(영 제113조제3항에 따른 서면심사를 받으려는 경우에만 해당한다)

② 위원회는 영 제113조제2항에 따라 사용검사를 받은 자에 대하여 합격 여부를 통지하여야 한다.

③ 영 제113조제4항에 따른 운반용기의 사용검사에 관한 검사기준은 다음 각 호와 같다.

1. 제작검사 합격 당시의 성능을 유지하고 있을 것
2. 운반용기의 형식별 검사항목 및 방법 등이 위원회가 정하여 고시하는 기준에 적합할 것

④ 제1항제2호의 자체점검보고서에는 제3항 각 호의 검사기준에 적합함을 입증하는 서류를 첨부하여야 한다.

⑤ 영 제113조제4항에 따른 자체점검보고서의 서면심사기준은 다음 각 호와 같다.

1. 제3항 각 호의 기준에 적합할 것
2. 제3항제2호의 검사항목별 검사절차가 적합할 것

제110조(검사면제의 신청)

① 영 제114조제1항제1호에서 "총리령으로 정하는 설계승인 및 제작검사 합격 관련서류"란 해당 국가의 설계승인서 및 제108조제1항 각 호의 서류에 갈음하는 제작검사 합격을 입증하는 해당 국가의 서류를 말한다.

② 영 제114조제1항제2호에서 "총리령으로 정하는 사용검사 합격 관련 서류"란 제109조제1항 각 호의 서류에 갈음하는 사용검사 합격을 입증하는 해당 국가의 서류를 말한다.

③ 영 제114조에 따라 운반용기의 제작검사 또는 사용검사를 면제받으려는 자는 별지 제94호서식의 신청서에 각각 제1항 또는 제2항에 따른 서류를 첨부하여 위원회에 제출하여야 한다.

④ 영 제114조제1항 각 호에 따른 서면심사의 기준에 관하여 필요한 사항은 위원회가 정하여 고시한다.

⑤ 위원회는 제3항에 따라 검사면제를 신청한 자에 대하여 검사면제 여부를 통지하여야 한다.

제8장 방사선피폭선량의 판독 등

제111조(판독업무자의 등록신청)

① 법 제78조제1항에 따라 피폭방사선량의 판독업무를 등록하려는 자는 사업소별로 별지 제95호서식에 따른 신청서를 위원회에 제출하여야 한다.

② 법 제78조제3항에 따른 품질보증계획서에는 위원회가 정하여 고시하는 지침에 따라 다음 각 호의 사항을 적어야 한다.

1. 품질보증체계
2. 판독취급관리자
3. 시설 및 장비
4. 판독방법 및 절차

③ 법 제78조제3항에서 "그 밖에 총리령으로 정하는 서류"란 다음 각 호의 서류를 말한다.

1. 피폭방사선량의 판독에 필요한 장비 및 인력의 확보 등에 관한 제113조에 따른 기술적 능력을 입증하는 서류
2. 장비의 성능을 입증하는 서류 및 성능시험 계획서
3. 판독시설의 목록

④ 법 제78조제3항에 따라 등록신청서를 제출받은 위원회는 「전자정부법」 제36조제1항에 따른 행정정보의 공동이용을 통하여 신청인의 사업자등록증을 확인하여야 한다. 다만, 신청인

이 확인에 동의하지 아니하는 경우에는 사업자등록증 사본을 첨부하게 하여야 한다.

⑤ 위원회는 법 제78조제1항에 따른 판독업무의 등록을 한 자(이하 "판독업무자"라 한다)에 대하여 별지 제96호서식에 따른 등록증을 발급하여야 한다.

제112조(변경신고)

법 제78조제2항에 따라 변경신고를 하려는 자는 변경신고의 사유가 발생한 날부터 30일 이내에 별지 제97호서식의 신고서에 다음 각 호의 서류를 첨부하여 위원회에 제출하여야 한다.

1. 변경사항에 관한 서류
2. 등록증

제113조(등록기준)

① 법 제79조제1호에서 "총리령으로 정하는 판독시설의 설치 · 운영에 필요한 기술적 능력을 가지고 있을 것"이란 다음 각 호의 능력을 모두 갖추는 것을 말한다.

1. 별표 2의 기술인력 · 시설 및 취급기준에 적합할 것
2. 판독시설 및 장비가 「국가표준기본법」 제3조제17호에 따른 소급성(遡及性)을 유지할 수 있을 것
3. 개인선량계 패용기간 동안 자연적으로 증가 또는 감소하는 피폭선량의 영향에 대한 평가를 할 수 있을 것
4. 피폭방사선량을 위원회가 정하여 고시하는 심부선량과 표층선량으로 구분하여 판독할 수 있을 것
5. 판독시스템의 최저측정준위를 0.1밀리시버트 이하로 유지할 수 있을 것
6. 피폭방사선량의 기록에 대한 보안을 유지할 수 있을 것

② 법 제79조제2호에서 "제78조제3항에 따른 품질보증계획서의 내용이 총리령으로 정하는 기준에 적합할 것"이란 품질보증계획서의 내용이 제111조제2항에 따라 위원회가 정하여 고시한 지침에 적합하게 작성된 것을 말한다.

제114조(판독검사의 신청)

① 영 제115조제1항에 따른 판독성능검사의 범주 및 합격기준은 별표 3과 같다. 이 경우 성능검사는 별표 3의 성능검사 범주별로 실시하여야 한다.

② 영 제115조제3항에 따른 검사신청서는 판독업무 개시전의 검사인 경우에는 별지 제98호서식과 같고, 정기검사인 경우에는 별지 제99호서식과 같다.

③ 영 제115조제3항 본문에서 "총리령"으로 정하는 서류"란 다음 각 호의 구분에 따른 서류를 말한다.

1. 판독업무 개시 전 검사 신청의 경우: 다음 각 목의 서류. 다만, 판독업무자 등록신청 시 제출한 서류는 제출하지 아니할 수 있다.
   가. 판독시설 등의 목록과 개요
   나. 판독시설 등에 관한 도면(상세단면도를 포함한다)
   다. 보유장비 및 그 성능에 관한 자료
   라. 보유인력에 관한 자료
2. 정기검사 신청의 경우: 다음 각 목의 서류
   가. 검사받으려는 시설의 개요
   나. 수검계획서

④ 위원회는 영 제115조제5항에 따라 판독검사에 합격한 자에 대하여는 그 사실을 통지하여야 한다.

제115조(준용규정)

판독업무자에 관하여는 제15조의2 및 제38조를 준용한다. 이 경우 "허가증"은 "등록증"으로 본다.

[전문개정 2018. 5. 3.]

제9장 원자력관계종사자의 면허 및 교육

제116조(응시신청)

① 영 제124조에 따른 응시원서는 별지 제100호서식과 같다.

② 영 제124조 각 호 외의 부분 중 "총리령으로 정하는 서류"란 다음 각 호의 서류를 말한다.

1. 사진(최근 3개월 이내에 촬영한 탈모 상반신의 반명함판, 3센티미터×4센티미터) 1매
2. 시험면제에 필요한 증명서류(영 제121조에 따라 면허시험의 일부를 면제받으려는 경우에만 해당한다)

③ 법 제87조에 따른 면허시험 중 법 제84조제2항제1호 및 제2호의 면허에 관한 필기시험에 합격한 자는 면허시험 합격발표일부터 20일 이내에 흉곽엑스선사진검진을 포함한 건강진단서 또는 신체검사서를 위원회에 제출하여야 한다.

④ 제3항의 건강진단서 또는 신체검사서는 종합병원에서 발급한 것으로 제한하며, 위원회가 원자로의 안전을 위하여 특별히 필요하다고 인정하여 요구하는 경우에는 해당 검사항목을 추가하여야 한다.

제117조(면허의 취소 등)

법 제86조제2항에 따른 면허의 취소 또는 정지의 기준은 별표 4와 같다.

제118조(면허증의 발급신청 등)

① 법 제87조제1항에 따른 면허시험에 합격한 사람은 합격발표일부터 20일 이내에 영 제118조에 따른 응시자격을 증명하는 서류(면허시험의 일부를 면제받기 위하여 제116조제2항에 따라 제출한 서류는 제외)를 위원회에 제출하여야 한다.

② 제1항의 응시자격 심사결과 적합하다고 인정받은 사람은 면허시험 합격발표일부터 60일 이내에 별지 제101호서식의 신청서에 사진(최근 3개월 이내에 촬영한 탈모 상반신의 증명사진, 2.5센티미터×3센티미터)을 첨부하여 위원회에 제출하여야 한다.

③ 영 별표 7 제5호에 따른 면허시험실시업무 수탁기관의 장은 필요한 경우 면허시험 합격자가 법 제85조에 따른 결격사유에 해당하는지를 확인하기 위하여 관계기관에 신원확인을 의뢰할 수 있다.

④ 위원회는 제2항에 따른 면허증 발급신청을 받은 때에는 법 제84조제2항제1호 및 제2호의 면허시험에 합격한 자에게는 별지 제102호서식에 따른 면허수첩을, 법 제84조제2항제3호부터 제7호까지의 면허시험에 합격한 자에게는 별지 제103호서식에 따른 면허수첩을 각각 발급하여야 한다.

제119조(면허증의 재발급신청)

① 영 제126조 각 호 외의 부분에 따른 재발급신청서는 별지 제104호서식과 같다.

② 제1항의 신청서에는 다음 각 호의 서류를 첨부하여야 한다.

1. 면허증(분실한 경우에는 사유서)
2. 사진(최근 3개월 이내에 촬영한 탈모 상반신 증명사진, 2.5센티미터×3센티미터) 1매
3. 변경사항을 확인할 수 있는 서류(기재사항이 변경된 경우에만 해당한다)

제10장 규제 · 감독 등

제120조(측정장소 및 측정대상)

① 영 제131조제1항에서 "총리령으로 정하는 방사선장해우려가 있는 장소"란 다음 각 호의 장소를 말한다. 〈개정 2014. 11. 24.〉

1. 방사선량의 경우
   가. 사용 · 분배 · 저장 및 폐기시설
   나. 고정된 방사선차폐시설 안에 있는 밀봉된 방사성동위원소 또는 방사선발생장치
   다. 방사성폐기물의 저장 · 처리 및 처분시설
   라. 방사선관리구역
   마. 비정상적으로 방사성물질이 누출된 장소
2. 방사성물질등에 따른 오염상황의 경우
   가. 방사선관리구역에 있어서 공기 중의 방사성물질농도와 오염되거나 오염의 우려가 있는 물체의 표면
   나. 방사선관리구역으로부터 반출하는 물품의 표면
   다. 배기구 또는 배수구
   라. 비정상적으로 방사성물질이 누출된 장소

② 영 제131조제2항에 따른 피폭방사선량 및 방사성물질등에 따른 오염상황의 측정대상은 다음 각 호와 같다. 〈개정 2014. 11. 24.〉

1. 피폭방사선량의 경우
   가. 방사선작업종사자
   나. 수시출입자
   다. 방사선관리시설에 일시적으로 출입하는 자로서 선량한도를 초과하여 피폭될 우려가 있는 자
2. 방사성물질에 따른 오염상황의 경우
   가. 방사선작업종사자의 손 · 발 · 작업복 · 보호구 그 밖에 오염의 우려가 있는 부위의 표면
   나. 수시출입자의 손 · 발 · 작업복 · 보호구 그 밖에 오염의 우려가 있는 부위의 표면

③ 제1항 및 제2항에 따른 측정장소 및 측정대상에 대한 측정방법은 다음 각 호와 같다.

1. 방사선량 및 오염상황은 방사선측정에 가장 적합한 장소에서 측정할 것
2. 방사선에 따른 인체내부의 피폭은 공기 중 또는 음료수 중의 방사성물질의 농도 및 양을

측정하거나 필요한 정밀검사를 통하여 산출할 것

제121조(건강진단)

① 영 제132조제1항에 따라 실시하는 건강진단에서는 다음 각 호의 사항을 검사하여야 한다. 〈개정 2013. 8. 16.〉

1. 직업력 및 노출력
2. 방사선 취급과 관련된 병력
3. 임상검사 및 진찰
   가. 임상검사: 말초혈액 중의 백혈구 수, 혈소판 수 및 혈색소의 양
   나. 진찰: 눈, 피부, 신경계 및 조혈기계 등의 증상
4. 말초혈액도말검사와 세극등현미경검사(제1호부터 제3호까지의 규정에 따른 검사 결과 건강수준의 평가가 곤란하거나 질병이 의심되는 경우에만 해당한다)

② 영 제132조제1항에 따른 건강진단의 실시시기는 다음 각 호와 같다. 〈개정 2013. 8. 16., 2016. 8. 8.〉

1. 방사선작업종사자 및 수시출입자가 최초로 해당 업무에 종사하기 전
2. 해당 업무에 종사 중인 방사선작업종사자 및 수시출입자에 대하여는 매년. 다만, 전년도 건강진단을 실시한 때부터 12개월간의 피폭방사선량이 영 별표 1 제3호에 따른 선량한도를 초과하지 아니하는 경우에는 그 해의 제1항제1호 및 제2호에 대한 검사를 생략할 수 있다.
3. 방사선작업종사자 및 수시출입자의 피폭방사선량이 영 별표 1에 따른 선량한도를 초과한 때

③ 제2항에도 불구하고 「산업안전보건법 시행규칙」 제99조제4항 각 호 외의 부분 본문에 따라 방사선 유해인자에 대한 배치전건강진단을 받은 경우에는 제2항제1호의 시기에 실시하는 건강진단을 받은 것으로 보고, 같은 조 제2항 각 호 외의 부분 본문에 따라 방사선 유해인자에 대한 특수건강진단을 받은 경우에는 제2항제2호의 시기에 실시하는 건강진단을 받은 것으로 본다. 〈신설 2018. 5. 3.〉

제122조(피폭방사선량 평가 및 관리)

원자력관계사업자는 영 제133조제1항에 따라 방사선작업종사자 및 수시출입자에 대하여 다음 각 호에 따라 피폭방사선량을 평가하고 관리하여야 한다. 〈개정 2016. 8. 8.〉

1. 방사선작업종사자가 방사선관리구역에 출입하는 때에는 위원회가 정하여 고시하는 개인선량계를 착용하도록 할 것

2. 수시출입자가 방사선관리구역에 출입하는 때에는 위원회가 정하여 고시하는 개인선량계를 착용하도록 할 것
3. 제1호 및 제2호에 따른 개인선량계 중 판독이 필요한 개인선량계는 위원회가 정하여 고시하는 기간마다 교체하여 판독하도록 할 것
4. 제3호에 따른 개인선량계의 판독은 판독업무자가 수행하도록 할 것
5. 방사선작업종사자 또는 수시출입자 중 영 제2조제15호에 따른 판독특이자가 발생한 때에는 위원회가 정하여 고시하는 바에 따라 필요한 조치를 할 것

제122조의2(해체계획서의 주기적 갱신)

법 제92조의2에 따른 해체계획서의 주기적 갱신은 허가를 받은 날부터 10년마다 실시하여야 한다.

[본조신설 2015. 7. 21.]

제123조(방사성물질등 또는 방사선발생장치의 양도 · 양수의 기간 등)

① 법 제94조제2호 및 제3호에 따른 방사성물질등 또는 방사선발생장치의 양도 및 양수는 각각 양도 및 양수의 사유가 되는 사실이 발생한 날부터 30일 이내에 하여야 한다.

② 법 제94조제1호부터 제3호까지에 따라 방사성물질등 또는 방사선발생장치를 양도 · 양수한 때에는 지체 없이 별지 제105호서식에 따른 양도 · 양수신고서를 위원회에 제출하여야 한다.

③ 제2항의 신고서에는 다음 각 호의 서류를 첨부하여야 한다.

1. 설계승인서 등 관련 증빙서류 사본
2. 방사성동위원소의 누설점검기록 사본

제124조(방사성물질등 또는 방사선발생장치의 소지)

법 제94조제2호 및 제3호에 따른 방사성물질등 또는 방사선발생장치의 소지는 각각 그 사유가 발생한 날부터 30일 이내인 경우로 한정된다.

제125조(허가등의 취소 또는 사업의 폐지 등에 따른 조치)

영 제137조제1항제4호에서 "총리령으로 정하는 기록"이란 다음 각 호의 기록을 말한다.

〈개정 2014. 11. 24., 2016. 8. 8.〉

1. 방사성물질등에 따른 오염상황의 측정기록
2. 방사선작업종사자 및 수시출입자의 건강진단 기록

제126조(허가취소 등에 따른 신고)

① 영 제137조제2항에 따른 신고서는 별지 제106호서식과 같다.

② 제1항의 신고서에는 다음 각 호의 서류를 첨부하여야 한다. 〈개정 2016. 8. 8.〉

1. 방사선발생장치 또는 방사성물질등에 관한 조치사항에 관한 서류
2. 방사선작업종사자 및 수시출입자의 건강진단기록 등의 인도에 관한 서류
3. 허가증 또는 신고확인증(분실한 경우에는 그 사유서)

제127조(보고)

법 제98조제1항에 따라 원자력관계사업자 · 판독업무자와 원자로 및 관계시설의 건설 또는 운영에 참여하는 사업자가 위원회에 보고하여야 할 방사선안전관련 정기보고 사항과 보고기한은 별표 5와 같다.

제128조(보고의 대행)

① 원자력관계사업자는 별표 5 제6호에 따른 방사선작업종사자의 개인별피폭방사선량 등의 보고는 위원회에 등록한 판독업무자로 하여금 대행하게 할 수 있다.

② 원자력관계사업자는 제1항에 따라 피폭방사선량의 보고를 대행하게 하는 경우에는 그 보고 대행 사실을 증명하는 서류를 한국원자력안전재단에 제출하여야 한다. 〈개정 2016. 8. 8.〉

제129조(수거증)

영 제140조에 따른 수거증은 별지 제107호서식과 같다.

제130조(검사관증)

영 제142조에 따른 증표는 별지 제108호서식과 같다.

제131조(특정기술주제보고서의 승인신청 등)

① 법 제100조제1항에서 "총리령으로 정하는 특정기술주제보고서"란 다음 각 호의 사항이 포함된 보고서를 말한다.

1. 원자로시설의 부지선정 · 설계 · 제작 · 건설 · 가동전시험 · 시운전 · 운전 및 해체에 관련된 기술적 사항에 대한 방법론과 관련 전산코드
2. 동일한 목적으로 반복 적용될 수 있는 안전성에 관련된 사항
3. 원자로시설관련 허가신청서의 첨부서류 작성시에 기초가 되는 사항

② 법 제100조제1항에 따라 특정기술주제보고서의 승인을 받으려는 자는 별지 제109호서식의 신청서에 특정기술주제보고서를 첨부하여 위원회에 제출하여야 한다.

③ 법 제100조제1항에 따른 특정기술주제보고서의 기재내용 및 순서는 다음 각 호와 같다.

1. 개요 및 결론을 기술한 초록
2. 목적 · 적용범위 및 제한사항을 기술한 서론
3. 주제에 대한 설명을 기술한 본문
4. 인용된 참고문헌의 목록
5. 시험결과, 전산코드 프로그램설명, 상세한 해석 및 유도과정에 관한 자료의 목록

제132조(방사선환경영향평가서초안의 작성 등)

① 법 제103조제3항에 따른 방사선환경영향평가서 초안(이하 "평가서초안"이라 한다)에는 다음 각 호의 사항을 적어야 한다. 〈개정 2015. 7. 21.〉

1. 사업의 개요
2. 방사선환경영향을 평가하기 위한 시설 및 그 부지 주변지역의 환경현황
3. 시설의 건설 및 운영으로 인하여 주변환경에 미치는 방사선영향의 예측
4. 시설의 건설 및 운영 중 시행할 방사선환경감시계획
5. 운전 중 사고로 인하여 환경에 미치는 방사선영향

② 제1항에 따른 사항 외의 평가서초안의 기재사항과 그 작성방법 등에 관하여 필요한 사항은 위원회가 정하여 고시한다.

제132조의2(해체계획서초안의 작성 등)

법 제103조제3항에 따른 해체계획서초안에는 제4조제5항 각 호의 사항을 적어야 한다.

[본조신설 2015. 7. 21.]

제133조(방사선환경영향평가서초안 또는 해체계획서초안의 제출)

① 영 제143조제1항에 따라 같은 항 각 호의 행정기관의 장에게 제출해야 하는 평가서초안 또는 해체계획서초안의 부수는 다음 각 호와 같다. 〈개정 2015. 7. 21., 2020. 5. 29.〉

1. 영 제143조제1항제1호의 자: 5부
2. 영 제143조제1항제2호의 자(이하 "의견수렴대상지역 시장 · 군수 · 구청장"이라 한다): 20부
3. 삭제 〈2020. 5. 29.〉
4. 영 제143조제1항제4호의 자: 3부

② 사업자는 영 제143조제1항에 따라 평가서초안 또는 해체계획서초안을 제출한 경우에는 그 제출한 기관의 명단을 의견수렴대상지역 시장 · 군수 · 구청장에게 알려야 한다.

〈개정 2015. 7. 21., 2020. 5. 29.〉

[제목개정 2015. 7. 21.]

제134조(평가서초안 열람부 등의 비치)

의견수렴대상지역 시장 · 군수 · 구청장은 영 제143조제2항에 따라 평가서초안 또는 해체계획서초안을 공람하게 하는 때에는 공람장소에 별지 제110호서식 또는 별지 제110호의2서식의 열람부 및 별지 제111호서식의 의견제출서를 각각 비치해야 한다. 〈개정 2015. 7. 21., 2020. 5. 29.〉

제135조(진술신청서 등)

① 영 제145조제3항 전단에 따른 진술신청서는 별지 제112호서식과 같다.

② 영 제145조제6항에 따른 공청회 개최 결과의 통지는 별지 제113호서식의 통지서에 따르며, 그 통지서에는 공청회 참석자(주민이 추천한 전문가를 포함한다)의 명단을 첨부하여야 한다.

제136조(방사선환경조사 및 평가)

① 법 제104조제1항에 따른 방사선환경조사 및 방사선환경영향평가는 다음 각 호의 기준에 따라 수행하여야 한다.

1. 방사선환경조사는 사전에 방사선환경조사계획을 수립하여 수행할 것
2. 방사선환경조사에 관한 품질관리계획을 수립하여 주기적으로 방사선환경조사수행결과에 대한 검증을 수행할 것
3. 시설의 운영으로 인한 영향을 평가할 수 있도록 충분한 공간적, 시간적 범위를 정하여 방사선환경을 조사할 것
4. 방사선환경조사결과를 바탕으로 시설의 운영에 따른 방사선환경영향을 평가할 것

② 제1항에 따른 방사선환경조사 및 방사선환경영향평가 수행에 필요한 세부사항은 위원회가 정하여 고시한다.

제137조(방사능측정소의 설치 · 운영)

① 법 제105조제2항에 따른 중앙방사능측정소는 법 제111조제1항제13호에 따라 환경상의 방사선 및 방사능 감시 · 평가를 위탁받은 기관(이하 "권한수탁기관"이라 한다)에 설치하며, 지방방사능측정소는 위원회가 필요에 따라 설치 · 폐쇄한다.

② 제1항에 따른 중앙방사능측정소 및 지방방사능측정소에는 권한수탁기관의 장이 임명하는 측정소장을 두며, 그 운영에 관한 세부적인 사항은 권한수탁기관의 장이 정한다.

제138조(방사선작업종사자 및 수시출입자 교육)

① 영 제148조제1항에 따른 신규교육과 정기교육은 각각 다음 각 호의 구분에 따른 사항을 포함하여 실시한다. 이 경우 교육대상자의 방사선안전 지식수준과 경험 등을 고려하여 교육의 내용과 방법을 다르게 할 수 있다. 〈개정 2014. 11. 24., 2016. 8. 8.〉

1. 기본교육
 가. 원자력시설 이용에 따른 안전관리
 나. 방사성물질등의 취급
 다. 방사선장해방어
 라. 방사선안전 관계법령
 마. 그 밖에 이용업체의 특성에 따른 교육
2. 직장교육
 가. 이용업체의 방사선안전관리규정
 나. 이용업체의 방사선원 및 방사선장비의 특성
 다. 그 밖에 이용업체의 특성에 따른 교육

② 영 제148조제2항 및 제3항에 따른 기본교육은 방사선안전관리자, 방사선안전관리자 이외의 방사선작업종사자 및 수시출입자 교육으로 구분하여 실시하여야 한다. 〈개정 2016. 8. 8.〉

③ 삭제 〈2016. 6. 30.〉

④ 영 제148조제1항에 따른 교육을 받은 사람에 대해서는 평가를 실시할 수 있다. 〈개정 2014. 11. 24.〉

⑤ 영 제148조제4항에 따른 직장교육계획에는 다음 각 호의 사항이 포함되어야 한다.

1. 자체교육의 경우
 가. 교육일정
 나. 교육대상별 교재
 다. 강사에 관한 사항
 라. 교육시설에 관한 사항
 마. 평가에 관한 사항
2. 위탁교육의 경우: 위탁의 내용 및 수탁기관

⑥ 영 제148조제1항부터 제3항까지의 규정에 따른 교육의 과정 및 시간은 별표 5의2와 같다.

〈신설 2016. 8. 8.〉

[전문개정 2013. 8. 16.]

[제목개정 2016. 8. 8.]

제139조 삭제 〈2013. 8. 16.〉

제140조(보수교육의 신청)

① 영 제149조제1항에 따라 보수교육을 받으려는 자는 교육실시 1개월 전까지 별지 제114호서식에 따른 신청서를 해당 교육훈련기관의 장에게 제출하여야 한다. 〈개정 2013. 8. 16.〉

② 영 제149조제1항에 따른 보수교육은 다음 각 호의 구분에 따라 실시하여야 한다. 〈신설 2013. 8. 16.〉

1. 법 제84조제2항제1호 및 제2호에 따른 면허 중 발전용원자로 또는 열출력 10메가와트 이상의 연구용원자로의 운전에 관련된 면허를 받은 사람: 5일 이상
2. 법 제84조제2항제3호부터 제7호까지의 규정에 따른 면허를 받은 사람으로서 핵연료물질 또는 방사성동위원소등의 취급업무에 종사하는 사람: 2일 이상

제141조(원자력통제교육)

① 법 제106조제3항에 따른 원자력통제에 관한 교육(이하 "원자력통제교육"이라 한다)은 신규교육과 보수교육으로 구분하여 실시한다.

② 원자력통제교육의 교육시간, 교육방법 및 교육내용은 별표 6과 같다.

③ 법 제6조에 따라 설립된 한국원자력통제기술원의 장은 매년 12월 31일까지 다음 해의 원자력통제교육에 관한 계획을 수립하고, 영 제150조에 따른 교육대상자 또는 그 사용자에게 교육일정 등을 통지하여야 한다.

제11장 권한의 위탁

제142조(허가 · 검사 및 면허시험등의 신청)

영 제154조에 따라 위탁된 업무 중 다음 각 호의 어느 하나에 해당하는 서류는 수탁기관에 직접 제출하여야 한다. 〈개정 2017. 2. 3.〉

1. 제58조부터 제61조까지에 따른 방사성동위원소등의 생산 · 사용 · 이동사용 또는 판매허가신청서

2. 제62조에 따른 변경허가신청서
3. 제63조 · 제84조 및 제107조에 따른 경미한 사항의 변경신고서
4. 제64조에 따른 일시적인 사용장소의 변경신고서
5. 제67조 및 제68조에 따른 방사성동위원소등의 사용신고서 또는 사용변경신고서
6. 제75조에 따른 감리보고서의 서면심사신청서
7. 제76조 및 제80조에 따른 시설검사 · 정기검사 및 생산검사의 신청서
8. 제78조에 따른 자체점검보고에 관한 서면심사신청서
9. 제82조 및 제83조에 따른 방사선기기의 설계승인신청서 · 설계변경승인신청서
10. 제85조에 따른 방사선기기의 검사신청서
11. 제86조에서 준용하는 제38조에 따른 사업의 개시 등의 신고서
12. 제95조에 따른 자체처분계획서
13. 제98조에 따른 운반신고서
14. 제101조에 따른 포장 · 운반검사신청서
15. 제103조에 따른 방사성물질등 포장 · 운반의 자체점검결과에 대한 서면심사신청서
16. 제105조에 따른 운반용기의 설계승인신청서
17. 제108조에 따른 운반용기의 제작검사신청서
18. 제109조에 따른 운반용기의 사용검사신청서
19. 제110조에 따른 검사면제의 신청서
20. 제111조에 따른 판독업무자의 등록신청서
21. 제112조에 따른 변경신고서
22. 제114조에 따른 판독업무 개시전 검사의 신청서
23. 제114조에 따른 정기검사의 신청서
24. 제115조에서 준용하는 제38조에 따른 사업개시 등의 신고서
25. 제118조에 따른 면허증의 발급신청서
26. 제123조에 따른 양도 · 양수의 신고서
27. 제126조에 따른 허가등의 취소 또는 사업(사용)폐지등의 신고서
28. 영 제124조에 따른 면허시험 응시원서
29. 영 별표 5 제12호라목에 따른 운반물 현황보고서

제143조(수탁기관지정의 신청)

① 영 제157조제2항에서 "총리령으로 정하는 서류"란 다음 각 호와 같다.

1. 정관(법인인 경우에 한한다)
2. 신청일이 속하는 연도의 직전연도 재산목록 · 대차대조표 및 손익계산서(직전연도가 없는 경우에는 신청일이 속하는 사업연도의 재산목록 · 대차대조표 및 손익계산서)

② 영 제157조제2항에 따른 신청서를 제출받은 위원회는 「전자정부법」 제36조제1항에 따라 행정정보의 공동이용을 통하여 신청인의 법인 등기사항증명서(법인인 경우에만 해당한다)를 확인하여야 한다.

第144조(위탁업무처리결과의 보고)

영 제164조에 따른 보고사항은 다음 각 호와 같다.

1. 법 제111조제1항제1호 및 제2호에 따른 심사결과
2. 법 제111조제1항제3호에 따른 연구 · 개발의 결과
3. 법 제111조제1항제4호에 따른 검사 및 확인 · 점검의 결과
4. 법 제111조제1항제5호에 따른 면허시험의 실시결과
5. 법 제111조제1항제6호에 따른 국제규제물자에 관한 정보의 관리결과
6. 법 제111조제1항제7호에 따른 피폭에 관한 기록 및 보고의 관리결과
7. 법 제111조제1항제8호에 따른 신고의 접수 및 그 처리결과
8. 법 제111조제1항제9호에 따른 보수교육의 실시결과
9. 법 제111조제1항제10호 및 제11호에 따른 업무의 처리결과
10. 법 제111조제1항제12호에 따른 심사결과
11. 법 제111조제1항제13호에 따른 조사 및 감시 · 평가의 결과
12. 법 제111조제1항제14호에 따른 심사결과
13. 영 제154조제1항제5호부터 제8호까지에 따른 업무의 처리결과
14. 영 제154조제1항제12호에 따른 연구 · 개발의 결과

제12장 보칙

第145조(기록과 비치)

법 제18조 · 제25조 · 제39조 · 제49조 · 제52조제4항 · 제58조 · 제67조 · 제82조, 영 제131조제3항 및 제132조제2항에 따라 기록 · 비치하여야 할 사항은 별표 7과 같다. 다만, 기록하여야 할 사항 중 측정이 필요한 경우로서 직접 측정하기가 곤란한 때에는 해당 사항을 간접적으로 추정하여

그 내용을 기록하되, 추정치임을 부기하여야 한다.

제146조(수수료)

① 법 제112조 본문에 따라 납부하여야 하는 수수료는 수입인지 또는 정보통신망을 이용한 전자화폐ㆍ전자결제 등의 방법으로 납부하며, 그 금액은 별표 8과 같다. 다만, 위원회가 그 권한을 위탁한 경우의 납부방법은 수탁기관이 정한다.

② 위원회는 법 제87조제1항에 따라 면허시험에 응시한 자가 다음 각 호의 어느 하나에 해당하는 경우에는 이미 납부한 응시수수료를 환급하여 줄 수 있다.

1. 응시수수료를 과오납한 경우
2. 접수마감일부터 10일 이내에 취소하는 경우
3. 시험시행기관의 귀책사유로 시험에 응하지 못한 경우

제147조(허가증 등의 재발급)

① 허가증ㆍ지정증 또는 신고확인증을 훼손 또는 분실한 때에는 별지 제115호서식에 따른 재발급신청서를 위원회에 제출하여 재발급받아야 한다.

② 제1항의 신청서에는 다음 각 호의 서류를 첨부하여야 한다.

1. 훼손한 경우에는 그 허가증(지정증ㆍ신고확인증)
2. 분실한 경우에는 그 사유서

부칙 〈제1616호, 2020. 5. 29.〉

제1조(시행일)

이 규칙은 공포한 날부터 시행한다.

제2조(방사성폐기물 처분검사의 신청에 관한 경과조치)

이 규칙 시행 전에 신청한 방사성폐기물 처분검사에 대해서는 제93조제2항 및 별지 제83호서식의 개정규정에도 불구하고 종전의 규정을 따른다.

제2부

원자력시설 등의 방호 및 방사능 방재 대책법

제1장 총칙 〈개정 2010. 3. 17.〉

제1조(목적)

이 법은 핵물질과 원자력시설을 안전하게 관리 · 운영하기 위하여 물리적방호체제 및 방사능재난 예방체제를 수립하고, 국내외에서 방사능재난이 발생한 경우 효율적으로 대응하기 위한 관리체계를 확립함으로써 국민의 생명과 재산을 보호함을 목적으로 한다. 〈개정 2011. 7. 25., 2014. 5. 21.〉

[전문개정 2010. 3. 17.]

제2조(정의)

① 이 법에서 사용하는 용어의 뜻은 다음과 같다.

〈개정 2011. 7. 25., 2014. 5. 21., 2015. 12. 1., 2020. 12. 8.〉

1. "핵물질"이란 우라늄, 토륨 등 원자력을 발생할 수 있는 물질과 우라늄광, 토륨광, 그 밖의 핵연료물질의 원료가 되는 물질 중 대통령령으로 정하는 것을 말한다.
2. "원자력시설"이란 발전용 원자로, 연구용 원자로, 핵연료 주기시설, 방사성폐기물의 저장 · 처리 · 처분시설, 핵물질 사용시설, 그 밖에 대통령령으로 정하는 원자력 이용과 관련된 시설을 말한다.
3. "물리적방호"란 핵물질과 원자력시설에 대한 안팎의 위협을 사전에 방지하고, 위협이 발생한 경우 신속하게 탐지하여 적절한 대응조치를 하며, 사고로 인한 피해를 최소화하기 위한 모든 조치를 말한다.
4. "불법이전"이란 정당한 권한 없이 핵물질을 수수(授受) · 소지 · 소유 · 보관 · 사용 · 운반 · 개조 · 처분 또는 분산하는 것을 말한다.
5. "사보타주"란 정당한 권한 없이 방사성물질을 배출하거나 방사선을 노출하여 사람의 건강 · 안전 및 재산 또는 환경을 위태롭게 할 수 있는 다음 각 목의 어느 하나에 해당하는 행위를 말한다.
   가. 핵물질 또는 원자력시설을 파괴 · 손상하거나 그 원인을 제공하는 행위
   나. 원자력시설의 정상적인 운전을 방해하거나 방해를 시도하는 행위

5의2. "원자력시설 컴퓨터 및 정보시스템"이란 원자력시설의 전자적 제어 · 관리시스템 및 「정보통신망 이용촉진 및 정보보호 등에 관한 법률」 제2조제1항제1호에 따른 정보통신망을 말한다.

5의3. "전자적 침해행위"란 사용 · 저장 중인 핵물질의 불법이전과 원자력시설 및 핵물질의 사보타주를 야기하기 위하여 해킹, 컴퓨터바이러스, 논리 · 메일폭탄, 서비스거부 또는 고출력 전자기파 등의 방법으로 원자력시설 컴퓨터 및 정보시스템을 공격하는 행위를 말한다.

6. "위협"이란 다음 각 목의 어느 하나에 해당하는 것을 말한다.

가. 사보타주

나. 전자적 침해행위

다. 사람의 생명 · 신체를 해치거나 재산 · 환경에 손해를 끼치기 위하여 핵물질을 사용하는 것

라. 사람, 법인, 공공기관, 국제기구 또는 국가에 대하여 어떤 행위를 강요하기 위하여 핵물질을 취득하는 것

7. "방사선비상"이란 방사성물질 또는 방사선이 누출되거나 누출될 우려가 있어 긴급한 대응조치가 필요한 상황을 말한다.

8. "방사능재난"이란 방사선비상이 국민의 생명과 재산 및 환경에 피해를 줄 수 있는 상황으로 확대되어 국가적 차원의 대처가 필요한 재난을 말한다.

9. "방사선비상계획구역"이란 원자력시설에서 방사선비상 또는 방사능재난이 발생할 경우 주민 보호 등을 위하여 비상대책을 집중적으로 마련할 필요가 있어 제20조의2에 따라 설정된 구역으로서 다음 각 목의 구역을 말한다.

가. 예방적보호조치구역: 원자력시설에서 방사선비상이 발생할 경우 사전에 주민을 소개(疏開)하는 등 예방적으로 주민보호 조치를 실시하기 위하여 정하는 구역

나. 긴급보호조치계획구역: 원자력시설에서 방사선비상 또는 방사능재난이 발생할 경우 방사능영향평가 또는 환경감시 결과를 기반으로 하여 구호와 대피 등 주민에 대한 긴급보호 조치를 위하여 정하는 구역

10. "원자력사업자"란 다음 각 목의 어느 하나에 해당하는 자를 말한다.

가. 「원자력안전법」 제10조에 따라 발전용 원자로 및 관계시설의 건설허가를 받은 자

나. 「원자력안전법」 제20조에 따라 발전용 원자로 및 관계시설의 운영허가를 받은 자

다. 「원자력안전법」 제30조에 따라 연구용 또는 교육용 원자로 및 관계시설의 건설허가를 받은 자

라. 「원자력안전법」 제30조의2에 따라 연구용 또는 교육용 원자로 및 관계시설의 운영허가를 받은 자

마. 「원자력안전법」 제31조에 따라 대한민국의 항구에 입항(入港) 또는 출항(出港)의 신

고를 한 외국원자력선운항자

바. 「원자력안전법」 제35조제1항에 따라 핵원료물질 또는 핵연료물질의 정련사업(精鍊事業) 또는 가공사업의 허가를 받은 자

사. 「원자력안전법」 제35조제2항에 따라 사용후 핵연료처리사업의 지정을 받은 자

아. 「원자력안전법」 제45조에 따라 핵연료물질의 사용 또는 소지 허가를 받은 자 중에서 「원자력안전위원회의 설치 및 운영에 관한 법률」 제3조에 따른 원자력안전위원회(이하 "원자력안전위원회"라 한다)가 정하여 고시하는 자

자. 「원자력안전법」 제63조에 따라 방사성폐기물의 저장 · 처리 · 처분시설 및 그 부속시설의 건설 · 운영허가를 받은 자

차. 그 밖에 방사성물질, 핵물질 또는 원자력시설의 방호와 재난대책을 수립 · 시행할 필요가 있어 대통령령으로 정하는 자

② 이 법에서 사용하는 용어의 뜻은 제1항에서 규정한 것을 제외하고는 「원자력안전법」에서 정하는 바에 따른다. 〈개정 2011. 7. 25.〉

[전문개정 2010. 3. 17.]

제2장 핵물질 및 원자력시설의 물리적방호〈개정 2010. 3. 17.〉

제3조(물리적방호시책의 마련)

① 정부는 핵물질 및 원자력시설(이하 "원자력시설등"이라 한다)에 대한 물리적방호를 위한 시책(이하 "물리적방호시책"이라 한다)을 마련하여야 한다.

② 물리적방호시책에는 다음 각 호의 사항이 포함되어야 한다. 〈개정 2015. 12. 1.〉

1. 핵물질의 불법이전에 대한 방호

2. 분실되거나 도난당한 핵물질을 찾아내고 회수하기 위한 대책

3. 원자력시설등에 대한 사보타주의 방지

3의2. 전자적 침해행위의 방지

4. 원자력시설등에 대한 사보타주에 따른 방사선 영향에 대한 대책

5. 전자적 침해행위에 따른 방사선 영향에 대한 대책

[전문개정 2010. 3. 17.]

제4조(물리적방호체제의 수립 등)

① 정부는 물리적방호시책을 이행하기 위하여 정기적으로 원자력시설등에 대한 위협을 평가하여 물리적방호체제를 수립하여야 한다. 이 경우 원자력시설등에 대한 위협 평가 및 물리적방호체제의 수립에 필요한 사항은 대통령령으로 정한다.

② 원자력안전위원회는 제1항에 따른 물리적방호체제의 수립에 필요하다고 인정하면 관계 중앙행정기관의 장에게 협조를 요청할 수 있다. 〈개정 2011. 7. 25.〉

③ 원자력안전위원회는 제1항에 따른 물리적방호체제의 수립에 필요하다고 인정하면 다음 각 호의 자에게 방호 관련 시설 · 장비의 확보 및 운영 관리 등 대통령령으로 정하는 필요한 조치를 요구하거나 명할 수 있다. 〈개정 2011. 7. 25., 2014. 5. 21.〉

1. 방사선비상계획구역의 전부 또는 일부를 관할하는 특별시장 · 광역시장 · 특별자치시장 · 도지사 · 특별자치도지사(이하 "시 · 도지사"라 한다)
2. 방사선비상계획구역의 전부 또는 일부를 관할하는 시장 · 군수 · 구청장(자치구의 구청장을 말한다. 이하 같다)
3. 원자력사업자
4. 대통령령으로 정하는 공공기관, 공공단체 및 사회단체(이하 "지정기관"이라 한다)의 장

④ 제2항과 제3항에 따른 요청이나 요구를 받은 기관의 장과 사업자는 특별한 사유가 없으면 이에 따라야 한다.

[전문개정 2010. 3. 17.]

제5조(원자력시설등의 물리적방호협의회)

① 원자력시설등의 물리적방호에 관한 국가의 중요 정책을 심의하기 위하여 원자력안전위원회 소속으로 원자력시설등의 물리적방호협의회(이하 "방호협의회"라 한다)를 둔다.

〈개정 2011. 7. 25.〉

② 방호협의회의 의장은 원자력안전위원회 위원장이 되고, 방호협의회의 위원은 기획재정부, 과학기술정보통신부, 국방부, 행정안전부, 농림축산식품부, 산업통상자원부, 보건복지부, 환경부, 국토교통부, 해양수산부의 고위공무원단에 속하는 일반직공무원 또는 이에 상당하는 공무원[국방부의 경우에는 이에 상당하는 장성급(將星級) 장교를 포함한다] 중에서 해당 기관의 장이 지명하는 각 1명과 대통령령으로 정하는 중앙행정기관의 공무원 또는 관련 기관 · 단체의 장이 된다. 〈개정 2011. 7. 25., 2013. 3. 23., 2014. 11. 19., 2017. 3. 21., 2017. 7. 26.〉

③ 방호협의회의 운영 등에 필요한 사항은 대통령령으로 정한다.

[전문개정 2010. 3. 17.]

제6조(방호협의회의 기능)

방호협의회는 다음 각 호의 사항을 심의한다.

1. 물리적방호에 관한 중요 정책
2. 물리적방호체제의 수립
3. 물리적방호체제의 이행을 위한 관계 기관 간 협조 사항
4. 물리적방호체제의 평가
5. 그 밖에 물리적방호와 관련하여 의장이 필요하다고 인정하여 회의에 부치는 사항

[전문개정 2010. 3. 17.]

제7조(지역방호협의회)

① 대통령령으로 정하는 원자력시설등이 있는 지방자치단체에 소관 원자력시설등의 물리적방호에 관한 사항을 심의하기 위하여 시 · 도지사 소속으로 시 · 도 방호협의회를 두고, 시장 · 군수 · 구청장 소속으로 시 · 군 · 구 방호협의회를 둔다.

② 시 · 도 방호협의회의 의장은 시 · 도지사가 되고, 시 · 군 · 구 방호협의회의 의장은 시장 · 군수 · 구청장이 된다.

③ 시 · 도 방호협의회 및 시 · 군 · 구 방호협의회(이하 "지역방호협의회"라 한다)는 다음 각 호의 사항을 심의한다.

1. 해당 지역의 물리적방호에 관한 중요 정책
2. 해당 지역의 물리적방호체제 수립
3. 해당 지역의 물리적방호체제 이행을 위한 관계 기관 간 협조사항
4. 해당 지역의 물리적방호체제 평가
5. 그 밖에 해당 지역의 물리적방호와 관련하여 의장이 필요하다고 인정하여 회의에 부치는 사항

④ 지역방호협의회의 구성 · 운영 등에 필요한 사항은 대통령령으로 정한다.

[전문개정 2010. 3. 17.]

제8조(물리적방호 대상 핵물질의 분류 등)

① 물리적방호의 대상이 되는 핵물질은 잠재적 위험의 정도를 고려하여 대통령령으로 정하는

바에 따라 등급Ⅰ, 등급Ⅱ 및 등급Ⅲ으로 분류한다. 〈개정 2014. 5. 21.〉

② 원자력시설등의 물리적방호에 관한 다음 각 호의 요건은 대통령령으로 정한다.

〈개정 2014. 5. 21., 2015. 12. 1.〉

1. 불법이전에 대한 방호 요건
2. 사보타주에 대한 방호 요건
3. 전자적 침해행위에 대한 방호 요건

[전문개정 2010. 3. 17.]

제9조(물리적방호에 대한 원자력사업자의 책임)

① 원자력사업자는 대통령령으로 정하는 바에 따라 다음 각 호의 사항에 대하여 원자력안전위원회의 승인을 받아야 하고, 이를 변경하려는 경우에도 또한 같다. 다만, 총리령으로 정하는 경미한 사항을 변경하려는 경우에는 원자력안전위원회에 신고하여야 한다.

〈개정 2011. 7. 25., 2013. 3. 23., 2015. 12. 1.〉

1. 제3조제2항 각 호의 사항을 위한 물리적방호 시설 · 설비 및 그 운영체제
2. 원자력시설등의 물리적방호를 위한 규정(이하 "물리적방호규정"이라 한다)
3. 핵물질의 불법이전 및 원자력시설등의 위협에 대한 조치계획(이하 "방호비상계획"이라 한다)
4. 전자적 침해행위에 대한 원자력시설 컴퓨터 및 정보시스템 보안규정(이하 "정보시스템 보안규정"이라 한다)

② 제1항 각 호의 사항에 대한 작성지침 등 세부기준은 총리령으로 정한다.

〈개정 2011. 7. 25., 2013. 3. 23.〉

[전문개정 2010. 3. 17.]

제9조의2(물리적방호 교육)

① 원자력사업자의 종업원 및 원자력안전위원회가 정하여 고시하는 물리적방호와 관련된 단체 또는 기관의 직원은 대통령령으로 정하는 바에 따라 원자력안전위원회가 실시하는 물리적방호에 관한 교육(원자력시설 컴퓨터 및 정보시스템 보안교육을 포함한다)을 받아야 한다.

〈개정 2015. 12. 1.〉

② 원자력안전위원회는 제1항에 따른 교육을 담당할 교육기관을 지정할 수 있다.

③ 제1항에 따른 물리적방호 교육의 내용 · 이수 · 유예 · 평가 등에 관한 사항은 총리령으로 정하고, 제2항에 따른 교육기관의 지정기준 및 지정취소의 기준 등에 관한 사항은 대통령령으

로 정한다. 〈개정 2020. 12. 8.〉

[본조신설 2014. 5. 21.]

제9조의3(물리적방호 훈련)

① 원자력사업자는 총리령으로 정하는 바에 따라 물리적방호 훈련계획을 수립하여 원자력안전위원회의 승인을 받은 후 이를 시행하여야 한다.

② 원자력사업자는 제1항에 따른 물리적방호 훈련을 실시한 후 그 결과를 원자력안전위원회에 보고하여야 한다. 이 경우 원자력안전위원회는 제1항에 따라 실시하는 물리적방호 훈련에 대하여 평가할 수 있다.

③ 원자력안전위원회는 제2항 후단에 따른 평가 결과 필요하다고 인정하면 원자력사업자에게 물리적방호규정의 보완 등 필요한 조치를 명할 수 있다. 이 경우 원자력사업자는 이에 대한 이행계획 및 조치 결과를 원자력안전위원회에 보고하여야 한다.

[본조신설 2014. 5. 21.]

제10조(군부대 등의 지원 요청)

① 원자력사업자는 원자력시설등에 대한 위협이 있거나 그러한 우려가 있다고 판단되면 그 원자력시설등의 방호 또는 분실되거나 도난당한 핵물질의 회수를 위하여 관할 군부대, 경찰관서 또는 그 밖의 행정기관의 장에게 지원을 요청할 수 있다. 〈개정 2014. 5. 21.〉

② 제1항의 지원 요청을 받은 군부대, 경찰관서 또는 그 밖의 행정기관의 장은 특별한 사유가 없으면 요청에 따라야 한다.

[전문개정 2010. 3. 17.]

제11조(보고 등)

원자력사업자는 원자력시설등에 대하여 위협을 받았을 때 또는 제10조제1항에 따라 관할 군부대, 경찰관서 또는 그 밖의 행정기관의 장에게 지원을 요청하였을 때에는 총리령으로 정하는 바에 따라 원자력안전위원회에 보고하고, 관할 시 · 도지사 및 시장 · 군수 · 구청장에게 이를 알려야 한다. 〈개정 2011. 7. 25., 2013. 3. 23., 2014. 5. 21.〉

[전문개정 2010. 3. 17.]

제12조(검사 등)

① 원자력사업자는 원자력시설등의 물리적방호에 대하여 대통령령으로 정하는 바에 따라 원자

력안전위원회의 검사를 받아야 한다. 〈개정 2011. 7. 25.〉

② 원자력안전위원회는 제1항에 따른 검사 결과 다음 각 호의 어느 하나에 해당할 때에는 원자력사업자에게 그 시정을 명할 수 있다. 〈개정 2011. 7. 25., 2013. 3. 23., 2014. 5. 21., 2015. 12. 1.〉

1. 제8조제2항에 따른 방호 요건을 위반한 사실이 있을 때
2. 제9조제1항제1호에 따른 물리적방호를 위한 시설 · 설비 또는 그 운영체제가 총리령으로 정하는 기준에 미치지 못할 때
3. 물리적방호규정을 위반하였을 때
4. 방호비상계획에 따른 조치가 미흡할 때

4의2. 정보시스템 보안규정을 위반하였을 때

5. 물리적방호규정, 방호비상계획 및 정보시스템 보안규정의 보완이 필요할 때
6. 제9조의2제1항에 따른 교육을 받지 아니하였을 때
7. 제9조의3제1항에 따른 물리적방호 훈련을 승인된 계획에 따라 실시하지 아니하였거나 같은 조 제3항에 따른 이행계획에 따라 보완조치를 하지 아니하였을 때

[전문개정 2010. 3. 17.]

제13조(핵물질의 국제운송방호)

① 「핵물질 및 원자력시설의 물리적 방호에 관한 협약」의 요건에 따라 국제운송 중인 핵물질이 방호될 것이라는 보장을 관련 국가로부터 받지 아니한 자는 핵물질을 수출하거나 수입할 수 없다. 〈개정 2014. 5. 21., 2020. 12. 8.〉

② 핵물질을 국제운송하려는 원자력사업자 또는 핵물질의 국제운송을 위탁받은 자는 대통령령으로 정하는 바에 따라 핵물질의 국제운송에 대한 물리적방호를 위한 계획(이하 "국제운송방호계획"이라 한다)에 대하여 원자력안전위원회의 승인을 받아야 하며, 이를 변경하려는 경우에도 또한 같다. 다만, 총리령으로 정하는 경미한 사항을 변경하려는 경우에는 원자력안전위원회에 신고하여야 한다. 〈신설 2020. 12. 8.〉

③ 국제운송방호계획의 작성에 관한 세부기준은 총리령으로 정한다. 〈신설 2020. 12. 8.〉

[전문개정 2010. 3. 17.]

제13조의2(국제운송방호의 검사 등)

① 제13조제2항 본문에 따라 국제운송방호계획의 승인을 받은 자(이하 "국제운송자"라 한다)는 핵물질의 국제운송방호에 대하여 대통령령으로 정하는 바에 따라 원자력안전위원회의 검사를 받아야 한다.

② 원자력안전위원회는 제1항에 따른 검사 결과가 다음 각 호의 어느 하나에 해당할 때에는 검사를 받은 국제운송자에게 그 시정을 명할 수 있다.

1. 제8조제2항에 따른 방호 요건을 위반한 사실이 있을 때
2. 국제운송방호계획에 따른 조치가 미흡할 때
3. 국제운송방호계획의 보완이 필요할 때

[본조신설 2020. 12. 8.]

[종전 제13조의2는 제13조의3으로 이동 〈2020. 12. 8.〉]

제13조의3(국제협력 등)

① 외교부장관은 제47조에 따른 범죄의 실행 또는 준비에 대하여 알게 된 정보가 명백하고 그 범죄의 정도가 객관적으로 중대하다고 인정되는 경우에는 「핵테러행위의 억제를 위한 국제협약」, 「핵물질 및 원자력시설의 물리적 방호에 관한 협약」 및 그 밖의 국제협약 또는 양자 간 협정에 따라 해당 국제기구 및 관련 국가에 그 내용을 알려야 한다.

② 제1항에도 불구하고 외교부장관은 제1항에 따른 통보가 다른 법률에 위배되거나 대한민국 또는 다른 국가의 안전을 저해할 우려가 있다고 인정하는 경우에는 통보를 하지 아니할 수 있다.

[본조신설 2014. 5. 21.]

[제13조의2에서 이동 〈2020. 12. 8.〉]

제14조(기록과 비치)

원자력사업자는 원자력시설등의 물리적방호에 관한 사항을 총리령으로 정하는 바에 따라 기록하여 그 사업소마다 갖추어 두어야 한다. 〈개정 2011. 7. 25., 2013. 3. 23.〉

[전문개정 2010. 3. 17.]

제15조(비밀누설 금지 등)

제3조부터 제14조까지의 규정에 따른 직무에 종사하거나 종사하였던 방호협의회(지역방호협의회를 포함한다)의 위원, 공무원 또는 관련 종사자는 그 직무상 알게 된 물리적방호에 관한 비밀을 누설하거나 이 법 시행을 위한 목적 외의 용도로 이용하여서는 아니 된다.

[전문개정 2010. 3. 17.]

第16조(적용 범위)

이 장의 규정은 평화적 목적에 사용되는 국내의 원자력시설등과 대한민국으로부터 또는 대한민국으로 국제운송 중인 핵물질에 적용한다. 〈개정 2020. 12. 8.〉

[전문개정 2010. 3. 17.]

제3장 방사능 방재대책 〈개정 2010. 3. 17.〉

제1절 방사능재난 관리 및 대응체제 〈개정 2010. 3. 17.〉

第17조(방사선비상의 종류)

① 원자력시설등의 방사선비상의 종류는 사고의 정도와 상황에 따라 백색비상, 청색비상 및 적색비상으로 구분한다.

② 제1항의 방사선비상의 종류에 대한 기준, 각 종류별 대응 절차 및 그 밖에 필요한 사항은 대통령령으로 정한다.

[전문개정 2010. 3. 17.]

第18조(국가방사능방재계획의 수립 등)

① 원자력안전위원회는 대통령령으로 정하는 바에 따라 방사선비상 및 방사능재난(이하 "방사능재난등"이라 한다) 업무에 관한 계획(이하 "국가방사능방재계획"이라 한다)을 수립하여 국무총리에게 제출하고, 국무총리는 이를 「재난 및 안전관리기본법」 제9조에 따른 중앙안전관리위원회의 심의를 거쳐 확정한 후 관계 중앙행정기관의 장에게 통보하여야 한다. 〈개정 2011. 7. 25.〉

② 원자력안전위원회는 제1항에 따라 확정된 국가방사능방재계획을 방사선비상계획구역의 전부 또는 일부를 관할하는 시 · 도지사, 시장 · 군수 · 구청장에게 통보하여야 한다. 〈개정 2011. 7. 25.〉

③ 원자력안전위원회와 관계 중앙행정기관의 장은 국가방사능방재계획 중 맡은 사항에 대하여 지정기관의 장에게 통보하여야 한다. 〈개정 2011. 7. 25.〉

[전문개정 2010. 3. 17.]

第19条(지역방사능방재계획 등의 수립 등)

① 방사선비상계획구역의 전부 또는 일부를 관할하는 시 · 도지사 및 시장 · 군수 · 구청장은 제18조제2항에 따라 통보받은 국가방사능방재계획에 따라 관할구역에 있는 지정기관의 방사능재난등 관리업무에 관한 계획을 종합하여 시 · 도 방사능방재계획 및 시 · 군 · 구 방사능방재계획(이하 "지역방사능방재계획"이라 한다)을 각각 수립한다.

② 지역방사능방재계획을 수립한 시 · 도지사 및 시장 · 군수 · 구청장은 이를 원자력안전위원회에 제출하고 관할구역의 지정기관의 장에게 알려야 한다. 〈개정 2011. 7. 25.〉

③ 원자력안전위원회는 제2항에 따라 받은 지역방사능방재계획이 방사능재난등의 대응 · 관리에 충분하지 아니하다고 인정할 때에는 해당 지방자치단체의 장에게 그 시정 또는 보완을 요구할 수 있다. 〈개정 2011. 7. 25.〉

[전문개정 2010. 3. 17.]

第20条(원자력사업자의 방사선비상계획)

① 원자력사업자는 원자력시설등에 방사능재난등이 발생할 경우에 대비하여 대통령령으로 정하는 바에 따라 방사선비상계획(이하 "방사선비상계획"이라 한다)을 수립하여 원자력시설등의 사용을 시작하기 전에 원자력안전위원회의 승인을 받아야 하고, 이를 변경하려는 경우에도 또한 같다. 다만, 총리령으로 정하는 경미한 사항을 변경하려는 경우에는 이를 원자력안전위원회에 신고하여야 한다. 〈개정 2011. 7. 25., 2013. 3. 23.〉

② 원자력사업자는 방사선비상계획을 수립하거나 변경하려는 경우에는 미리 그 내용을 방사선비상계획구역의 전부 또는 일부를 관할하는 시 · 도지사, 시장 · 군수 · 구청장 및 지정기관의 장에게 알려야 한다. 이 경우 해당 시 · 도지사, 시장 · 군수 · 구청장 및 지정기관의 장은 해당 원자력사업자의 방사선비상계획에 대한 의견을 원자력안전위원회에 제출할 수 있다. 다만, 총리령으로 정하는 경미한 사항을 변경하려는 경우에는 그러하지 아니하다.

〈개정 2011. 7. 25., 2013. 3. 23.〉

③ 원자력안전위원회는 제1항 단서에 따른 신고를 받은 경우 그 내용을 검토하여 이 법에 적합하면 신고를 수리하여야 한다. 〈신설 2017. 12. 19.〉

④ 방사선비상계획의 수립에 관한 세부기준은 총리령으로 정한다.

〈개정 2011. 7. 25., 2013. 3. 23., 2017. 12. 19.〉

[전문개정 2010. 3. 17.]

제20조의2(방사선비상계획구역 설정 등)

① 원자력안전위원회는 원자력시설별로 방사선비상계획구역 설정의 기초가 되는 지역(이하 "기초지역"이라 한다)을 정하여 고시하여야 한다. 이 경우 원자력시설이 발전용 원자로 및 관계시설인 경우에는 다음 각 호의 기준에 따라야 한다.

1. 예방적보호조치구역: 발전용 원자로 및 관계시설이 설치된 지점으로부터 반지름 3킬로미터 이상 5킬로미터 이하
2. 긴급보호조치계획구역: 발전용 원자로 및 관계시설이 설치된 지점으로부터 반지름 20킬로미터 이상 30킬로미터 이하

② 원자력사업자는 원자력안전위원회가 고시한 기초지역을 기준으로 해당 기초지역을 관할하는 시 · 도지사와 협의를 거쳐 다음 각 호의 사항을 고려하여 방사선비상계획구역을 설정하여야 한다.

1. 인구분포, 도로망 및 지형 등 그 지역의 고유한 특성
2. 해당 원자력시설에서 방사선비상 또는 방사능재난이 발생할 경우 주민보호 등을 위한 비상대책의 실효성

③ 원자력사업자가 방사선비상계획구역을 설정하려는 경우에는 원자력안전위원회의 승인을 받아야 한다. 이를 변경 또는 해제하려는 경우에도 또한 같다.

④ 원자력사업자는 제2항에 따라 설정된 방사선비상계획구역을 제20조에 따른 방사선비상계획의 수립에 반영하여야 한다.

⑤ 제1항에 따른 원자력안전위원회의 고시 및 제2항에 따른 협의 절차 등에 필요한 사항은 대통령령으로 정한다.

[본조신설 2014. 5. 21.]

제21조(원자력사업자의 의무 등)

① 원자력사업자는 방사능재난등의 예방, 그 확산 방지 및 수습을 위하여 다음 각 호의 조치를 하여야 한다. 다만, 대통령령으로 정하는 소규모 원자력사업자에게는 제2호와 제6호를 적용하지 아니한다. 〈개정 2011. 7. 25., 2014. 5. 21.〉

1. 방사선비상이 발생한 경우 해당 방사선비상계획으로 정한 절차에 따라 원자력안전위원회, 관할 시 · 도지사 및 시장 · 군수 · 구청장에게 보고
2. 방사능재난등에 대비하기 위한 기구의 설치 · 운영
3. 발생한 방사능재난등에 관한 정보의 공개
4. 방사선사고 확대 방지를 위한 응급조치 및 응급조치요원 등의 방사선 피폭을 줄이기 위하

여 필요한 방사선방호조치

5. 제27조에 따른 지역방사능방재대책본부의 장과 지정기관의 장의 요청이 있는 경우 방재요원의 파견, 기술적 사항의 자문, 방사선측정장비 등의 대여 등 지원

6. 방사능재난등에 대비한 업무를 전담하기 위한 인원과 조직의 확보

7. 그 밖에 방사능재난등의 대처에 필요하다고 인정하여 대통령령으로 정하는 사항

② 제1항 각 호의 사항을 시행하기 위한 기술기준 등에 관하여 필요한 사항은 총리령으로 정한다. 〈개정 2011. 7. 25., 2013. 3. 23.〉

[전문개정 2010. 3. 17.]

제22조(방사능사고의 신고 등)

① 누구든지 원자력시설 외의 장소에서 방사성물질 운반차량 · 선박 등의 화재 · 사고 또는 방사성물질이나 방사성물질로 의심되는 물질을 발견하였을 때에는 지체 없이 원자력안전위원회, 지방자치단체, 소방관서, 경찰관서 또는 인근 군부대 등에 신고하여야 한다. 〈개정 2011. 7. 25.〉

② 제1항에 따라 신고를 받은 원자력안전위원회 외의 기관장은 지체 없이 이를 원자력안전위원회에 보고하여야 한다. 〈개정 2011. 7. 25.〉

③ 제1항에 따른 신고 또는 제2항에 따른 보고를 한 경우에는 「재난 및 안전관리기본법」 제19조에 따른 신고 또는 통보를 각각 마친 것으로 본다. 〈개정 2013. 8. 6.〉

[전문개정 2010. 3. 17.]

제22조의2(긴급조치)

① 원자력안전위원회는 방사능사고 및 방사능오염확산 또는 그 가능성으로부터 국민의 생명과 건강 또는 환경을 보호하기 위하여 긴급한 조치가 필요하다고 인정하는 경우에는 방사능오염원의 제거, 방사능오염의 확산방지 등을 위하여 필요한 조치를 취할 수 있다.

② 원자력안전위원회는 중앙행정기관, 지정기관 및 관련 법인 · 개인에게 제1항에 따른 긴급조치를 위하여 필요한 사항을 요청하거나 명할 수 있다.

③ 제2항에 따라 원자력안전위원회로부터 요청 또는 요구를 받은 자는 특별한 사유가 없으면 이에 따라야 한다.

④ 제1항에 따른 긴급조치를 수행하는 자는 그 권한을 나타내는 증표를 지니고 이를 관계인에게 보여주어야 한다.

⑤ 원자력안전위원회는 제1항에 따른 긴급조치를 수행하는 자의 업무를 필요한 범위로 한정하

여 함부로 타인의 권리를 제한하거나 정당한 업무를 방해하여서는 아니 된다.

[본조신설 2011. 7. 25.]

제23조(방사능재난의 선포 및 보고)

① 원자력안전위원회는 다음 각 호의 어느 하나에 해당하는 방사능재난이 발생하였을 때에는 지체 없이 방사능재난이 발생한 것을 선포하여야 한다. 〈개정 2011. 7. 25., 2014. 5. 21.〉

1. 측정 또는 평가한 피폭방사선량이 대통령령으로 정하는 기준 이상인 경우
2. 측정한 공간방사선량률 또는 오염도가 대통령령으로 정하는 기준 이상인 경우
3. 그 밖에 원자력안전위원회가 방사능재난의 발생을 선포할 필요가 있다고 인정하는 경우

② 원자력안전위원회는 제1항에 따른 방사능재난의 발생을 선포한 경우에는 지체 없이 국무총리를 거쳐 대통령에게 다음 각 호의 사항을 보고하여야 한다. 〈개정 2011. 7. 25.〉

1. 방사능재난 상황의 개요
2. 방사능재난 긴급대응조치를 하여야 하는 구역
3. 방사능재난에 대한 긴급대응 조치사항

[전문개정 2010. 3. 17.]

제24조(방사능재난의 발생 통보)

① 원자력안전위원회는 제21조제1항제1호에 따른 보고를 받거나 제23조제1항에 따라 방사능재난 발생을 선포한 경우에는 국가방사능방재계획에 따라 이를 관련 기관에 지체 없이 통보하여야 한다. 〈개정 2011. 7. 25.〉

② 원자력안전위원회는 방사능재난의 발생을 선포한 경우에는 대통령령으로 정하는 바에 따라 관할 시 · 도지사 및 시장 · 군수 · 구청장으로 하여금 방사선영향을 받거나 받을 우려가 있는 지역의 주민에게 즉시 방사능재난의 발생상황을 알리게 하고 필요한 대응을 하게 하여야 한다. 〈개정 2011. 7. 25.〉

[전문개정 2010. 3. 17.]

제25조(중앙방사능방재대책본부의 설치)

① 원자력안전위원회는 방사능방재에 관한 긴급대응조치를 하기 위하여 그 소속으로 중앙방사능방재대책본부(이하 "중앙본부"라 한다)를 설치하여야 한다. 〈개정 2011. 7. 25.〉

② 중앙본부의 장(이하 "중앙본부장"이라 한다)은 원자력안전위원회 위원장이 되며, 중앙본부의 위원은 기획재정부차관, 교육부차관, 과학기술정보통신부차관, 외교부차관, 국방부차관,

행정안전부차관, 농림축산식품부차관, 산업통상자원부차관, 보건복지부차관, 환경부차관, 국토교통부차관, 해양수산부차관, 국무조정실 차장, 식품의약품안전처장, 경찰청장, 소방청장, 기상청장, 해양경찰청장, 행정안전부의 재난안전관리사무를 담당하는 본부장과 대통령령으로 정하는 중앙행정기관의 공무원 또는 관련 기관 · 단체의 장이 된다.

〈개정 2011. 7. 25., 2013. 3. 23., 2014. 11. 19., 2015. 1. 20., 2017. 7. 26.〉

③ 중앙본부에 간사 1명을 두되, 원자력안전위원회 소속 공무원 중에서 중앙본부장이 지명하는 사람이 된다. 〈개정 2011. 7. 25.〉

④ 중앙본부의 운영 등에 필요한 사항은 대통령령으로 정한다.

[전문개정 2010. 3. 17.]

제26조(중앙본부장의 권한)

중앙본부장은 방사능재난을 효율적으로 수습하기 위하여 다음 각 호의 권한을 가진다.

1. 제28조에 따른 현장방사능방재지휘센터의 장에 대한 지휘
2. 제32조에 따른 방사능방호기술지원본부 및 방사선비상의료지원본부의 장에 대한 지휘
3. 「재난 및 안전관리기본법」 제15조에 따른 중앙본부장의 권한
4. 그 밖에 방사능재난의 수습을 위하여 대통령령으로 정하는 권한

[전문개정 2010. 3. 17.]

제27조(지역방사능방재대책본부의 설치)

① 방사선비상계획구역의 전부 또는 일부를 관할하는 시 · 도지사 및 시장 · 군수 · 구청장은 제21조제1항제1호에 따른 방사선비상의 보고를 받거나 제24조제1항에 따른 방사능재난의 발생을 통보받은 경우에는 시 · 도 방사능방재대책본부 및 시 · 군 · 구 방사능방재대책본부(이하 "지역본부"라 한다)를 각각 설치하여야 한다.

② 제1항에 따른 지역본부의 본부장(이하 "지역본부장"이라 한다)은 각각 시 · 도지사 또는 시장 · 군수 · 구청장이 된다.

③ 지역본부의 구성 · 운영 등에 필요한 사항은 대통령령으로 정한다.

[전문개정 2010. 3. 17.]

제28조(현장방사능방재지휘센터의 설치)

① 원자력안전위원회는 방사능재난등의 신속한 지휘 및 상황 관리, 재난정보의 수집과 통보를 위하여 발전용 원자로나 그 밖에 대통령령으로 정하는 원자력시설이 있는 인접 지역에 현장

방사능방재지휘센터(이하 "현장지휘센터"라 한다)를 설치하여야 한다. 〈개정 2011. 7. 25.〉

② 현장지휘센터의 장은 원자력안전위원회 소속 공무원 중에서 원자력안전위원회가 지명하며, 현장지휘센터에는 대통령령으로 정하는 중앙행정기관, 지방자치단체 및 지정기관의 공무원 또는 임직원(이하 "관계관"이라 한다)을 파견한다. 〈개정 2011. 7. 25.〉

③ 현장지휘센터에는 방사능재난등에 대한 정확하고 통일된 정보를 제공하기 위하여 연합정보센터를 설치 · 운영한다. 다만, 현장지휘센터가 운영되기 전까지는 시 · 군 · 구 방사능방재대책본부에 연합정보센터를 설치 · 운영한다.

④ 제1항에 따른 현장지휘센터와 제3항에 따른 연합정보센터의 구성 · 운영 등에 필요한 사항은 대통령령으로 정한다.

[전문개정 2010. 3. 17.]

제29조(현장지휘센터의 장의 권한)

① 현장지휘센터의 장은 방사능재난등의 수습에 관하여 다음 각 호의 권한을 가진다.

〈개정 2019. 8. 27.〉

1. 방사능재난등에 관하여 제27조에 따른 시 · 군 · 구 방사능방재대책본부의 장에 대한 지휘
2. 제28조제2항에 따라 중앙행정기관, 지방자치단체 및 지정기관에서 파견된 관계관에 대한 임무 부여
3. 대피, 소개(疏開), 음식물 섭취 제한, 갑상샘 방호 약품 배포 등 긴급 주민 보호 조치의 결정
4. 방사능재난등이 발생한 지역의 식료품과 음료품, 농 · 축 · 수산물의 반출 또는 소비 통제 등의 결정
5. 「재난 및 안전관리기본법」 제40조부터 제42조까지의 규정에 따른 권한사항에 대한 결정
6. 「재난 및 안전관리기본법」 제51조제4항에 따른 회전익항공기의 운항 결정
7. 「재난 및 안전관리기본법」 제52조에 따른 방사능재난 현장에서의 긴급구조통제단의 긴급구조활동에 필요한 방사선방호조치

② 제28조제2항에 따라 현장지휘센터에 파견되어 방재활동을 하는 관계관은 제1항에 따른 현장지휘센터의 장의 지휘에 따른다. 다만, 방사능재난 현장에서 긴급구조활동을 하는 사람은 「재난 및 안전관리기본법」 제52조에 따라 현장지휘를 하는 각급 통제단장의 지휘에 따라야 한다.

③ 제1항제3호 · 제4호 및 제7호의 조치에 대한 기술기준과 현장지휘에 관한 세부사항은 총리령으로 정한다. 〈개정 2011. 7. 25., 2013. 3. 23.〉

[전문개정 2010. 3. 17.]

第30조(합동방재대책협의회)

① 현장지휘센터의 장이 제29조제1항제3호 · 제4호 및 제5호에 대한 사항을 결정하려면 관계 중앙행정기관, 지방자치단체 및 지정기관의 관계관으로 구성된 합동방재대책협의회(이하 "합동협의회"라 한다)의 의견을 들어 결정하여야 한다. 이 경우 지역본부장은 결정사항을 시행하여야 한다.

② 합동협의회의 구성 · 운영 등에 필요한 사항은 대통령령으로 정한다.

[전문개정 2010. 3. 17.]

第31조(문책 등)

① 현장지휘센터의 장은 제29조제2항 본문에 따른 지휘에 따르지 아니하거나 부과된 임무를 게을리한 관계관의 명단을 그 소속 기관의 장에게 통보할 수 있다.

② 제1항에 따라 통보받은 소속 기관의 장은 관계관의 문책 등 적절한 조치를 하여야 한다.

[전문개정 2010. 3. 17.]

第32조(방사능 방재 기술 지원 등)

① 방사능재난이 발생하였을 때에 방사능재난의 수습에 필요한 기술적 사항을 지원하기 위하여 「한국원자력안전기술원법」에 따른 한국원자력안전기술원의 장 소속으로 방사능방호기술지원본부(이하 "기술지원본부"라 한다)를 둔다. 〈개정 2014. 5. 21.〉

② 방사능재난으로 인하여 발생한 방사선 상해자 또는 상해 우려자에 대한 의료상의 조치를 위하여 「방사선 및 방사성동위원소 이용진흥법」 제13조의2에 따른 한국원자력의학원의 장 소속으로 방사선비상의료지원본부(이하 "의료지원본부"라 한다)를 둔다.

③ 제1항에 따른 한국원자력안전기술원의 장은 방사능재난등이 발생할 경우에 대비하여 방사능영향평가 등에 필요한 정보시스템을 구축 · 운영하여야 한다. 〈신설 2017. 12. 19.〉

④ 기술지원본부와 의료지원본부의 구성 · 운영 및 제3항에 따른 정보시스템의 구축 · 운영 등에 필요한 사항은 총리령으로 정한다. 〈개정 2011. 7. 25., 2013. 3. 23., 2017. 12. 19.〉

[전문개정 2010. 3. 17.]

第33조(방사능재난상황의 해제)

① 중앙본부장은 방사능재난이 수습되면 기술지원본부의 장의 의견을 들어 방사능재난상황을

해제할 수 있다.

② 제1항에 따라 방사능재난상황을 해제하였으면 중앙본부장 및 지역본부장은 중앙본부 및 지역본부를 해체한다.

[전문개정 2010. 3. 17.]

제34조(민방위기본계획 등과의 관계)

① 이 법에 따른 국가방사능방재계획, 시 · 도 방사능방재계획 또는 시 · 군 · 구 방사능방재계획은 각각 「민방위기본법」 제11조에 따른 기본 계획, 같은 법 제13조에 따른 시 · 도계획 또는 같은 법 제14조에 따른 시 · 군 · 구 계획 중 방사능재난 분야의 계획으로 본다.

② 이 법에 따른 국가방사능방재계획, 시 · 도 방사능방재계획 또는 시 · 군 · 구 방사능방재계획은 각각 「재난 및 안전관리기본법」 제22조에 따른 국가안전관리기본계획, 같은 법 제24조에 따른 시 · 도안전관리계획 또는 같은 법 제25조에 따른 시 · 군 · 구안전관리계획 중 방사능재난 분야의 계획으로 본다.

③ 이 법에 따른 중앙본부는 「재난 및 안전관리기본법」 제14조에 따른 중앙재난안전대책본부, 지역본부는 같은 법 제16조에 따른 지역재난안전대책본부로 본다.

[전문개정 2010. 3. 17.]

제2절 방사능재난 대비태세의 유지 〈개정 2010. 3. 17.〉

제35조(방사능재난 대응시설 등)

① 원자력사업자는 다음 각 호에 해당하는 시설 및 장비를 확보하여야 한다. 다만, 대통령령으로 정하는 소규모 원자력사업자에게는 제4호와 제5호를 적용하지 아니한다.

〈개정 2011. 7. 25.〉

1. 방사선 또는 방사능 감시 시설
2. 방사선 방호장비
3. 방사능오염 제거 시설 및 장비
4. 방사성물질의 방출량 감시 및 평가 시설
5. 주제어실, 비상기술지원실, 비상운영지원실, 비상대책실 등 비상대응 시설
6. 관련 기관과의 비상통신 및 경보 시설
7. 그 밖에 방사능재난의 대처에 필요하다고 인정하여 원자력안전위원회가 정하는 시설

② 제1항에 따른 시설 · 장비의 기준에 관하여 필요한 사항은 총리령으로 정한다.

〈개정 2011. 7. 25., 2013. 3. 23.〉

[전문개정 2010. 3. 17.]

第36條(방사능방재 교육)

① 원자력사업자의 종업원, 방사선비상계획구역의 전부 또는 일부를 관할하는 시 · 도지사 및 시장 · 군수 · 구청장이 지정한 방사능방재요원, 제39조제2항에 따른 1차 및 2차 방사선비상진료기관의 장이 지정한 방사선비상진료요원 및 원자력안전위원회가 정하여 고시하는 단체 또는 기관의 직원은 대통령령으로 정하는 바에 따라 원자력안전위원회가 실시하는 방사능방재에 관한 교육을 받아야 한다. 〈개정 2011. 7. 25.〉

② 원자력안전위원회는 제1항에 따른 교육을 담당할 교육기관을 지정할 수 있다.

〈개정 2011. 7. 25.〉

③ 제1항에 따른 방사능방재요원 및 방사선비상진료요원의 지정에 필요한 사항은 대통령령으로 정한다.

[전문개정 2010. 3. 17.]

第37條(방사능방재훈련)

① 원자력안전위원회는 5년마다 대통령령으로 정하는 바에 따라 관계 중앙행정기관이 함께 참여하는 방사능방재훈련을 실시하여야 한다. 〈개정 2011. 7. 25.〉

② 방사선비상계획구역의 전부 또는 일부를 관할하는 시 · 도지사 및 시장 · 군수 · 구청장은 대통령령으로 정하는 바에 따라 방사능방재훈련을 실시하여야 한다.

③ 원자력사업자는 총리령으로 정하는 바에 따라 방사능방재훈련계획을 수립하여 원자력안전위원회의 승인을 받아 시행하여야 한다. 〈개정 2011. 7. 25., 2013. 3. 23.〉

④ 방사선비상계획구역의 전부 또는 일부를 관할하는 시 · 도지사 및 시장 · 군수 · 구청장은 제2항에 따른 방사능방재훈련을 실시하고, 원자력사업자는 제3항에 따른 방사능방재훈련을 실시한 후 그 결과를 원자력안전위원회에 보고하여야 한다. 이 경우 원자력안전위원회는 제2항과 제3항에 따라 실시하는 방사능방재훈련에 대하여 평가할 수 있다. 〈개정 2011. 7. 25.〉

⑤ 원자력안전위원회는 제1항에 따른 방사능방재훈련의 결과 및 제4항 후단에 따른 평가 결과 필요하다고 인정하면 해당 시 · 도지사, 시장 · 군수 · 구청장 및 지정기관의 장과 원자력사업자에게 방사능방재계획의 보완 등 필요한 조치를 요구하거나 명할 수 있다. 이 경우 요구 또는 명령을 받은 시 · 도지사 등은 이를 이행하고, 그 결과를 원자력안전위원회에 보고하여야

한다. 〈개정 2011. 7. 25.〉

[전문개정 2010. 3. 17.]

第38조(검사)

① 원자력안전위원회는 원자력사업자에 대하여 제21조 및 제35조부터 제37조까지에 규정된 사항을 검사할 수 있다. 〈개정 2011. 7. 25.〉

② 원자력안전위원회는 제1항에 따른 검사의 결과가 다음 각 호의 어느 하나에 해당할 때에는 해당 원자력사업자에게 시정을 명할 수 있다. 〈개정 2011. 7. 25.〉

1. 제21조제1항 각 호의 사항이 같은 조 제2항에 따른 기준에 미치지 못할 때
2. 제35조제1항 각 호에 따른 시설 및 장비가 같은 조 제2항에 따른 기준에 미치지 못할 때
3. 원자력사업자의 종업원이 제36조제1항에 따른 방사능방재에 관한 교육을 받지 아니하였을 때
4. 제37조제3항에 따른 방사능방재훈련을 승인된 계획에 따라 실시하지 아니하였을 때

[전문개정 2010. 3. 17.]

第39조(국가방사선비상진료체제의 구축)

① 정부는 방사선피폭환자의 응급진료 등 방사선비상 진료 능력을 높이기 위하여 국가방사선비상진료체제를 구축하여야 한다.

② 제1항의 국가방사선비상진료체제는 「방사선 및 방사성동위원소 이용진흥법」 제13조의2에 따른 한국원자력의학원에 설치하는 국가방사선비상진료센터(이하 "비상진료센터"라 한다)와 원자력안전위원회가 전국의 권역별로 지정하는 1차 및 2차 방사선비상진료기관으로 구성된다. 〈개정 2011. 7. 25.〉

③ 제2항에 따른 비상진료센터와 방사선비상진료기관의 기능 · 운영, 지정기준과 그에 대한 지원 등에 필요한 사항은 대통령령으로 정한다.

[전문개정 2010. 3. 17.]

第40조(국제협력 등)

원자력안전위원회는 방사능재난상황이 발생하였을 때에는 「핵사고의 조기통보에 관한 협약」, 「핵사고 또는 방사능긴급사태 시 지원에 관한 협약」 및 그 밖의 국제협약 또는 양자 간 협정에 따라 국제원자력기구 및 관련 국가에 방사능재난 발생의 내용을 알리고 필요하면 긴급원조를 요청하여야 한다. 〈개정 2011. 7. 25.〉

[전문개정 2010. 3. 17.]

제3절 사후 조치 등 〈개정 2010. 3. 17.〉

제41조(중장기 방사능영향평가 및 피해복구계획 등)

① 지역본부장은 제33조제2항에 따라 지역본부를 해체할 때에는 기술지원본부의 장과 협의하여 방사능재난이 발생한 지역의 중장기 방사능영향을 평가하여 피해복구계획을 수립하여야 한다.

② 지역본부장은 제1항의 피해복구계획을 수립할 때 중앙본부장과 협의하여야 한다.

[전문개정 2010. 3. 17.]

제42조(방사능재난 사후대책의 실시 등)

① 시ㆍ도지사, 시장ㆍ군수ㆍ구청장, 지정기관의 장, 원자력사업자 및 방사능재난의 수습에 책임이 있는 기관의 장은 제33조에 따라 방사능재난상황이 해제되었을 때에는 대통령령으로 정하는 바에 따라 사후대책을 수립하고 시행하여야 한다.

② 제1항에 따른 사후대책에는 다음 각 호의 사항이 포함되어야 한다.

〈개정 2011. 7. 25., 2013. 3. 23., 2014. 5. 21.〉

1. 방사능재난 발생구역이나 그 밖에 필요한 구역의 방사성물질 농도 또는 방사선량 등에 대한 조사
2. 거주자 등의 건강진단과 심리적 영향을 고려한 건강 상담과 그 밖에 필요한 의료 조치
3. 방사성물질에 따른 영향 및 피해 극복 방안의 홍보
4. 그 밖에 방사능재난의 확대방지 또는 피해 복구를 위한 조치 등 총리령으로 정하는 사항

[전문개정 2010. 3. 17.]

제43조(재난 조사 등)

① 원자력안전위원회는 방사능재난이 발생한 경우에는 관련된 지방자치단체 및 원자력사업자와 합동으로 조사위원회를 구성하여 재난상황에 대한 조사를 하도록 할 수 있다.

〈개정 2011. 7. 25.〉

② 제1항의 조사위원회의 구성ㆍ운영 등에 필요한 사항은 대통령령으로 정한다.

[전문개정 2010. 3. 17.]

제4장 보칙 〈개정 2010. 3. 17.〉

제44조(보고 · 검사 등)

① 원자력안전위원회는 이 법의 시행을 위하여 필요하다고 인정하면 다음 각 호의 자에게 그 업무에 관한 보고 또는 서류의 제출, 제출된 서류의 보완을 명하거나 업무 지도 및 감독을 할 수 있다. 〈개정 2011. 7. 25., 2014. 5. 21.〉

1. 시 · 도지사 또는 시장 · 군수 · 구청장
2. 지정기관의 장
3. 원자력사업자
4. 제39조제2항에 따른 비상진료센터 및 방사선비상진료기관의 장
5. 물리적방호 및 방사능재난에 관한 업무를 수행하는 기관의 장
6. 「원자력안전법」 제15조에 따른 국제규제물자 중 핵물질을 취급하거나 관련 연구를 수행하는 사람 중 대통령령으로 정하는 사람

② 원자력안전위원회는 다음 각 호의 어느 하나에 해당하는 경우에는 소속 공무원에게 그 사업소, 서류, 시설 및 그 밖에 필요한 물건을 검사하게 하거나 관계인에게 질문하게 할 수 있으며, 검사를 위한 최소량의 시료(試料)를 수거하게 할 수 있다. 〈개정 2011. 7. 25., 2014. 5. 21.〉

1. 제1항에 따른 보고나 서류의 사실 확인을 위하여 필요한 경우
2. 물리적방호체제의 이행 및 방사능재난의 예방을 위하여 필요하다고 인정하는 경우
3. 이 법에 따른 각종 검사를 하기 위하여 필요한 경우

③ 원자력안전위원회는 제2항에 따라 검사와 질문을 한 결과 이 법, 「핵물질 및 원자력시설의 물리적 방호에 관한 협약」, 「핵사고의 조기통보에 관한 협약」, 「핵사고 또는 방사능긴급사태 시 지원에 관한 협약」 및 그 밖의 국제협약 또는 양자 간 협정을 위반하는 사항이 있을 때에는 그 시정을 명할 수 있다. 〈개정 2011. 7. 25., 2014. 5. 21.〉

④ 제2항에 따라 검사와 질문을 하는 사람은 그 권한을 나타내는 증표를 지니고 이를 관계인에게 보여 주어야 한다.

[전문개정 2010. 3. 17.]

제45조(업무의 위탁)

① 원자력안전위원회는 이 법에 따른 업무 중 다음 각 호의 업무를 대통령령으로 정하는 바에

따라 「과학기술분야 정부출연연구기관 등의 설립 · 운영 및 육성에 관한 법률」에 따른 한국원자력연구원, 「방사선 및 방사성동위원소 이용진흥법」 제13조의2에 따른 한국원자력의학원, 「한국원자력안전기술원법」에 따른 한국원자력안전기술원, 「원자력안전법」에 따른 한국원자력통제기술원 또는 그 밖의 관련 전문기관에 위탁할 수 있다.

〈개정 2011. 7. 25., 2014. 5. 21., 2020. 12. 8.〉

1. 제4조제1항에 따른 원자력시설등에 대한 위협의 평가
2. 제9조제1항, 제9조의3제1항, 제13조제2항, 제20조제1항 및 제37조제3항에 따른 승인에 관련된 심사
3. 제9조의2제1항 및 제36조제1항에 따른 교육
4. 제9조의3제2항 및 제37조제4항에 따른 훈련 평가
5. 제12조제1항, 제13조의2제1항 및 제38조제1항에 따른 검사
6. 제28조제1항에 따른 현장지휘센터 시설 · 장비의 구축 및 관리

② 원자력안전위원회는 제1항에 따른 업무를 수행하는 데 필요한 비용을 대통령령으로 정하는 바에 따라 제1항 각 호에 따른 심사 · 검사 · 교육 및 평가를 받는 자에게 징수할 수 있다.

〈개정 2015. 6. 22.〉

③ 삭제 〈2015. 6. 22.〉

④ 원자력안전위원회가 제1항에 따라 위탁한 업무에 종사하는 기관 또는 관련 전문기관의 임원 및 직원은 「형법」이나 그 밖의 법률에 따른 벌칙을 적용할 때에는 공무원으로 본다.

〈개정 2011. 7. 25.〉

⑤ 원자력안전위원회는 제1항 각 호에 따른 업무수행에 필요한 경비의 전부 또는 일부를 업무를 위탁받은 기관에 출연할 수 있다. 〈신설 2020. 12. 8.〉

⑥ 제1항에 따라 업무를 위탁받은 기관의 장은 대통령령으로 정하는 바에 따라 위탁받은 업무의 효율적인 수행을 위한 수탁업무처리규정을 정하여 원자력안전위원회의 승인을 받아야 한다. 이를 변경하려는 경우에도 또한 같다. 〈신설 2020. 12. 8.〉

[전문개정 2010. 3. 17.]

제46조(지방자치단체 등에 대한 지원)

① 원자력안전위원회는 지방자치단체가 제36조와 제37조에 따라 시행하는 방사능재난의 예방을 위한 조치에 필요한 지원과 제39조제2항에 따른 방사선비상진료기관의 운영에 필요한 지원을 할 수 있다. 〈개정 2011. 7. 25.〉

② 원자력발전소와 폐기시설 등이 있는 지역을 관할하는 시 · 도지사 및 시장 · 군수 · 구청장은

「발전소주변지역 지원에 관한 법률」 제13조에 따라 지원되는 지원금의 일부를 대통령령으로 정하는 바에 따라 제36조제1항과 제37조제2항에 따른 교육 또는 훈련에 필요한 시설 및 장비 등의 구입 · 관리에 사용할 수 있다.

[전문개정 2010. 3. 17.]

제5장 벌칙 〈개정 2010. 3. 17.〉

제47조(벌칙)

① 정당한 권한 없이 방사성물질, 핵물질, 핵폭발장치, 방사성물질비산장치 또는 방사선방출장치를 수수 · 소지 · 소유 · 보관 · 제조 · 사용 · 운반 · 개조 · 처분 또는 분산하여 사람의 생명 · 신체를 위험하게 하거나 재산 · 환경에 위험을 발생시킨 사람은 무기 또는 1년 이상의 징역에 처한다. 〈개정 2014. 5. 21.〉

② 방사성물질, 핵물질, 핵폭발장치, 방사성물질비산장치 또는 방사선방출장치에 대하여 「형법」 제329조 · 제333조 · 제347조 · 제350조 및 제355조제1항의 죄를 저지른 사람은 같은 법 해당 조에서 정한 형의 2분의 1까지 가중한다. 〈개정 2014. 5. 21., 2020. 6. 9.〉

③ 사보타주 또는 전자적 침해행위를 한 사람은 1년 이상 10년 이하의 징역에 처한다. 〈개정 2014. 5. 21., 2015. 12. 1.〉

④ 사람, 법인, 공공기관, 국제기구 또는 국가로 하여금 의무 없는 행위를 하게 하거나 권한행사를 방해할 목적으로 다음 각 호의 어느 하나에 해당하는 행위를 한 사람은 다음 각 호의 구분에 따라 처벌한다. 〈신설 2014. 5. 21.〉

1. 방사성물질, 핵물질, 핵폭발장치, 방사성물질비산장치 또는 방사선방출장치를 사용하는 행위를 한 사람은 2년 이상의 유기징역에 처한다.
2. 원자력시설 또는 방사성물질 관련 시설(방사성물질을 생산 · 저장 · 처리 · 처분 · 운송하기 위한 시설 및 수단을 말한다)을 사용하거나 손상시켜서 방사성물질을 유출하는 행위를 한 사람은 무기 또는 3년 이상의 징역에 처한다.

⑤ 공중(公衆)을 위협할 목적으로 제1항 · 제3항 또는 제4항에 따른 범죄를 행할 것이라고 사람을 협박한 사람은 7년 이하의 징역 또는 7천만원 이하의 벌금에 처한다.

〈신설 2014. 5. 21., 2019. 8. 27.〉

⑥ 제1항 및 제3항부터 제5항까지의 규정에 따른 범죄를 목적으로 한 단체 또는 집단을 구성하거나 그러한 단체 또는 집단에 가입하거나 그 구성원으로 활동한 사람은 다음 각 호의 구분에 따라 처벌한다. 〈신설 2014. 5. 21.〉

1. 수괴(首魁)는 사형, 무기 또는 10년 이상의 징역에 처한다.
2. 간부는 무기 또는 7년 이상의 징역에 처한다.
3. 그 밖의 사람은 2년 이상의 유기징역에 처한다.

⑦ 제1항 및 제3항부터 제5항까지의 규정에 따른 범죄에 제공할 목적으로 방사성물질, 핵물질, 핵폭발장치, 방사성물질비산장치 또는 방사선방출장치를 소지 또는 제조한 사람은 10년 이하의 징역에 처한다. 〈신설 2014. 5. 21.〉

⑧ 제1항 · 제3항 또는 제4항에 따른 죄를 저질러 사람에게 상해를 입혔을 때에는 무기 또는 3년 이상의 징역에 처한다. 사망에 이르게 하였을 때에는 사형 · 무기 또는 5년 이상의 징역에 처한다. 〈개정 2014. 5. 21., 2020. 6. 9.〉

⑨ 제1항부터 제4항까지의 규정에 따른 죄의 미수범은 처벌한다. 〈개정 2014. 5. 21.〉

⑩ 제1항이나 제3항에 따른 죄를 저지를 목적으로 예비하거나 음모한 사람은 5년 이하의 징역에 처한다. 다만, 자수하였을 때에는 형을 감경하거나 면제한다. 〈개정 2014. 5. 21., 2020. 6. 9.〉

[전문개정 2010. 3. 17.]

제48조(벌칙)

다음 각 호의 어느 하나에 해당하는 사람은 10년 이하의 징역에 처한다.

〈개정 2014. 5. 21., 2020. 12. 8.〉

1. 제13조제1항을 위반하여 핵물질을 수출하거나 수입한 자
2. 제15조를 위반하여 비밀을 누설하거나 목적 외의 용도로 이용한 자

[전문개정 2010. 3. 17.]

제49조(벌칙)

다음 각 호의 어느 하나에 해당하는 자는 3년 이하의 징역 또는 3천만원 이하의 벌금에 처한다.

〈개정 2020. 12. 8.〉

1. 제9조제1항 본문, 제13조제2항 본문, 제20조제1항 본문 또는 제37조제3항을 위반하여 승인 또는 변경승인을 받지 아니한 자
2. 제11조, 제21조제1항제1호, 제37조제4항 전단 · 제5항 후단 또는 제44조제1항을 위반하여

보고를 하지 아니하거나 거짓으로 보고한 자

3. 제12조제1항 또는 제13조의2제1항을 위반하여 검사를 받지 아니하거나 제38조제1항 또는 제44조제2항에 따른 검사를 거부 · 방해 · 기피하거나 거짓으로 진술한 자

[전문개정 2010. 3. 17.]

제50조(벌칙)

다음 각 호의 어느 하나에 해당하는 자는 1년 이하의 징역 또는 1천만원 이하의 벌금에 처한다.
〈개정 2020. 12. 8.〉

1. 제4조제3항, 제12조제2항, 제13조의2제2항, 제37조제5항 전단, 제38조제2항 또는 제44조제1항 · 제3항에 따른 명령을 위반한 원자력사업자 또는 핵물질의 국제운송을 위탁받은 자
2. 제21조제1항제4호를 위반하여 응급조치를 수행하지 아니하거나 방사선방호조치를 하지 아니한 원자력사업자

[전문개정 2010. 3. 17.]

제51조(양벌규정)

법인의 대표자나 법인 또는 개인의 대리인, 사용인, 그 밖의 종업원이 그 법인 또는 개인의 업무에 관하여 제49조 또는 제50조의 위반행위를 하면 그 행위자를 벌하는 외에 그 법인 또는 개인에게도 해당 조문의 벌금형을 과(科)한다. 다만, 법인 또는 개인이 그 위반행위를 방지하기 위하여 해당 업무에 관하여 상당한 주의와 감독을 게을리하지 아니한 경우에는 그러하지 아니하다.

[전문개정 2010. 3. 17.]

제52조(과태료)

① 다음 각 호의 어느 하나에 해당하는 자에게는 1천만원 이하의 과태료를 부과한다.
〈개정 2020. 12. 8.〉

1. 제9조제1항 단서, 제13조제2항 단서 또는 제20조제1항 단서를 위반하여 신고를 하지 아니하거나 거짓으로 신고한 자
2. 제14조를 위반하여 기록하지 아니하거나 거짓으로 기록한 자
3. 제20조제2항 전단을 위반하여 해당 시 · 도지사, 시장 · 군수 · 구청장 및 지정기관의 장에게 알리지 아니하고 방사선비상계획을 수립하거나 변경한 자
4. 제21조제1항제6호 또는 제35조제1항을 위반하여 방사능방재전담조직 · 인력 또는 방사능

재난 대응시설 및 장비를 확보하지 아니한 원자력사업자

② 제1항에 따른 과태료는 대통령령으로 정하는 바에 따라 원자력안전위원회, 시 · 도지사 또는 시장 · 군수 · 구청장이 부과 · 징수한다. 〈개정 2011. 7. 25.〉

[전문개정 2010. 3. 17.]

부칙 <제17639호, 2020. 12. 8.>

제1조(시행일)

이 법은 공포 후 6개월이 경과한 날부터 시행한다. 다만, 제45조제1항제6호 및 같은 조 제5항의 개정규정은 공포한 날부터 시행한다.

제2조(현장방사능방재지휘센터 구축에 관한 경과조치)

제45조제1항제6호의 개정규정 시행 당시 구축 중인 현장방사능방재지휘센터에 대하여는 구축이 완료될 때까지 「한국원자력안전기술원법」에 따른 한국원자력안전기술원에 같은 호의 업무가 위탁된 것으로 본다.

원자력시설 등의 방호 및 방사능 방재 대책법 시행령

[시행 2021. 1. 5]

[대통령령 제31380호, 2021. 1. 5, 타법개정]

제1장 총칙

제1조(목적)

이 영은 「원자력시설 등의 방호 및 방사능 방재대책법」에서 위임된 사항과 그 시행에 관하여 필요한 사항을 규정함을 목적으로 한다. 〈개정 2005. 11. 11., 2016. 5. 31.〉

제2조(정의)

① 이 영에서 사용하는 용어의 정의는 다음과 같다. 〈개정 2005. 11. 11., 2016. 5. 31.〉

1. "방호구역"이란 「원자력시설 등의 방호 및 방사능 방재 대책법」(이하 "법"이라 한다) 제2조제1항제1호 및 제2호에 따른 핵물질 및 원자력시설(이하 "원자력시설등"이라 한다)을 방호하기 위하여 물리적방벽으로 둘러싸여 있는 구역을 말한다.
2. "핵심구역"이라 함은 방호구역중 사보타주로 인하여 직접 또는 간접적으로 회복할 수 없는 방사선영향을 발생시킬 수 있는 원자력시설등을 방호하기 위하여 설정된 구역을 말한다.
3. "물리적방벽"이라 함은 침입을 방지하거나 지연시키고 접근에 대한 통제를 보완하여 주는 울타리 · 장벽 또는 이와 유사한 장애물을 말한다.

② 이 영에서 사용하는 용어의 정의는 법과 제1항에서 정하는 것을 제외하고는 「원자력안전법」 및 같은 법 시행령이 정하는 바에 따른다. 〈개정 2005. 11. 11., 2011. 10. 25.〉

제3조(핵물질)

법 제2조제1항제1호에서 "대통령령이 정하는 것"이라 함은 다음 각호의 물질을 말한다.

1. 우라늄 233 및 그 화합물
2. 우라늄 235 및 그 화합물
3. 토륨 및 그 화합물
4. 플루토늄(플루토늄 238의 농축도가 80퍼센트 초과한 것을 제외한 플루토늄을 말한다) 및 그 화합물
5. 제1호 내지 제4호의 물질이 1 이상 함유된 물질
6. 우라늄 및 그 화합물 또는 토륨 및 그 화합물이 함유된 물질로서 제1호 내지 제5호의 물질 외의 물질

제4조(원자력이용과 관련된 시설)

법 제2조제1항제2호에서 "그 밖에 대통령령이 정하는 원자력이용과 관련된 시설"이라 함은 다

음 각호의 시설을 말한다. 〈개정 2005. 11. 11., 2011. 10. 25.〉

1. 발전용 또는 연구용 원자로의 관계시설
2. 열출력 100와트 이상인 교육용원자로 및 그 관계시설
3. 대한민국의 항구에 입항 또는 출항하는 외국원자력선(「원자력안전법」 제31조제1항 각 호의 어느 하나에 해당하는 자가 소유하는 선박으로서 원자로를 설치한 선박을 말하며, 군함을 제외한다)
4. 18.5 페타베크렐 이상의 방사성동위원소를 생산 · 판매 또는 사용하는 시설

제5조 삭제 〈2014. 11. 19.〉

제6조(그 밖의 원자력사업자)

법 제2조제1항제10호 자목에서 "대통령령이 정하는 자"라 함은 「원자력안전법」 제53조에 따라 방사성동위원소의 생산 · 판매 또는 사용허가(이하 "생산허가등"이라 한다)를 받은 자중에서 18.5 페타베크렐 이상의 방사성동위원소의 생산허가등을 받은 자를 말한다.

〈개정 2005. 11. 11., 2011. 10. 25.〉

제2장 핵물질 및 원자력시설의 물리적방호

제7조(위협평가 및 물리적방호체제의 수립)

① 법 제4조제1항에 따라 「원자력안전위원회의 설치 및 운영에 관한 법률」 제3조에 따른 원자력안전위원회(이하 "원자력안전위원회"라 한다)는 법 제3조제1항에 따른 물리적방호시책을 이행하기 위하여 3년마다 다음 각 호의 사항을 고려하여 원자력시설등에 대한 위협을 평가하고 물리적방호체제 설계 · 평가의 기준이 되는 위협(이하 "설계기준위협"이라 한다)을 설정하여야 한다. 다만, 물리적방호 관련 사고가 발생하거나 발생할 우려가 있다고 판단되는 경우에는 수시로 위협을 평가하고 설계기준위협을 설정할 수 있다.

〈개정 2013. 12. 24., 2014. 11. 19.〉

1. 위협의 요인
2. 위협의 발생 가능성
3. 위협의 발생에 따른 결과

② 원자력안전위원회는 제1항에 따라 설정된 설계기준위협을 반영하여 원자력시설등에 대한

물리적방호체제를 수립하여야 한다. 〈개정 2008. 2. 29., 2011. 10. 25., 2013. 12. 24.〉

③ 원자력안전위원회는 제1항에 따른 위협평가를 효율적으로 하기 위하여 관계 중앙행정기관의 장에게 협조를 요청할 수 있다. 이 경우 전자적 침해행위의 방지 및 원자력시설 컴퓨터 및 정보시스템의 보안과 관련한 사항에 대해서는 국가정보원장에게 우선적으로 협조를 요청하여야 한다. 〈신설 2013. 12. 24., 2016. 5. 31.〉

④ 법 제4조제3항제4호에서 "대통령령으로 정하는 공공기관, 공공단체 및 사회단체"란 다음 각 호의 기관 및 단체(이하 "지정기관"이라 한다)를 말한다. 〈개정 2005. 11. 11., 2007. 3. 16., 2008. 2. 29., 2011. 1. 28., 2011. 10. 25., 2013. 9. 17., 2013. 12. 24., 2014. 11. 19., 2017. 7. 26., 2020. 12. 31.〉

1. 방사선비상계획구역의 전부 또는 일부를 관할구역으로 하는 시 · 도경찰청 또는 경찰서
2. 중앙119구조본부
3. 방사선비상계획구역의 전부 또는 일부를 관할구역으로 하는 소방본부 및 소방서
4. 방사선비상계획구역의 전부 또는 일부를 관할구역으로 하는 교육청
5. 방사선비상계획구역의 전부 또는 일부를 관할구역으로 하는 해양경찰서
6. 방사선비상계획구역의 전부 또는 일부를 관할구역으로 하는 지방기상청
7. 방사선비상계획구역의 전부 또는 일부를 관할구역으로 하는 보건소
8. 방사선비상계획구역의 전부 또는 일부를 관할구역으로 하는 군부대로서 국방부장관이 지정하는 군부대
9. 「한국원자력안전기술원법」에 의한 한국원자력안전기술원(이하 "한국원자력안전기술원"이라 한다)

9의2. 「원자력안전법」 제6조에 따른 한국원자력통제기술원(이하 "한국원자력통제기술원"이라 한다)

10. 「방사선 및 방사성동위원소 이용진흥법」 제13조의2에 따른 한국원자력의학원(이하 "한국원자력의학원"이라 한다)
11. 「민법」 제32조 및 「공익법인의 설립 · 운영에 관한 법률」에 의하여 원자력안전위원회의 허가를 받아 설립된 한국방사성동위원소협회
12. 「대한적십자사 조직법」에 의한 대한적십자사
13. 그 밖에 원자력안전위원회가 물리적방호체제의 수립에 필요하다고 인정하여 지정하는 기관 및 단체

⑤ 법 제4조제3항 각 호 외의 부분에서 "대통령령으로 정하는 필요한 조치"란 다음 각 호의 조치를 말한다. 〈개정 2008. 2. 29., 2011. 10. 25., 2013. 12. 24.〉

1. 원자력시설등에 대한 위협에 효과적으로 대처하기 위한 물리적방호관련 시설 · 장비의 설

치 · 운영관리(원자력사업자에 한한다)

2. 원자력시설등에 대한 위협에 효과적으로 대처하기 위한 물리적방호관련 조직 및 인력의 운영(원자력사업자에 한한다)
3. 물리적방호관련 업무를 수행하는 자에 대한 교육 및 훈련
4. 원자력안전위원회가 원자력시설등에 대한 구체적인 위협 정보를 입수한 경우 그에 대한 방호조치
5. 원자력시설등의 물리적방호체제의 설계 · 운영 및 변경 등이 원자력시설등의 안전에 미치는 영향의 평가 및 보완조치(원자력사업자에 한정한다)

제8조(의장의 직무 등)

① 법 제5조제1항의 규정에 의한 원자력시설등의 물리적방호협의회(이하 "방호협의회"라 한다)의 의장은 방호협의회의 업무를 총괄하고 방호협의회를 대표한다.

② 의장이 부득이한 사유로 직무를 수행할 수 없는 때에는 의장이 미리 지명하는 위원이 그 직무를 대행한다.

제9조(방호협의회의 위원)

법 제5조제2항에서 "대통령령으로 정하는 중앙행정기관의 공무원 또는 관련 기관 · 단체의 장"이라 함은 다음 각호의 자를 말한다. 〈개정 2005. 1. 15., 2011. 10. 25., 2013. 3. 23., 2013. 12. 24.〉

1. 국가정보원장이 지명하는 국가정보원 소속 3급 공무원 또는 이에 상당하는 공무원
2. 한국원자력통제기술원의 원장
3. 삭제 〈2015. 7. 24.〉

제10조(방호협의회의 운영)

① 방호협의회 회의는 의장이 필요하다고 인정하는 때에 소집한다.

② 방호협의회의 회의는 재적위원 과반수의 출석과 출석위원 과반수의 찬성으로 의결한다.

③ 방호협의회에 간사 1인을 두되, 원자력안전위원회 소속 공무원중에서 원자력안전위원회 위원장이 지명한다. 〈개정 2008. 2. 29., 2011. 10. 25.〉

④ 이 영에서 규정한 것외에 방호협의회의 운영에 관하여 필요한 사항은 방호협의회의 의결을 거쳐 방호협의회의 의장이 정한다.

제11조(실무방호협의회)

① 방호협의회의 회의에 부쳐질 의안을 검토하고, 관계기관간의 협조사항을 정리하는 등 방호협의회의 효율적인 운영을 도모하기 위하여 방호협의회에 실무방호협의회를 둔다.

〈개정 2021. 1. 5.〉

② 제1항의 규정에 의한 실무방호협의회(이하 "실무방호협의회"라 한다)의 의장은 원자력안전위원회 소속 공무원 중에서 물리적방호 관련 업무를 담당하는 국장급 공무원이 되고, 위원은 다음 각호의 자가 된다. 〈개정 2006. 6. 12., 2008. 2. 29., 2011. 10. 25., 2013. 3. 23.〉

1. 방호협의회 위원이 소속하는 중앙행정기관의 장이 지명하는 과장 또는 이에 상당하는 공무원[국방부의 경우에는 이에 상당하는 영관(領官)급 장교를 포함한다] 각 1인
2. 제9조제2호 및 제3호의 규정에 의한 관련 기관 · 단체의 임직원중에서 당해 관련 기관 · 단체의 장이 지명하는 자 각 1인

③ 실무방호협의회의 회의는 실무방호협의회의 의장이 필요하다고 인정할 때에 소집한다.

④ 제1항 내지 제3항에서 규정한 것외에 실무방호협의회의 조직 및 운영에 관하여 필요한 사항은 실무방호협의회의 의결을 거쳐 실무방호협의회의 의장이 정한다.

제12조(수당 등)

방호협의회 또는 실무방호협의회의 회의에 출석한 위원에 대하여는 예산의 범위안에서 수당 및 여비를 지급할 수 있다. 다만, 공무원인 위원이 그 업무와 직접 관련하여 회의에 출석하는 경우에는 그러하지 아니하다.

제13조(지역방호협의회의 설치)

법 제7조제1항에서 "대통령령이 정하는 원자력시설등"이라 함은 다음 각호의 시설을 말한다.

〈개정 2005. 11. 11., 2011. 10. 25.〉

1. 발전용 원자로 및 그 관계시설
2. 연구용원자로중 2메가와트 이상의 출력을 가지는 연구용원자로 및 그 관계시설
3. 「원자력안전법」 제2조제18호에 따른 방사성폐기물의 저장 · 처리 · 처분시설중 사용후 핵연료 저장 · 처리시설 및 그 부속시설

제14조(지역방호협의회의 구성 및 운영)

① 법 제7조제1항에 따른 시 · 도방호협의회의 위원은 다음 각 호와 같다.

〈개정 2014. 11. 19., 2017. 7. 26.〉

1. 해당 특별시 · 광역시 · 특별자치시 · 도 · 특별자치도(이하 "시 · 도"라 한다)의 행정부시장(특별시의 경우에는 행정(1)부시장을 말한다) · 행정부지사
2. 해당 시 · 도의 원자력시설등의 물리적방호업무를 담당하는 국장
3. 해당 시 · 도를 관할구역으로 하는 국가정보원의 지부장
4. 해당 시 · 도를 관할구역으로 하는 지방경찰청의 장
5. 해당 시 · 도의 전부 또는 일부를 관할구역으로 하는 군부대의 지역사령관으로서 국방부장관이 지정하는 자
6. 해당 시 · 도의 전부 또는 일부를 관할구역으로 하는 해양경찰서장
7. 해당 시 · 도의 전부 또는 일부를 관할구역으로 하는 원자력시설등의 물리적방호와 관련이 있는 기관 · 단체의 장 또는 원자력시설등의 물리적방호에 관한 학식과 경험이 있는 자 중에서 시 · 도방호협의회의 의장이 위촉하는 자

② 법 제7조제1항에 따른 시 · 군 · 구방호협의회의 위원은 다음 각 호와 같다.

〈개정 2014. 11. 19., 2017. 7. 26.〉

1. 해당 시 · 군 또는 자치구(이하 "시 · 군 · 구"라 한다)의 부시장 · 부군수 · 부구청장
2. 해당 시 · 군 · 구의 원자력시설등의 물리적방호업무를 담당하는 과장(국이 설치되어 있는 경우에는 국장)
3. 해당 시 · 군 · 구를 관할구역으로 하는 국가정보원의 지부장
4. 해당 시 · 군 · 구를 관할구역으로 하는 경찰서의 장
5. 해당 시 · 군 · 구의 전부 또는 일부를 관할구역으로 하는 군부대의 장으로서 국방부장관이 지정하는 자
6. 해당 시 · 군 · 구의 전부 또는 일부를 관할구역으로 하는 해양경찰파출소장
7. 해당 시 · 군 · 구의 전부 또는 일부를 관할구역으로 하는 원자력시설등의 물리적방호와 관련이 있는 기관 · 단체의 장 또는 원자력시설등의 물리적방호에 관한 학식과 경험이 있는 자 중에서 시 · 군 · 구방호협의회의 의장이 위촉하는 자

③ 시 · 도방호협의회 및 시 · 군 · 구방호협의회(이하 "지역방호협의회"라 한다)의 의장은 업무를 총괄하고, 지역방호협의회를 대표한다.

④ 지역방호협의회의 의장이 부득이한 사유로 직무를 수행할 수 없는 때에는 의장이 미리 지명하는 위원이 그 직무를 대행한다.

⑤ 지역방호협의회의 회의는 지역방호협의회의 의장이 필요하다고 인정할 때 소집한다.

⑥ 지역방호협의회의 회의는 재적의원 과반수의 출석과 출석위원 과반수의 찬성으로 의결한다.

⑦ 지역방호협의회의 회의에 출석한 위원에 대하여는 예산의 범위에서 수당 및 여비를 지급할 수 있다. 다만, 공무원인 위원이 그 업무와 직접 관련하여 회의에 출석하는 경우에는 그러하지 아니하다. 〈개정 2014. 11. 19.〉

⑧ 이 영에서 규정한 것 외에 지역방호협의회의 운영에 관하여 필요한 사항은 지역방호협의회의 의결을 거쳐 지역방호협의회의 의장이 정한다. 〈개정 2014. 11. 19.〉

제15조(핵물질의 등급별 분류)

법 제8조제1항에 따른 물리적방호의 대상이 되는 핵물질의 등급별 분류는 별표 1과 같다.
〈개정 2014. 11. 19.〉

제16조(원자력시설등의 방호요건)

법 제8조제2항에 따른 원자력시설등의 물리적방호에 관한 요건(이하 "방호요건"이라 한다)은 별표 2와 같다. 〈개정 2014. 11. 19.〉

제17조(물리적방호규정등 승인신청)

① 법 제9조제1항 각 호 외의 부분 본문에 따라 같은 항 각 호에 따른 물리적방호 시설 · 설비 및 그 운영체제, 물리적 방호규정, 방호비상계획 및 정보시스템 보안규정(이하 "물리적방호규정등"이라 한다)에 대하여 승인을 받으려는 원자력사업자는 이에 관한 승인신청서를 원자력시설등의 사용개시 5개월 전까지 원자력안전위원회에 제출하여야 한다. 〈개정 2016. 5. 31.〉

② 원자력사업자는 법 제9조제1항 각 호 외의 부분 본문에 따라 물리적방호규정등을 변경하고자 하는 경우에는 그 변경할 사항과 이유를 적은 변경승인신청서를 원자력안전위원회에 제출하여야 한다. 〈개정 2008. 2. 29., 2011. 10. 25., 2016. 5. 31.〉

③ 원자력안전위원회는 법 제9조제1항 각 호 외의 부분 본문에 따라 물리적방호규정등에 대하여 승인 또는 변경승인을 하고자 하는 경우에 당해 원자력시설이 「보안업무규정」 제35조에 따라 보안측정의 대상이 되는 시설에 해당하는 때에는 승인 또는 변경승인 전에 미리 국가정보원장과 협의하여야 한다.
〈개정 2005. 11. 11., 2008. 2. 29., 2011. 10. 25., 2016. 5. 31., 2020. 1. 14.〉

제17조의2(물리적방호 교육)

① 법 제9조의2제1항에 따른 물리적방호에 관한 교육은 신규교육과 보수교육으로 구분한다.

② 원자력안전위원회는 제1항에 따른 교육을 실시하는 경우 교육대상자의 담당 직무별로 실시

하여야 한다.

③ 제1항 및 제2항에 따른 교육 내용 · 방법 등에 관하여 필요한 사항은 총리령으로 정한다.

[본조신설 2014. 11. 19.]

제18조(검사)

① 법 제12조제1항에 따라 원자력사업자는 다음 각 호의 구분에 따라 원자력안전위원회의 검사를 받아야 한다. 〈개정 2008. 2. 29., 2011. 10. 25., 2014. 11. 19.〉

1. 최초검사 : 핵물질, 방사성물질 또는 방사성폐기물을 원자력시설에 반입하기 전에 해당 원자력시설에 대한 방호에 관한 검사. 다만, 해당 시설 본래의 이용 목적이 아닌 「비파괴검사기술의 진흥 및 관리에 관한 법률」 제2조에 따른 비파괴검사 등을 위하여 방사성물질을 반입하는 경우는 제외한다.
2. 정기검사 : 사업소 또는 부지별로 2년마다 해당 원자력시설등에 대한 방호에 관한 검사
3. 운반검사 : 핵물질을 해당 사업소 외의 장소로부터 해당 사업소로 운반하거나 외국으로부터 국내에 반입하여 해당 사업소로 운반하고자 하는 경우 해당 핵물질에 대한 방호에 관한 검사
4. 특별검사 : 다음 각목의 1에 해당하는 경우 당해 원자력시설등에 대한 물리적방호에 관한 검사
   가. 원자력시설등에 물리적방호와 관련한 사고가 발생한 경우
   나. 법 제9조제1항 각호외의 부분 본문의 규정에 따라 물리적방호규정등에 대한 변경승인을 얻은 경우

② 원자력안전위원회는 법 제12조제1항에 따라 검사를 함에 있어서 국가정보원장의 요청이 있는 경우에는 「보안업무규정」 제35조 또는 제38조의 규정에 의한 보안측정의 실시 또는 보안사고 조사와 연계하여 검사를 할 수 있다.
〈개정 2005. 11. 11., 2008. 2. 29., 2011. 10. 25., 2014. 11. 19., 2015. 3. 11., 2020. 1. 14.〉

③ 제1항제1호 또는 제3호에 따른 최초검사 또는 운반검사는 해당 물질의 반입 또는 운반개시 14일전까지 신청하여야 한다. 〈개정 2005. 11. 11., 2014. 11. 19.〉

④ 원자력안전위원회는 제1항제2호 또는 제4호의 규정에 의한 검사를 하고자 할 때에는 검사자 명단 · 검사일정 · 검사내용 등이 포함된 검사계획을 검사개시 10일전까지 원자력사업자에게 통보하여야 한다. 〈개정 2008. 2. 29., 2011. 10. 25.〉

⑤ 제1항 각호의 규정에 의한 검사의 방법 등에 관한 세부사항은 원자력안전위원회가 정한다.
〈개정 2008. 2. 29., 2011. 10. 25.〉

제3장 방사능방재대책

제1절 방사능재난관리 및 대응체제

제19조(방사선비상의 종류에 대한 기준 등)

법 제17조제2항의 규정에 의한 방사선비상의 종류에 대한 기준 및 각 종류별 대응절차는 별표 3과 같다.

제20조(국가방사능방재계획의 수립)

① 법 제18조제1항에 따른 국가방사능방재계획(이하 "국가방사능방재계획"이라 한다)은 5년마다 수립한다.

② 국가방사능방재계획은 「재난 및 안전관리 기본법」 제22조제1항에 따른 국가안전관리기본계획과 연계하여 수립하되, 국가방사능방재계획에는 다음 각 호의 사항이 포함되어야 한다.

1. 방사선비상 및 방사능재난(이하 "방사능재난등"이라 한다) 업무의 정책목표 및 기본방향
2. 방사능재난등 업무의 추진과제
3. 방사능재난등 업무에 관한 투자계획
4. 원자력안전위원회가 방사능재난등의 발생을 통보하여야 할 대상기관, 통보의 방법 및 절차
5. 그 밖에 방사능재난등 업무에 관하여 필요한 사항

[전문개정 2013. 12. 24.]

제20조의2(국가방사능방재집행계획의 수립)

① 원자력안전위원회는 국가방사능방재계획을 토대로 매년 연도별 집행계획(이하 "국가방사능방재집행계획"이라 한다)을 수립하여야 한다.

② 원자력안전위원회는 「재난 및 안전관리 기본법 시행령」 제27조제1항에 따른 집행계획의 수립 · 통보시기에 맞추어 국가방사능방재집행계획을 수립하여야 한다.

[본조신설 2013. 12. 24.]

제21조(지역방사능방재계획의 수립)

① 원자력안전위원회는 국가방사능방재계획 및 국가방사능방재집행계획을 기초로 법 제19조제1항에 따른 지역방사능방재계획(이하 "지역방사능방재계획"이라 한다)의 수립지침을 작성하여 국가방사능방재집행계획과 함께 방사선비상계획구역의 전부 또는 일부를 관할하는

특별시장 · 광역시장 · 특별자치시장 · 도지사 · 특별자치도지사(이하 "시 · 도지사"라 한다) 또는 시장 · 군수 · 구청장(자치구의 구청장을 말한다. 이하 같다)에게 통보하여야 한다.

〈개정 2014. 11. 19.〉

② 방사선비상계획구역의 전부 또는 일부를 관할하는 시 · 도지사 또는 시장 · 군수 · 구청장은 법 제19조제1항에 따라 지역방사능방재계획을 수립할 때에는 국가방사능방재계획, 국가방사능방재집행계획 및 제1항에 따라 통보받은 지역방사능방재계획의 수립지침에 따라야 한다.

③ 방사선비상계획구역의 전부 또는 일부를 관할하는 시 · 도지사 또는 시장 · 군수 · 구청장은 「재난 및 안전관리 기본법 시행령」 제29조제3항에 따른 시 · 도안전관리계획 및 시 · 군 · 구안전관리계획의 수립시기에 맞추어 지역방사능방재계획을 수립하여야 한다.

④ 방사선비상계획구역의 전부 또는 일부를 관할하는 시 · 도지사 또는 시장 · 군수 · 구청장은 제3항에 따라 수립한 지역방사능방재계획을 지체 없이 원자력안전위원회에 제출하여야 한다.

[전문개정 2013. 12. 24.]

제22조(방사선비상계획의 승인신청)

① 원자력사업자는 법 제20조제1항의 규정에 의하여 다음 각호의 사항을 포함한 방사선비상계획(이하 "방사선비상계획"이라 한다)을 수립하고 이에 대한 승인신청서를 원자력안전위원회에 제출하여야 한다. 〈개정 2008. 2. 29., 2011. 10. 25.〉

1. 당해 원자력시설의 방사선비상계획구역에 관한 사항
2. 방사능재난등에 대비하기 위한 조직 및 임무에 관한 사항
3. 법 제35조제1항의 규정에 의한 방사능재난대응시설 및 장비의 확보에 관한 사항
4. 당해 원자력시설을 고려한 방사선비상의 종류별 세부기준에 관한 사항
5. 사고 초기의 대응조치에 관한 사항
6. 방사능재난등의 대응활동에 관한 사항
7. 방사능재난등의 복구에 관한 사항
8. 방사능방재 교육 및 훈련에 관한 사항
9. 그 밖에 원자력시설등에 방사능재난등이 발생할 경우를 대비하기 위하여 원자력사업자가 필요하다고 인정하는 사항

② 원자력사업자는 법 제20조제1항 본문의 규정에 의하여 방사선비상계획을 변경하고자 하는 경우에는 그 변경할 사항과 이유를 기재한 변경승인신청서를 원자력안전위원회에 제출하여야 한다. 〈개정 2008. 2. 29., 2011. 10. 25.〉

제22조의2(방사선비상계획구역 협의 절차 등)

① 원자력안전위원회는 법 제20조의2제1항에 따라 원자력시설별로 방사선비상계획구역 설정의 기초가 되는 지역(이하 "기초지역"이라 한다)을 고시하는 경우 열출력 크기 등 원자력시설의 특성에 따라 구분하여 고시할 수 있다.

② 원자력사업자는 법 제20조의2제2항에 따라 방사선비상계획구역을 설정하기 위하여 해당 기초지역을 관할하는 시 · 도지사와 협의하려는 경우에는 다음 각 호의 자료를 해당 시 · 도지사에게 제출하여야 한다.

1. 해당 원자력시설이 설치된 지점으로부터 해당 기초지역 최대 반지름까지의 인구분포

가. 해당 원자력시설이 설치된 지점에서 정북방(正北方)을 기준으로 16방위(方位)로 구분한 후 해당 원자력시설이 설치된 지점으로부터 2킬로미터 단위로 분할한 각각의 구역별 인구수[해당 분할구역에 포함되는 행정구역(「지방자치법」 제3조제3항에 따른 동 · 리를 말한다. 이하 이 조에서 같다)별 인구 수를 합산하여 산정하되, 하나의 행정구역이 여러 분할구역에 포함되는 경우에는 분할구역별 면적 비율에 따라 인구 수를 산정한다]

나. 행정구역별 인구 수

2. 해당 원자력시설이 설치된 지점으로부터 해당 기초지역 최대 반지름 이내 지역의 행정구역 및 도로망, 산 · 하천 등의 지형이 표시된 상세 지도

3. 해당 원자력시설의 설치 목적 및 열출력 크기 등 시설 특성

③ 제2항에도 불구하고 해당 원자력시설의 기초지역 전부가 해당 원자력시설 부지에 포함되는 경우에는 원자력사업자는 해당 시 · 도지사에게 이를 증명할 수 있는 자료를 제출함으로써 제2항에 따른 자료 제출을 갈음할 수 있다.

④ 원자력사업자가 법 제20조의2제3항에 따라 원자력안전위원회에 방사선비상계획구역의 승인을 받으려는 경우에는 제2항에 따라 해당 시 · 도지사에게 제출한 자료와 협의 결과를 증명할 수 있는 자료를 원자력안전위원회에 제출하여야 한다.

[본조신설 2014. 11. 19.]

제23조(소규모 원자력사업자)

법 제21조제1항 각호외의 부분 단서 및 법 제35조제1항 각호외의 부분 단서에서 "대통령령이 정하는 소규모 원자력사업자"라 함은 다음 각호의 1에 해당하는 자를 말한다.

〈개정 2005. 11. 11., 2011. 10. 25.〉

1. 법 제2조제1항제10호 다목에 해당하는 원자력사업자로서 2메가와트 이하의 연구용원자로 및 관계시설과 교육용원자로 및 그 관계시설의 건설 또는 운영허가를 받은 자

2. 법 제2조제1항제10호 마목에 해당하는 원자력사업자로서 천연우라늄의 정련사업의 허가를 받은 자 및 우라늄 235의 농축도가 5퍼센트 미만인 핵연료물질의 가공사업의 허가를 받은 자
3. 법 제2조제1항제10호 바목에 해당하는 원자력사업자로서 연구 또는 시험 목적으로 사용후핵연료처리사업의 지정을 받은 자
4. 법 제2조제1항제10호 사목에 해당하는 원자력사업자로서 다음 각목의 1에 해당하는 핵연료물질의 사용 또는 소지허가를 받은 자
   가. 우라늄 235의 농축도가 5퍼센트 이상이고, 그 무게가 700그램 이하인 핵연료물질
   나. 우라늄 235의 농축도가 5퍼센트 이하이고, 그 무게가 1200그램 이하인 핵연료물질
5. 법 제2조제1항제10호 아목에 해당하는 원자력사업자로서 사용후핵연료의 저장 · 처리시설의 건설 · 운영허가를 받은 자를 제외한 방사성폐기물의 저장 · 처리 · 처분시설 및 그 부속시설의 건설 · 운영허가를 받은 자
6. 「원자력안전법」 제53조에 따라 방사성동위원소의 생산허가등을 받은 원자력사업자로서 185 페타베크렐 이하의 방사성동위원소의 생산허가등을 받은 자

제24조(원자력사업자의 의무)

법 제21조제1항제7호에서 "대통령령이 정하는 사항"이라 함은 원자력시설의 부지내에서 방사능재난등으로 인하여 방사능에 오염되거나 방사선에 피폭된 자와 원자력사업자의 종업원중 방사능에 오염되거나 방사선에 피폭된 자에 대한 응급조치를 말한다.

제25조(방사능재난 발생의 선포기준)

① 법 제23조제1항제1호에서 "대통령령이 정하는 기준 이상인 경우"라 함은 원자력시설 부지경계에서 측정 또는 평가한 피폭방사선량이 다음 각 호의 어느 하나에 해당하는 경우를 말한다. 〈개정 2014. 11. 19.〉
   1. 전신선량을 기준으로 시간당 10 밀리시버트 이상인 경우
   2. 갑상선선량을 기준으로 시간당 50 밀리시버트 이상인 경우

② 법 제23조제1항제2호에서 "대통령령이 정하는 기준 이상인 경우"라 함은 원자력시설 부지경계에서 측정한 공간방사선량률이 시간당 1 렌트겐 이상인 경우 또는 오염도가 시간당 1 렌트겐 이상에 상당하는 경우를 말한다.

제26조(방사능재난 발생통보 및 대응)

① 원자력안전위원회는 법 제24조제2항의 규정에 의하여 관할 시 · 도지사 및 시장 · 군수 · 구청장으로 하여금 방사선영향을 받거나 받을 우려가 있는 지역안의 주민에게 다음 각호의 사항을 알리도록 하여야 한다. 〈개정 2008. 2. 29., 2011. 10. 25.〉

1. 원자력시설등의 사고 상태 등 방사능재난 상황의 개요
2. 방사능재난 긴급대응조치를 실시하여야 하는 구역

② 법 제24조제2항의 규정에 의하여 관할 시 · 도지사 및 시장 · 군수 · 구청장이 하여야 하는 필요한 대응은 다음 각호와 같다.

1. 방사능재난의 피해를 방지하기 위한 주민행동요령의 전파
2. 법 제29조제1항제3호 및 제4호의 규정에 의하여 결정된 사항의 시행

제27조(중앙본부의 구성)

법 제25조제2항의 규정에서 "대통령령이 정하는 중앙행정기관의 공무원 또는 관련 기관 · 단체의 장"이라 함은 다음 각호의 자를 말한다. 〈개정 2007. 3. 16.〉

1. 한국원자력안전기술원의 장
2. 한국원자력의학원의 장
3. 그 밖에 법 제25조제1항의 규정에 의한 중앙방사능방재대책본부(이하 "중앙본부"라 한다)의 장이 방사능방재에 관한 긴급대응조치를 하기 위하여 필요하다고 인정하여 위촉하는 관련 기관 · 단체의 장

제28조(중앙본부의 운영)

①중앙본부의 장(이하 "중앙본부장"이라 한다)은 중앙본부를 대표하고, 그 업무를 총괄한다.

② 중앙본부장은 방사능방재에 관한 긴급대응조치를 하기 위하여 필요하다고 인정할 때에는 법 제25조제2항의 규정에 의한 중앙본부의 위원이 참여하는 회의를 소집할 수 있다.

③ 다음 각 호의 사항에 관하여는 제2항에 따른 중앙본부의 회의의 의결을 거쳐야 한다. 〈개정 2021. 1. 5.〉

1. 방사능재난이 발생한 지역에 대한 긴급 조치사항
2. 주민보호를 위한 긴급 지원사항
3. 그 밖에 중앙본부장이 방사능방재에 관한 긴급대응조치를 하기 위하여 필요하다고 인정하여 회의에 부치는 사항

제29조(지역본부의 구성 및 운영 등)

① 법 제27조제1항의 규정에 의한 시 · 도방사능방재대책본부 및 시 · 군 · 구방사능방재대책본부(이하 "지역본부"라 한다)의 본부장을 보좌하기 위하여 부본부장 2인을 두되, 부본부장은 부단체장[시 · 도의 경우 행정부시장(특별시의 경우에는 행정(2)부시장을 말한다) · 행정부지사를 말한다]과 지역방사능방재대책본부의 장(이하 "지역본부장"이라 한다)이 위촉하는 지정기관의 장이 된다.

② 지역본부에 본부원을 두되, 본부원은 당해 지방자치단체 소속공무원중에서 지역본부장이 지명하는 자와 지정기관으로부터 파견된 자가 된다.

③ 지역본부장은 제19조의 규정에 의한 방사선비상의 종류별로 지역본부의 구성방법을 미리 정하여야 한다.

④ 지역본부장은 재난의 수습에 필요한 기능별로 실무반을 설치 · 운영할 수 있다.

⑤ 이 영에서 규정한 것외에 지역본부의 구성 및 운영에 관하여 필요한 사항은 당해 지역의 지역본부장이 정한다.

제30조(현장지휘센터의 구성 및 운영 등)

① 법 제28조제1항에서 "그 밖에 대통령령으로 정하는 원자력시설"이라 함은 다음 각호의 시설을 말한다. 〈개정 2013. 3. 23.〉

1. 법 제2조제1항제2호의 규정에 의한 연구용원자로중 열출력 2메가와트 이상인 연구용원자로 및 그 관계시설
2. 법 제2조제1항제2호의 규정에 의한 방사성폐기물의 저장 · 처리 · 처분시설중 사용후핵연료 저장 · 처리시설 및 그 부속시설

② 법 제28조제2항에서 "대통령령으로 정하는 중앙행정기관과 지방자치단체 및 지정기관"이라 함은 다음 각 호의 기관을 말한다. 〈개정 2005. 11. 11., 2008. 2. 29., 2010. 3. 15., 2011. 10. 25., 2013. 3. 23., 2013. 12. 24., 2014. 11. 19., 2017. 7. 26.〉

1. 교육부
2. 과학기술정보통신부
3. 국방부
4. 행정안전부
5. 문화체육관광부
6. 산업통상자원부
7. 보건복지부

8. 여성가족부

9. 국토교통부

10. 해양수산부

11. 식품의약품안전처

12. 소방청

13. 원자력안전위원회

14. 방사선비상계획구역의 전부 또는 일부를 관할구역으로 하는 시 · 도

15. 방사선비상계획구역의 전부 또는 일부를 관할구역으로 하는 시 · 군 · 구

16. 지정기관

③ 법 제28조제1항의 규정에 의한 현장방사능방재지휘센터(이하 "현장지휘센터"라 한다)의 장은 방사능재난등의 신속한 지휘 및 상황관리, 재난정보의 신속한 수집과 통보를 위하여 기능별로 실무반을 설치 · 운영할 수 있다.

제31조(연합정보센터)

법 제28조제3항 본문의 규정에 의한 연합정보센터의 장은 법 제28조제2항의 규정에 의하여 파견된 관계관중에서 현장지휘센터의 장이 지명하는 자가 된다. 다만, 현장지휘센터가 운영되기 전까지는 시 · 군 · 구방사능방재대책본부의 본부장이 지명하는 자가 된다.

제32조(합동방재대책협의회)

법 제30조제1항의 규정에 의한 합동방재대책협의회의 장은 현장지휘센터의 장이 되며, 위원은 법 제28조제2항의 규정에 의하여 현장지휘센터에 파견된 공무원 또는 임직원중에서 각 분야별로 현장지휘센터의 장이 지명한 자가 된다.

제2절 방사능재난 대비태세의 유지

제33조(방사능방재교육)

① 법 제36조제1항에 따른 방사능방재에 관한 교육은 신규교육과 보수교육으로 구분한다.

〈개정 2014. 11. 19.〉

② 원자력안전위원회는 제1항에 따른 교육을 실시하는 경우 화재진압, 긴급구조, 방사능재난관리, 방사선비상진료 및 주민보호 등 교육대상자의 담당 직무별로 실시하여야 한다.

〈개정 2008. 2. 29., 2011. 10. 25., 2014. 11. 19.〉

③ 제1항 및 제2항에 따른 교육내용 · 방법 등에 관하여 필요한 사항은 총리령으로 정한다.
〈개정 2008. 2. 29., 2011. 10. 25., 2013. 3. 23., 2014. 11. 19.〉

제34조(방사능방재요원의 지정 등)

① 법 제36조제1항의 규정에 의하여 방사선비상계획구역의 전부 또는 일부를 관할구역으로 하는 시 · 도지사 및 시장 · 군수 · 구청장 또는 1차 및 2차 방사선비상진료기관의 장은 방사능방재요원 또는 방사선비상진료요원을 지정한 때에는 그 명단을 원자력안전위원회에 제출하여야 한다. 그 요원을 변경한 때에도 또한 같다. 〈개정 2008. 2. 29., 2011. 10. 25.〉

② 방사선비상계획구역의 전부 또는 일부를 관할구역으로 하는 시 · 도지사 및 시장 · 군수 · 구청장은 법 제36조제3항의 규정에 의하여 소속 공무원중에서 방사능방재활동에 필요한 전문지식을 가진 자를 방사능방재요원으로 우선적으로 지정하여야 한다.

제35조(방사능방재훈련)

① 원자력안전위원회는 법 제37조제1항에 따른 방사능방재훈련의 실시에 필요한 방사능방재훈련계획을 수립하여야 한다. 〈개정 2008. 2. 29., 2011. 10. 25., 2014. 11. 19.〉

② 원자력안전위원회는 제1항에 따라 방사능방재훈련계획을 수립한 때에는 방사능방재훈련에 참여해야 하는 관계중앙행정기관의 장, 방사선비상계획구역의 전부 또는 일부를 관할구역으로 하는 시 · 도지사, 시장 · 군수 · 구청장, 지정기관의 장 및 원자력사업자에게 이를 통보해야 한다. 〈개정 2008. 2. 29., 2011. 10. 25., 2014. 11. 19., 2021. 1. 5.〉

③ 법 제37조제2항에 따라 방사능방재훈련을 실시하여야 하는 시 · 도지사 및 시장 · 군수 · 구청장은 다음 각 호의 기준에 따라 훈련을 실시하여야 한다. 이 경우 해당 시장 · 군수 · 구청장은 시 · 군 · 구 방사능방재훈련계획을 훈련 실시 45일 전까지 시 · 도지사에게 제출하고, 시 · 도지사는 이를 종합하여 조정한 시 · 도 방사능방재훈련계획을 훈련 실시 1개월 전까지 원자력안전위원회에 제출하여야 한다. 〈개정 2014. 11. 19.〉

1. 관할구역에 소재하는 지정기관 및 원자력사업자가 참여하는 방사능방재훈련: 2년에 1회 이상 실시
2. 교통 통제, 주민 상황전파, 옥내대피 · 소개(疏開), 방호약품 배포, 구호소 운영 등 주민보호 조치 관련사항 중 특정분야에 대한 집중훈련: 매년 1회 이상 실시

④ 원자력안전위원회는 효율적인 훈련 실시를 위하여 필요한 경우 해당 시 · 도지사와 협의를 거쳐 훈련 일정 등 제3항에 따른 시 · 도 및 시 · 군 · 구 방사능방재훈련계획의 일부를 조정할 수 있다. 〈신설 2014. 11. 19.〉

⑤ 시 · 도지사 및 시장 · 군수 · 구청장은 제3항 각 호에 따른 훈련 실시를 위하여 관할구역에 소재하는 지정기관 및 원자력사업자에게 훈련 참여 등 필요한 사항을 요청할 수 있다. 이 경우 요청받은 자는 특별한 사유가 없으면 이에 따라야 한다. 〈신설 2014. 11. 19.〉

제36조(국가방사선비상진료체제의 구축 등)

① 원자력안전위원회는 법 제39조제1항의 규정에 의한 국가방사선비상진료체제를 구축하기 위하여 필요한 경우 관계중앙행정기관의 장에게 구조 · 구급 또는 주민의 보건 · 의료분야의 자료제공을 요청할 수 있다. 〈개정 2008. 2. 29., 2011. 10. 25.〉

② 원자력안전위원회는 법 제39조제2항의 규정에 의한 국가방사선비상진료센터, 1차 및 2차 방사선비상진료기관의 운영에 관한 지침을 수립하여 이를 국가방사선비상진료센터의 장, 1차 및 2차 방사선비상진료기관의 장에게 통보하여야 한다. 〈개정 2008. 2. 29., 2011. 10. 25.〉

③ 법 제39조제3항의 규정에 의한 국가방사선비상진료센터, 1차 및 2차 방사선비상진료기관의 기능과 1차 및 2차 방사선비상진료기관의 지정기준은 별표 4와 같다.

④ 법 제39조제3항에 따라 국가방사선비상진료센터, 1차 및 2차 방사선비상진료기관에 대하여 지원할 수 있는 사항은 다음 각 호와 같다. 〈개정 2014. 11. 19.〉

1. 방사선비상진료요원에 대한 교육 · 훈련비
2. 방사선비상진료용 의료장비 · 시설 및 그 운영관리비
3. 방사선비상시 의료지원에 대한 비용

제3절 사후조치 등

제37조(방사능재난사후대책의 실시 등)

① 법 제42조제1항의 규정에 의하여 시장 · 군수 · 구청장, 지정기관의 장, 원자력사업자 및 방사능재난의 수습에 책임이 있는 기관(중앙행정기관을 제외한다. 이하 이 조에서 "재난수습책임기관"이라 한다)의 장은 각각 사후대책을 수립하여 시 · 도지사에게 제출하여야 한다.

② 시 · 도지사는 제1항의 규정에 의하여 제출받은 사후대책을 종합하여 원자력안전위원회와 협의한 후 방사능재난 사후종합대책(이하 이 조에서 "사후종합대책"이라 한다)을 수립하고 이를 시장 · 군수 · 구청장, 지정기관의 장, 원자력사업자 및 재난수습책임기관의 장에게 통보하여야 한다. 〈개정 2008. 2. 29., 2011. 10. 25.〉

③ 시 · 도지사, 시장 · 군수 · 구청장, 지정기관의 장, 원자력사업자 및 재난수습책임기관의 장은 제2항의 규정에 의하여 통보받은 사후종합대책을 각각 시행하여야 한다.

제38조(조사위원회 구성 및 운영)

① 법 제43조제1항의 규정에 의한 조사위원회(이하 "조사위원회"라 한다)는 위원장 1인을 포함한 6인 이상 9인 이하의 위원으로 구성한다.

② 조사위원회의 위원장은 원자력안전위원회 소속 공무원중에서 원자력안전위원회 위원장이 지명하는 자가 되고, 위원은 다음 각호의 자가 된다.

〈개정 2005. 11. 11., 2008. 2. 29., 2011. 10. 25.〉

1. 원자력안전위원회의 위원중에서 원자력안전위원회 위원장이 지명하는 자 1인
2. 관련 지방자치단체의 장이 지명하는 소속 공무원 1인
3. 관련 원자력사업자가 지명하는 소속 임직원 1인
4. 방사능재난에 관하여 학식과 경험이 있는 자중에서 원자력안전위원회 위원장이 위촉하는 자

③ 조사위원회의 회의는 조사위원회의 위원장이 필요하다고 인정할 때 소집한다.

④ 조사위원회에 출석한 위원에 대하여는 예산의 범위안에서 수당 및 여비를 지급할 수 있다. 다만, 공무원인 위원이 그 업무와 직접 관련하여 회의에 출석하는 경우에는 그러하지 아니하다.

제4장 보칙

제39조(보고 및 검사)

법 제44조제1항에서 "대통령령이 정하는 자"라 함은 「과학기술분야 정부출연연구기관 등의 설립 · 운영 및 육성에 관한 법률」에 따른 한국원자력연구원의 장을 말한다.

〈개정 2005. 11. 11., 2007. 3. 16.〉

제40조(업무의 위탁)

① 원자력안전위원회는 법 제45조제1항에 따라 다음 각 호의 업무를 한국원자력통제기술원에 위탁한다. 〈개정 2008. 2. 29., 2011. 10. 25., 2014. 11. 19.〉

1. 법 제4조제1항에 따른 원자력시설 등에 대한 위협의 평가
2. 법 제9조제1항에 따른 승인에 관련된 심사
3. 법 제9조의2제1항에 따른 교육에 관한 관리 업무
4. 법 제9조의3제2항에 따른 훈련 평가 지원

5. 법 제12조제1항에 따른 검사

② 원자력안전위원회는 법 제45조제1항에 따라 다음 각 호의 업무를 한국원자력안전기술원에 위탁한다. 〈개정 2008. 2. 29., 2011. 10. 25., 2014. 11. 19.〉

1. 법 제20조제1항(방사선비상진료에 관한 사항은 제외한다) 및 법 제37조제3항에 따른 승인에 관련된 심사
2. 법 제36조제1항에 따른 교육에 관한 관리업무
3. 법 제37조제4항에 따른 훈련 평가 지원(방사선비상진료에 관한 사항은 제외한다)
4. 법 제38조제1항에 따른 검사(방사선비상진료에 관한 사항은 제외한다)

③ 원자력안전위원회는 법 제45조제1항에 따라 다음 각 호의 업무를 한국원자력의학원에 위탁한다. 〈신설 2014. 11. 19.〉

1. 법 제20조제1항에 따른 승인에 관련된 심사(방사선비상진료에 관한 사항에 한정한다)
2. 법 제37조제4항에 따른 훈련 평가 지원(방사선비상진료에 관한 사항에 한정한다)
3. 법 제38조제1항에 따른 검사(방사선비상진료에 관한 사항에 한정한다)

[전문개정 2006. 6. 30.]

제40조의2(비용의 산정기준 등)

① 법 제45조제1항 각 호에 따른 심사 · 검사 · 교육 및 평가를 받는 자(이하 이 조 및 제40조의3에서 "원자력사업자등"이라 한다)에게 같은 조 제2항에 따라 징수하는 비용(이하 이 조 및 제40조의3에서 "비용"이라 한다)의 산정기준은 별표 4의2와 같다.

② 원자력안전위원회는 제1항에 따라 산정한 해당 연도 비용의 규모를 그 산출내용을 명시하여 다음 연도 1월 31일까지 고시하여야 한다.

③ 원자력안전위원회는 제1항에 따른 비용의 산정기준을 변경하려는 경우에는 미리 산업통상자원부장관과 협의하여야 한다.

[본조신설 2015. 12. 22.]

제40조의3(비용의 납부방법 및 납부시기 등)

① 원자력안전위원회는 법 제45조제2항에 따라 비용을 징수하려면 그 금액과 함께 산출내용, 납부기한 및 납부장소를 명시하여 원자력사업자등에게 고지하여야 한다.

② 원자력사업자등은 다음 각 호의 어느 하나의 방법을 선택하여 해당 기한까지 비용을 납부하여야 한다.

1. 12회 균등 분할 납부: 다음 연도 매월 말일까지

2. 4회 균등 분할 납부: 다음 연도 1월 31일, 4월 30일, 7월 31일 및 10월 31일까지

③ 비용은 현금, 신용카드 또는 직불카드 등으로 납부할 수 있다.

④ 원자력안전위원회는 원자력사업자등이 납부한 비용이 해당 업무의 변경 · 취소 등의 사유로 금액 차이가 발생한 경우에는 원자력안전위원회가 정하여 고시하는 바에 따라 비용을 정산하여 추가로 징수하거나 환급하여야 한다.

[본조신설 2015. 12. 22.]

제41조(지원금의 사용)

법 제46조제2항의 규정에 의하여 원자력발전소 및 폐기시설 등이 소재한 지역을 관할구역으로 하는 시 · 도지사 및 시장 · 군수 · 구청장은 「발전소주변지역 지원에 관한 법률 시행령」 제27조제1항의 규정에 의하여 지원되는 주변지역개발기본지원사업의 지원금을 방사능방재교육 또는 훈련에 필요한 시설 및 장비 등의 구입 · 관리에 사용할 수 있다. 〈개정 2005. 11. 11.〉

제42조(과태료의 부과기준)

법 제52조제1항에 따른 과태료의 부과기준은 별표 5와 같다.

[전문개정 2016. 5. 31.]

부칙 〈제31380호, 2021. 1. 5.〉

이 영은 공포한 날부터 시행한다. 〈단서 생략〉

원자력시설 등의 방호 및 방사능 방재 대책법 시행규칙

[시행 2018. 6. 28]

[총리령 제1471호, 2018. 6. 28, 일부개정]

제1조(목적)

이 규칙은 「원자력시설 등의 방호 및 방사능 방재 대책법」 및 같은 법 시행령에서 위임된 사항과 그 시행에 필요한 사항을 규정함을 목적으로 한다.

제2조(물리적방호규정등의 승인신청 등)

① 「원자력시설 등의 방호 및 방사능 방재 대책법 시행령」(이하 "영"이라 한다) 제17조제1항에 따른 승인신청서는 별지 제1호서식과 같다.

② 제1항에 따른 승인신청서에는 「원자력시설 등의 방호 및 방사능 방재 대책법」(이하 "법"이라 한다) 제9조제1항 각 호의 사항(이하 "물리적방호규정등"이라 한다)에 관한 서류를 각각 2부씩 첨부하여야 한다.

③ 원자력안전위원회는 법 제9조제1항 본문에 따라 물리적방호규정등을 승인할 때에는 별지 제2호서식의 승인서를 신청인에게 발급하여야 한다.

제3조(변경승인의 신청)

① 영 제17조제2항에 따른 변경승인신청서는 별지 제3호서식과 같다.

② 제1항에 따른 변경승인신청서에는 다음 각 호의 서류를 첨부하여야 한다.

1. 물리적방호규정등 중 변경되기 전과 변경된 후의 비교표 2부
2. 물리적방호규정등 승인서

제4조(경미한 사항의 변경신고)

① 법 제9조제1항 각 호 외의 부분 단서에서 "총리령으로 정하는 경미한 사항"이란 다음 각 호의 사항을 말한다.

1. 물리적방호규정등의 승인을 받은 자의 성명 또는 주소(법인인 경우에는 그 명칭 및 주소와 대표자의 성명)
2. 사업소의 명칭 및 소재지

② 법 제9조제1항 각 호 외의 부분 단서에 따라 변경신고를 하려는 자는 해당 신고사유가 발생한 날부터 30일 이내에 별지 제4호서식의 신고서에 다음 각 호의 서류를 첨부하여 원자력안전위원회에 제출하여야 한다.

1. 물리적방호규정등 중 변경되기 전과 변경된 후의 비교표 2부
2. 물리적방호규정등 승인서

제5조(물리적방호규정등의 작성)

법 제9조제2항에 따른 물리적방호규정등에 대한 작성지침 등 세부기준은 별표 1과 같다.

제5조의2(물리적방호 교육시간 및 내용)

영 제17조의2제1항 및 제2항에 따른 물리적방호 교육시간 및 내용은 별표 1의2와 같다.

[본조신설 2014. 11. 24.]

제5조의3(물리적방호 교육기관의 지정)

① 법 제9조의2제2항에 따른 물리적방호 교육기관으로 지정받으려는 자는 다음 각 호의 요건을 갖추어야 한다.

1. 교육시설: 교육계획에 따른 교육대상 인원을 수용할 수 있는 적정한 면적과 시설
2. 교육장비: 탐지 및 검색장비 등 실습교육에 필요한 물리적방호 관련 장비
3. 교육시행 절차서 또는 규정: 교육대상자별 교육내용, 교육장소별 또는 교육대상자의 담당 직무별 효율적 교육수행 방법 등

② 법 제9조의2제2항에 따른 물리적방호 교육기관으로 지정받으려는 자는 다음 각 호의 어느 하나의 요건을 갖춘 사람을 강사로 확보하여야 한다.

1. 물리적방호 관련 분야의 면허나 자격증을 소지한 사람
2. 물리적방호 관련 박사학위를 받은 사람
3. 물리적방호 관련 업무에 3년 이상 종사한 경력이 있는 사람
4. 물리적방호 관련 연구기관 및 전문기관에서 3년 이상 근무한 경력이 있는 사람

③ 물리적방호 교육기관으로 지정받으려는 자는 별지 제4호의2서식의 신청서에 다음 각 호의 서류를 첨부하여 원자력안전위원회에 제출하여야 한다.

1. 강사 보유 현황 3부
2. 교육시행 절차서 또는 규정 3부
3. 교육 관련 장비 및 시설 현황 1부

④ 제3항에 따라 신청서를 제출받은 원자력안전위원회는 신청인이 법인인 경우에는 「전자정부법」 제36조제1항에 따른 행정정보의 공동이용을 통하여 신청인의 법인 등기사항증명서를 확인하여야 한다.

⑤ 원자력안전위원회는 물리적방호 교육기관을 지정할 때에는 별지 제4호의3서식의 지정서를 신청인에게 발급하여야 한다.

⑥ 물리적방호 교육기관의 지정이나 강사에 관한 세부요건, 물리적방호 교육기관의 교육계획

수립 및 제출 등 교육 실시에 필요한 세부사항은 원자력안전위원회가 정하여 고시한다.

[본조신설 2014. 11. 24.]

제5조의4(물리적방호 훈련계획의 수립)

① 원자력사업자는 법 제9조의3제1항에 따라 물리적방호 훈련계획을 수립하여 원자력안전위원회에 제출하여야 한다.

② 제1항에 따른 물리적방호 훈련계획에는 다음 각 호의 사항이 포함되어야 한다.

1. 훈련의 기본방향
2. 훈련의 종류
3. 훈련 종류별 물리적방호 훈련의 목적 · 대상 · 내용 · 방법 및 일정
4. 훈련 종류별 물리적방호 훈련의 통제 및 평가에 관한 사항
5. 그 밖에 원자력사업자가 물리적방호 훈련에 필요하다고 인정하는 사항

③ 물리적방호 훈련계획에 포함되는 원자력사업자별 물리적방호 훈련의 종류 및 방법 등 물리적방호 훈련에 관하여 필요한 사항은 원자력안전위원회가 정하여 고시한다.

[본조신설 2014. 11. 24.]

제6조(보고)

원자력사업자는 법 제11조에 따라 다음 각 호의 사항을 지체 없이 원자력안전위원회에 보고하고, 관할 특별시장 · 광역시장 · 특별자치시장 · 도지사 · 특별자치도지사(이하 "시 · 도지사"라 한다) 및 시장 · 군수 · 구청장(자치구의 구청장을 말한다. 이하 같다)에게 알려야 한다.

〈개정 2014. 11. 24.〉

1. 위협을 받은 일시, 장소 및 그 원인과 상황
2. 위협에 대한 대응조치에 관한 사항
3. 법 제10조제1항에 따라 관할 군부대 · 경찰관서 또는 그 밖의 행정기관의 장에게 지원을 요청한 경우 그 취지와 내용

제7조(최초검사의 신청 등)

① 영 제18조제3항에 따른 최초검사의 신청은 별지 제5호서식에 따르고, 운반검사의 신청은 별지 제6호서식에 따른다.

② 제1항에 따른 최초검사의 신청서에는 물리적방호규정등에 관한 서류를 각각 2부씩 첨부하여야 한다.

③ 제1항에 따른 운반검사의 신청서에는 다음 각 호의 서류를 각각 2부씩 첨부하여야 한다.

1. 운반방호 조직 및 책임자에 관한 서류
2. 운반하려는 핵물질의 종류 및 수량에 관한 서류
3. 운반경로 및 예상 도착시간에 관한 서류
4. 운반 중 연락체제에 관한 서류
5. 예상되는 사고 및 비상대응체계에 관한 서류
6. 그 밖에 운반방호에 필요한 서류

④ 영 제18조제3항에 따라 운반검사를 신청한 자는 그 신청한 사항을 변경하려는 경우에는 별지 제7호서식의 신청서에 변경신청 이유서를 첨부하여 지체 없이 원자력안전위원회에 제출하여야 한다.

제8조(물리적방호 시설 · 설비 등의 기준)

법 제12조제2항제2호에서 "총리령으로 정하는 기준"이란 다음 각 호의 요건을 말한다.

1. 법 제9조제1항 본문에 따라 승인받은 물리적방호 시설 · 설비 및 그 운영체제에 부합할 것
2. 영 제16조에 따른 방호요건에 부합할 것

제9조(기록과 비치)

법 제14조에 따라 원자력사업자가 기록 · 비치하여야 할 사항은 별표 2와 같다.

제10조(방사선비상계획의 승인신청 등)

① 영 제22조제1항에 따른 승인신청서는 별지 제8호서식과 같다.

② 제1항에 따른 승인신청서에는 방사선비상계획서 5부를 첨부하여야 한다.

③ 원자력안전위원회는 법 제20조제1항 본문에 따라 방사선비상계획을 승인할 때에는 별지 제9호서식에 따른 승인서를 신청인에게 발급하여야 한다.

제11조(변경승인의 신청)

① 영 제22조제2항에 따른 변경승인신청서는 별지 제10호서식과 같다.

② 제1항에 따른 변경승인신청서에는 다음 각 호의 서류를 첨부하여야 한다.

1. 방사선비상계획 중 변경되기 전과 변경된 후의 비교표 5부
2. 방사선비상계획 승인서

제12조(경미한 사항의 변경신고)

① 법 제20조제1항 단서 및 같은 조제2항 단서에서 "총리령으로 정하는 경미한 사항"이란 다음 각 호의 사항을 말한다.

1. 방사선비상계획의 승인을 받은 자의 성명 및 주소(법인인 경우에는 그 명칭 및 주소와 대표자의 성명)
2. 사업소의 명칭 및 소재지
3. 별표 3의 방사선비상계획 수립에 관한 세부기준 중 제1호, 제2호 다목 · 라목, 제5호가목 · 나목, 제6호나목 · 다목 · 라목 및 제7호부터 제9호까지의 규정에 따른 기재사항

② 법 제20조제1항 단서에 따라 변경신고를 하려는 자는 해당 신고사유가 발생한 날부터 30일 이내에 별지 제11호서식의 신고서에 다음 각 호의 서류를 첨부하여 원자력안전위원회에 제출하여야 한다.

1. 방사선비상계획 중 변경되기 전과 변경된 후의 비교표 3부
2. 방사선비상계획 승인서

제13조(방사선비상계획의 세부수립 기준)

법 제20조제3항에 따른 방사선비상계획의 수립에 관한 세부기준은 별표 3과 같다.

제14조(응급조치 등)

① 원자력사업자는 법 제21조제1항제4호에 따라 방사선사고 확대 방지를 위한 응급조치를 하는 경우에는 영 제22조제1항제5호 및 이 규칙 별표 3 제5호에 따른 응급조치를 하여야 한다.

② 원자력사업자는 법 제21조제1항제4호에 따라 응급조치요원 등에 대하여 방사선방호조치를 하는 경우에는 다음 각 호의 기준에 따라야 한다.

1. 적절한 보호용구의 사용 및 방사선피폭시간의 단축 등을 통하여 응급조치요원 등이 원자력안전위원회가 정하여 고시하는 기준 이상으로 방사선피폭이 되는 것을 방지할 것
2. 응급조치 전에 응급조치요원에게 응급조치의 목적, 예상되는 방사선피폭선량 및 잠재적 위험도 등 응급조치의 상황을 알리는 등 원자력안전위원회가 정하여 고시하는 응급조치 절차를 준수할 것

제15조(긴급 주민보호조치의 결정기준 등)

① 법 제29조제1항제3호에 따른 대피 · 소개(疏開) · 음식물섭취제한 · 갑상선방호약품배포 등 긴급 주민보호조치의 결정기준은 별표 4와 같다.

② 법 제29조제1항제4호에 따른 방사선비상 및 방사능재난(이하 "방사능재난등"이라 한다)이 발생한 지역의 식료품과 음료품, 농 · 축 · 수산물의 반출 또는 소비 통제 등의 결정기준은 별표 5와 같다.

③ 법 제29조제1항제7호에 따른 방사능재난 현장에서의 긴급구조통제단의 긴급구조활동에 필요한 방사선방호조치에 관하여는 제14조제2항을 준용한다. 이 경우 "응급조치요원 등"은 "긴급구조통제단의 긴급구조요원"으로 본다.

제16조(방사능방호기술지원본부의 구성 및 운영)

① 법 제32조제1항에 따른 방사능방호기술지원본부의 장은 「한국원자력안전기술원법」에 따른 한국원자력안전기술원의 원장이 되고, 방사능방호기술지원본부의 본부원은 방사능방재에 관하여 학식과 경험이 있는 사람 중에서 방사능방호기술지원본부의 장이 지명하거나 위촉하는 사람이 된다.

② 방사능방호기술지원본부의 장은 방사능재난등의 수습에 필요한 기술적 지원업무를 총괄 · 조정한다.

③ 방사능방호기술지원본부의 장은 현장방사능방재기술지원단을 구성하여 방사능재난등이 발생한 지역에 파견할 수 있다.

④ 제1항부터 제3항까지에서 규정한 것 외에 방사능방호기술지원본부 및 현장방사능방재기술지원단의 구성 및 운영에 필요한 사항은 방사능방호기술지원본부의 장이 정한다.

제17조(방사선비상의료지원본부의 구성 및 운영)

① 법 제32조제2항에 따른 방사선비상의료지원본부의 장은 「방사선 및 방사성동위원소 이용진흥법」 제13조의2에 따른 한국원자력의학원의 원장이 되고, 방사선비상의료지원본부의 본부원은 방사선비상의료에 관하여 학식과 경험이 있는 사람 중에서 방사선비상의료지원본부의 장이 지명하거나 위촉하는 사람이 된다.

② 방사선비상의료지원본부의 장은 방사선비상의료지원업무를 총괄 · 조정한다.

③ 방사선비상의료지원본부의 장은 현장방사선비상의료지원반을 구성하여 방사능재난등이 발생한 지역에 파견할 수 있다.

④ 제1항부터 제3항까지에서 규정한 것 외에 방사선비상의료지원본부 및 현장방사선비상의료지원반의 구성 및 운영에 필요한 사항은 방사선비상의료지원본부의 장이 정한다.

제17조의2(방사능영향평가 정보시스템의 구축 · 운영)

① 한국원자력안전기술원의 장은 법 제32조제3항에 따른 방사능영향평가 등에 필요한 정보시스템(이하 이 조에서 "방사능영향평가 정보시스템"이라 한다)의 효율적인 구축 · 운영을 위하여 다음 각 호의 정보를 수집 · 분석 및 관리하여야 한다.

1. 기상정보
2. 사회지리정보
3. 원자력시설의 상태에 관한 정보
4. 환경방사선 감시 및 방사능 분석 결과에 관한 정보

② 한국원자력안전기술원의 장은 매년 12월 31일까지 다음 해의 방사능영향평가 정보시스템의 구축 · 운영에 관한 계획을 수립하여 원자력안전위원회에 제출하여야 한다.

[본조신설 2018. 6. 28.]

제18조(방사능재난대응시설 · 장비의 기준)

법 제35조제1항에 따른 방사능재난 대응시설 · 장비의 기준은 별표 6과 같다.

제19조(방사능방재 교육시간 및 내용)

영 제33조제1항 및 제2항에 따른 방사능방재 교육시간 및 내용은 별표 7과 같다.

〈개정 2014. 11. 24.〉

[제목개정 2014. 11. 24.]

제20조(방사능방재 교육기관의 지정)

① 법 제36조제2항에 따른 방사능방재 교육기관으로 지정받으려는 자는 다음 각 호의 요건을 갖추어야 한다. 〈신설 2014. 11. 24.〉

1. 교육시설: 교육계획에 따른 교육대상 인원을 수용할 수 있는 적정한 면적과 시설
2. 교육장비: 방사선 · 능 계측기, 개인선량계, 방호장구 등 실습교육에 필요한 방사능방재 관련 장비
3. 교육시행 절차서 또는 규정: 교육대상자별 교육내용, 교육장소별 또는 교육대상자의 담당 직무별 효율적 교육수행 방법 등

② 법 제36조제2항에 따른 방사능방재 교육기관으로 지정받으려는 자는 다음 각 호의 어느 하나의 요건을 갖춘 사람을 강사로 확보하여야 한다. 〈신설 2014. 11. 24.〉

1. 방사능방재 관련 분야의 면허나 자격증을 소지한 사람

2. 방사능방재 관련 분야의 박사학위를 받은 사람
3. 원전주제어실 운전, 방사선 또는 방사능방재대책, 방사선비상진료 관련 업무에 3년 이상 종사한 경력이 있는 사람
4. 원자력안전 관련 연구기관 · 전문기관 및 방사선비상진료기관에서 3년 이상 근무한 경력이 있는 사람

③ 법 제36조제2항에 따른 방사능방재 교육기관으로 지정받으려는 자는 별지 제12호서식의 신청서에 다음 각 호의 서류를 첨부하여 원자력안전위원회에 제출하여야 한다.
〈개정 2014. 11. 24.〉

1. 강사 보유 현황 3부
2. 교육시행절차서 또는 규정 3부
3. 교육 관련 장비 및 시설 현황 1부

④ 제3항에 따라 신청서를 제출받은 원자력안전위원회는 신청인이 법인인 경우에는 「전자정부법」 제36조제1항에 따른 행정정보의 공동이용을 통하여 신청인의 법인 등기사항증명서를 확인하여야 한다. 〈개정 2014. 11. 24.〉

⑤ 원자력안전위원회는 법 제36조제2항에 따라 방사능방재 교육기관을 지정할 때에는 별지 제13호서식의 지정서를 신청인에게 발급하여야 한다. 〈개정 2014. 11. 24.〉

⑥ 방사능방재 교육기관의 지정이나 강사에 관한 세부요건, 방사능방재 교육기관의 교육계획 수립 및 제출 등 교육 실시에 필요한 세부사항은 원자력안전위원회가 정하여 고시한다.
〈신설 2014. 11. 24.〉

[제목개정 2014. 11. 24.]

제21조(방사능방재훈련계획의 수립)

① 원자력사업자는 법 제37조제3항에 따라 다음 연도의 방사능방재훈련계획을 수립하여 매년 11월 30일까지 원자력안전위원회에 제출하여야 한다.

② 제1항에 따른 방사능방재훈련계획에는 다음 각 호의 사항이 포함되어야 한다.

1. 훈련의 기본방향
2. 훈련의 종류
3. 훈련 종류별 방사능방재훈련의 목적 · 내용 · 방법 · 일정 및 대상자
4. 훈련 종류별 방사능방재훈련의 통제 및 평가에 관한 사항
5. 그 밖에 원자력사업자가 방사능방재훈련에 필요하다고 인정하는 사항

③ 원자력사업자별 방사능방재훈련의 종류 및 방법 등 방사능방재훈련에 관하여 필요한 사항

은 원자력안전위원회가 정하여 고시한다.

제22조(검사)

원자력안전위원회는 법 제38조제1항에 따라 검사를 하려면 검사자 명단, 검사일정, 검사내용 등이 포함된 검사계획을 검사 개시 10일 전까지 검사를 받을 자에게 알려야 한다.

제23조(방사선비상진료기관의 지정)

① 법 제39조제2항에 따른 1차 또는 2차 방사선비상진료기관으로 지정받으려는 자는 별지 제14호서식의 신청서에 다음 각 호의 서류를 첨부하여 원자력안전위원회에 제출하여야 한다.

1. 「의료법」 제33조 및 같은 법 시행규칙 제27조에 따른 의료기관 개설허가증 사본
2. 영 제36조제3항에 따른 지정기준에 적합한지를 확인할 수 있는 서류

② 원자력안전위원회는 법 제39조제2항에 따라 1차 또는 2차 방사선비상진료기관을 지정할 때에는 별지 제15호서식의 지정서를 신청인에게 발급하여야 한다.

제24조(피해복구 조치 등)

법 제42조제2항제4호에서 "총리령으로 정하는 사항"이란 방사능재난이 발생한 지역의 식료품과 음료품 및 농 · 축 · 수산물의 방사능오염 안전성에 따른 유통관리대책에 관한 사항을 말한다.

제25조(과태료의 징수절차)

영 제42조제4항에 따른 과태료의 징수절차에 관하여는 「국고금 관리법 시행규칙」을 준용한다. 이 경우 납입고지서에는 이의방법 및 이의기간 등을 함께 적어야 한다.

부칙 〈제1471호, 2018. 6. 28.〉

이 규칙은 공포한 날부터 시행한다.

원자력관계법령

초판 인쇄 2022년 2월 10일
초판 발행 2022년 2월 15일

지은이 편집부
펴낸이 김태헌
펴낸곳 토담출판사
주소 경기도 고양시 일산서구 대산로 53
출판등록 2021년 9월 23일 제2021-000179호
전화 031-911-3416
팩스 031-911-3417